U0379348

高职高专制药技术类专业系列规划教材

无机及分析化学

主　编　王惠霞

副主编　谢俊霞　石　琛

重庆大学出版社

内容提要

本书是无机化学和分析化学的组合，编写时采用了传统与模块相结合、理论与实训相结合的方式，边理论边技能，但以化学分析为主，强化了实验实训。理论部分包括绪论，溶液/胶体，化学反应速率/化学平衡，常见离子的检验，定量分析概论，酸碱滴定法，氧化还原滴定法，配位滴定法，沉淀滴定法；实训部分包括基本操作练习、溶液的配制方法、盐酸标准溶液的配制与标定等17个实训项目。

本书可供高等职业院校及相关层次院校的生物制药、生物技术、环保、食品、动物医学、园林、分析、营养等专业学生学习、培训使用，也可供相关从业者参考。

图书在版编目(CIP)数据

无机及分析化学/王惠霞主编.—重庆：重庆大学出版社，2016.1(2023.8重印)

高职高专制药技术类专业系列规划教材

ISBN 978-7-5624-9207-8

Ⅰ.①无… Ⅱ.①王… Ⅲ.①无机化学—高等职业教育—教材②分析化学—高等职业教育—教材 Ⅳ.①O61 ②O65

中国版本图书馆CIP数据核字(2015)第138296号

无机及分析化学

主　编　王惠霞

副主编　谢俊霞　石　琛

策划编辑：袁文华

责任编辑：文　鹏　姜　凤　　版式设计：袁文华

责任校对：关德强　　责任印制：赵　晟

*

重庆大学出版社出版发行

出版人：陈晓阳

社址：重庆市沙坪坝区大学城西路21号

邮编：401331

电话：(023) 88617190　88617185(中小学)

传真：(023) 88617186　88617166

网址：http://www.cqup.com.cn

邮箱：fxk@cqup.com.cn (营销中心)

全国新华书店经销

重庆愚人科技有限公司印刷

*

开本：787mm×1092mm　1/16　印张：12.25　字数：306千

2016年1月第1版　2023年8月第2次印刷

印数：2 001—4 000

ISBN 978-7-5624-9207-8　定价：29.00元

前言

高等职业院校的许多学科和专业(生物制药、生物技术、质检、食品、环保、动物医学、兽医等)与化学紧密相连,无机化学和分析化学是关系最密切的两门基础课。为了适应新形势下高职高专人才的培养,尤其是药学类专业的需要,结合高等职业技育的特点和学生的实际情况编写而成。

本书在编写时,紧紧围绕高职高专教育培养目标和专业课程目标,重视学生素质的培养,并结合高职高专院校专业、学生的特点和需要,注重基础理论、基础知识和基本技能的学习与强化,没有涉及过多过深的理论性较强的内容,使教材的难度降低,实用性增强,解决了时间紧以及教学中的重复和脱节现象,有利于教,也有利于学。本书充分体现了理论"必须、够用"、循序渐进,强化实验实训,培养实用型技术人才的总原则,同时考虑为后续课程服务的需要,力求简明扼要、由浅入深,实用、够用。

本书在内容上,可分为理论部分和实训部分两个版块。理论部分包括绪论,溶液/胶体,化学反应速率/化学平衡,常见离子的检验,定量分析概论,酸碱滴定法,氧化还原滴定法,配位滴定法,沉淀滴定法;实训部分包括基本操作练习、溶液配制方法、盐酸标准溶液配制与标定等17个实训项目。建议教学时间为56~64学时,其中理论与实训各一半。

本书由杨凌职业技术学院王惠霞担任主编(绪论、第1章、第2章、第3章、第6章、第8章的理论及实训;第5章、第7章的实训及附录);河北化工医药职业技术学院谢俊霞(第4章理论及实训)、天津现代职业技术学院石琛(第5章、第7章的理论)担任副主编。全书由王惠霞统稿。

由于时间仓促、经验不足,本书难免会出现错误或不恰当之处,敬请各位读者给予批评指正。

编　者

2015年9月

目 录 CONTENTS

绪 论

化学学科是一门对人类社会的发展起着重要作用的实用科学。人类的衣、食、住、行和健康都离不开化学,各种医药制品是人类健康的保证;各种检查化验手段为确诊疾病提供了依据;各种合成纤维种种优良的性能,弥补了天然纤维的不足;各种化学染料使人们衣着五彩斑斓;各种化肥为农业的增产起着不可替代的作用;各种农药和植物生长调节剂、食品保鲜防腐剂、动物饲料添加剂、土壤改良剂等化学制剂的使用为解决"民以食为天"的问题作出了贡献;钢铁、水泥、油漆、涂料、玻璃、陶瓷等都是化学工业的产品;石油工业的发展为汽车、火车、飞机等交通工具提供了充足的燃料;人造卫星、航天飞机所使用的火箭推进剂、高能电池、外壳材料等都是化学科学进步的高新技术产物;各种资源的成分测定、产品的质量检测全都离不开化学。

目前人类所面临的人口、粮食、资源、能源、环境等"五大危机",化学均处于解决这些问题的中心科学地位。在科学技术飞速发展的21世纪,化学科学的发展将从以下几个方面为人类继续作出贡献:设计、合成和生产各种具有特异性能的优良材料、医药、农药等新物质、新产品;发展新的分析检验方法和检测仪器,使测定更灵敏、更准确、更快速、更简便;更深入地了解物质的微观结构、反应过程等奥秘;改进生产过程、工艺,使生产过程、工艺更合理、更节能、更高效,同时还要减少"三废"的排放及对环境的污染。

化学科学研究和应用的范围非常广泛,一般分为无机化学、有机化学、分析化学、物理化学、高分子化学等分支学科。其中无机化学是化学科学中最早形成的学科,也是最基础的学科。随着科学的发展与进步,化学与其他学科结合,产生了许多新的交叉学科,如药物化学、生物化学、农业化学、土壤化学、地球化学、环境化学、食品化学等。

医药卫生、化工、农林类等院校,有很多学科和专业与化学紧密相连。无机化学和分析化学是关系最密切的两门基础课,编写并开设无机及分析化学课程,可以取代原有的两门课程,解决时间紧以及教学中的重复和脱节现象,从而有利于教,也有利于学。无机及分析化学课程包括分散系、化学反应速率和平衡的基本知识,定性分析、化学分析法等。

本书以分析化学为主,因为分析化学是化学学科的一个重要分支。1951年JUPAC国际分析科学会议主席ENIKI教授说:"21世纪是光明还是黑暗取决于人类在能源和资源科学、信息科学、生命科学和环境科学四大领域的进步,而取得这些领域进步的关键问题的解决主要依赖于分析化学。"

0.1 分析化学的任务与作用

分析化学是研究物质组成的测定方法及有关理论的一门学科。其主要任务是鉴定物质的组成、测定有关组分的相对含量及确定物质的化学结构。分析化学是化学、化工、生物、医学、环境、地质、海洋、农林、能源、材料等课程、生产、研究所必需的重要技术，这些都离不开分析化学提供的大量信息。分析化学有很强的实用性，同时又有严密、系统的理论，是理论与实际密切结合的学科。

学习分析化学有利于培养学生从事理论研究和实际工作的能力，以及科学的思维方法和严谨的科学作风，使学生初步掌握科学研究的技能，并初步具备科学研究的综合素质，使学生建立起严格的“量”的概念，从而为其今后更深一步地学习作必要的铺垫。

分析化学实验是与分析化学配套、紧密结合的基础课程，使学生通过学习，牢固掌握各类分析方法的基本原理以及仪器使用。

本书在讲授基本理论时，尽量穿插一些运用基础理论解决实际问题的例子，包括食品、药物、环境、生物等各个领域中分析化学的新进展、新成果。同时，还根据具体的知识要求，采用文本、图片、动画、多媒体课件等多种形式辅助教学，使学生能自主、系统地掌握分析化学的基本理论、基础知识和基本技能，培养学生运用理论分析问题和解决问题的能力。

0.2 分析方法的分类

1）根据分析任务的不同

根据分析任务的不同，分析方法可分为定性分析、定量分析和结构分析。定性分析的任务是鉴定物质的化学组分，即由什么元素、原子团、官能团、化合物等组成。定量分析的任务是测定物质各组成部分的含量。结构分析的任务是研究物质的分子结构或晶体结构。

2）根据分析对象的不同

根据分析对象的不同，分析方法可分为无机分析和有机分析。无机分析的对象是无机物，由于无机物组成的元素种类繁多，通常要求分析结果以试样原子、原子团或化合物组分，各组分的相对含量是多少。有机分析的对象是有机物，由于有机物的组成元素虽不是很多但其结构非常复杂，且种类已多达千万种以上，故分析结果不仅要求鉴定由哪些元素组成，而且还要进行官能团分析和结构分析。

3）根据测定原理的不同

根据测定原理的不同，分析方法可分为化学分析和仪器分析。以物质化学反应为基础的分析方法称为化学分析法，主要有滴定分析法（容量分析法）和质量分析法。以物质的物理或物理化学性质为基础的分析方法称为物理或物理化学分析法，通常需要特殊的仪器故又称为仪器分析法。主要有光学分析法、电化学分析法、色谱分析法、质谱分析法、热量分析法和放射化学分析法等,而且新方法仍在不断出现。

4)根据试样用量的不同

根据试样用量的不同,分析方法可分为常量分析、半微量分析、微量分析和痕量分析。见表0.1。

表0.1 试样用量的不同分析表

分析方法	常量分析	半微量分析	微量分析	痕量分析
试样用量	>0.1 g	0.01 ~0.1 g	0.1 ~10 mg	<0.1 mg
试液体积	>10 mL	10 ~1 mL	0.01 ~1 mL	<0.01 mL

5)根据被测组分含量的不同

根据被测组分含量的不同,分析方法可分为常量组分分析、微量组分分析和痕量组分分析。见表0.2。

表0.2 各种不同含量组分分析表

分析方法	常量组分分析	微量组分分析	痕量组分分析
被测组分含量	>1%	1% ~0.01%	<0.01%

6)根据生产部门要求的不同

根据生产部门要求的不同,可分为例行分析、快速分析和仲裁分析。例行分析是一般化验室对日常生产中的原材料和产品所进行的分析,也称"常规分析"。快速分析主要为控制生产过程提供信息。仲裁分析又称裁判分析,不同的单位对同一试样得到不同结果而发生争议,由权威机构进行分析以裁判原分析结果的准确性。

0.3 分析化学的发展趋势

分析化学的发展经历了三次大变革:第一次是随着分析化学基础理论,特别是物理化学的基本概念的发展,使分析化学从一种技术演变成为一门科学,第二次变革是由于物理学和电子学的发展,改变了原来以化学分析为主的局面,使仪器分析获得蓬勃发展。目前,正处于第三次变革时期,生命科学、环境科学、新材料科学发展的要求;生物学、信息科学,计算机技术的引入,使分析化学进入了一个崭新的境界。第三次变革的基本特点:从采用的手段看,是在综合光、电、热、声和磁等知识的基础上进一步采用数学、计算机科学及生物学等学科新成就对物质进行纵深分析的科学;从解决的任务看,现代分析化学已发展成为获取形形色色物质尽可能全面的信息、进一步认识自然、改造自然的科学。

现代分析化学的任务已不只限于测定物质的组成及含量,而是要对物质的形态(氧化-还原态、络合态、结晶态)、结构(空间分布)、微区、薄层及化学和生物活性等作出瞬时追踪、无损和在线监测等分析及过程控制。随着计算机及仪器自动化的飞速发展，分析化学家也不能只满足于分析数据的提供，而是要和其他学科的科学家相结合，逐步成为生产和科学研究中实际问题的解决者。

总之，分析化学未来的发展趋势主要在于以下 8 个方面：

①提高灵敏度。

②解决复杂体系的分离问题及提高分析方法的选择性。

③扩展时空多维信息。

④微型化及微环境的表征与测定。

⑤形态、状态分析及表征。

⑥生物大分子及生物活性物质的表征与测定。

⑦非破坏性检测及遥测。

⑧自动化及智能化。

分析化学的特点：以实验为基础，应重视实验课程。

分析化学的要求：掌握各种分析方法的基本原理，树立正确的“量”的概念；正确地掌握基本实验操作技能以及常用仪器、设备的正确使用；初步具有分析和解决有关分析化学问题的能力和科研能力，为进一步学习及将来的工作打下基础。

0.4 定量分析过程的一般步骤

定量分析的任务是测定试样中相关组分的相对含量。实际工作中，进行一项分析先要明确目的和要求，然后设计分析程序。定量分析过程主要包括以下 5 个步骤：试样的采取、试样的分解、干扰杂质的分离、对指定成分的分析、数据处理及分析结果的评价。

1）试样的采取

采取的试样必须保证具有代表性，即所分析的试样组成能代表整批物料的平均组成。因此必须采取科学取样法，从原始试样各个不同的部位采取，混合均匀后，从中取出部分具有代表性的，再进行预处理制备成供分析用的分析试样。

2）试样分解

定量分析通常采用湿法分析，即先将试样分解制成溶液再进行分析。因此，试样的分解是分析工作的重要步骤之一。常用的有溶解法和熔融法。溶解法采用适当溶剂将试样溶解制成溶液，溶剂用水、酸、碱、有机溶剂等，最常用的是酸溶法，根据不同情况可选择不同的酸，如盐酸、硝酸、硫酸等；也常用混酸，如硫酸和磷酸、硫酸和氢氟酸、硫酸和硝酸、“王水”等。熔融法是利用酸性或碱性溶剂与试样在高温条件下进行复分解反应，使试样中的待测成分转变为可溶于水或酸的化合物。

3）干扰杂质的分离

对组分简单的试样，其中组分彼此不干扰，经分解制成溶液后，可直接测定。但对组分复杂的试样，在实际分析中，往往多种组分相互干扰，必须通过分离除去干扰组分。常用的分离法有沉淀法、挥发法、萃取法、色谱法等。

4)对指定成分的分析

应根据测定的目的要求、组分的性质含量、准确度及完成测定的时间,选择恰当的分析测定方法。通常常量组分的测定选用滴定分析法和质量分析法;微量组分的测定选用仪器分析法。

5)数据处理及分析结果的评价

分析过程中会得到相关的数据,对这些数据需进行分析及处理,计算出被测组分的含量。任何测定都会产生误差,要分析误差产生的原因,把误差控制在要求的范围内,评价分析结果的准确性和可靠性。

第1章 溶液 胶体

【学习目标】

1. 了解分散系类型，学会溶液浓度表示方法及计算。

2. 认识稀溶液的依数性，胶体的结构及性质。

【技能目标】

熟练掌握溶液浓度表示方法及计算方法。

一种或几种物质分散到另一物质中所形成的混合体系称为分散系。通常，把被分散的物质称为分散质，分散质可以是固体、液体或气体；把容纳分散质的物质称为分散剂。

例如，氯化钠溶液是一种分散系，其中氯化钠是分散质，水是分散剂；牛奶也是一种分散系，其中蛋白质、乳糖、奶油是分散质，水是分散剂；血液、饮料、湖水、河水等都属于分散系。

根据分散质颗粒的大小，可以把分散系分为溶液、胶体、浊液3类，见表1.1。

一种物质以分子或离子状态均匀地分布在另一种物质中得到的分散系称为溶液。把量少的一种称为溶质，量多的则称为溶剂。水是最常见的溶剂，水溶液也简称溶液。通常不指明溶剂的溶液就是指水溶液。

为了使溶液和胶体溶液区别起见，有时又把溶液称为真溶液。对溶液来说，溶质就是分散质；溶剂就是分散剂；溶液就是分散系。

表1.1 分散系分类

分散系类型	分散质颗粒的直径	分散质	主要性质	实例
				分散系；分散质；分散剂
溶液（分子、离子分散系）	<1 nm 即 $<10^{-9}$ m	小分子、离子或原子	透明、均匀、非常稳定、扩散快，颗粒能透过半透膜。只要外界条件不变，溶液可长期放置而不变化	硫酸铜溶液；Cu^{2+}、SO_4^{2-}；H_2O
胶体（胶体分散系）	1～100 nm 即 10^{-9}～10^{-7} m	大分子或小分子的聚集体	均匀、稳定、扩散慢，颗粒不能透过半透膜。颗粒用普通显微镜看不见，在外界条件不变时胶体粒子不易沉析出来	血液；蛋白质；H_2O

续表

分散系类型	分散质颗粒的直径	分散质	主要性质	实　例
				分散系;分散质;分散剂
浊液（粗分散系）	>100 nm 即 $>10^{-7}$ m	分子的大聚集体	多相、不稳定、扩散较慢，颗粒不能透过半透膜。颗粒用肉眼或普通显微镜即可看出。分散质容易与分散剂分离而使分散系遭到破坏。还可分为乳浊液（液体分散在液体中）和悬浊液（固体分散在液体中）	牛奶;蛋白质;H_2O 泥浆;泥土;H_2O

1.1　溶　液

1.1.1　物质的量及物质的量浓度

1）物质的量及单位

物质的量是表示组成物质系统的基本单元数目多少的物理量，符号通常为 n，单位为摩尔(mol)。当某物质系统中所含的基本单元数与 0.012 kg ^{12}C 所含的碳原子数目相等，即阿伏伽德罗常数(6.023×10^{23})时，该物质的"物质的量"就为 1 mol。

物质 B 的物质的量 n_B 与其质量的关系表达式为

$$n_B=\frac{m_B}{M_B} \tag{1.1}$$

式中　m_B——物质 B 的质量，g；

　　　M_B——物质 B 的摩尔质量，g/mol。

注意：物质的摩尔质量 M_B 就是 1 mol 物质 B 的质量，符号为 M_B，单位为 g/mol，也可写为 M(B)。通常任何微粒或物质的摩尔质量，在数值上正好等于该微粒的相对原子质量或式量。例如，$M(CO_2)=44$ g/mol；$M(Na_2CO_3)=105.59$ g/mol；$M(Fe^{2+})=56$ g/mol。

2）物质的量浓度

溶液浓度的表示方法很多，有物质的量浓度、质量分数、体积分数、质量摩尔浓度、质量浓度等。

物质的量浓度指单位体积溶液中所含溶质 B 的物质的量，简称浓度，用符号 c_B 表示，单位 mol/L。其关系表达式为

$$c_B=\frac{n_B}{V} \tag{1.2}$$

式中　c_B——物质的量浓度，mol/L；

n_B——物质 B 的物质的量，mol；

V——溶液的体积，L。

由以上两关系式可以得到

$$m_B = c_B V M_B$$

【例 1.1】 500 mL 氢氧化钠溶液中含有溶质 NaOH 10 g，浓度 c 为多少？

解　因为 $M(\text{NaOH}) = 40\ \text{g/mol}$

则　$n_B = \frac{10}{40} = 0.25(\text{mol})$

故浓度 $c_B = \frac{0.25}{0.500} = 0.25(\text{mol/L})$

1.1.2　质量分数和体积分数

1）质量分数

质量分数是指溶质 B 的质量与溶液的质量之比，用符号 w_B 表示，其关系表达式为

$$w_B = \frac{m_{溶质}}{m_{溶液}} \tag{1.3}$$

例如，100 g NaOH 溶液含 5 g NaOH，则浓度为 $w_B = 5\%$ 或 $w_B = 0.05$。

2）体积分数

在相同温度和压强的条件下，溶液中组分 B 单独占有的体积与溶液总体积之比，用符号 Φ_B 表示，其关系表达式为

$$\Phi_B = \frac{V_B}{V} \tag{1.4}$$

两种液体相互混溶时，若不考虑体积变化，某一组分的浓度也可用体积分数表示。例如，3 体积浓硫酸溶解于 1 体积水中，此硫酸溶液的体积分数为

$$\Phi_{硫酸} = \frac{V_{硫酸}}{V_{硫酸} + V_{水}} = \frac{3}{3+1} = 0.75(\text{或}\ 75\%) \tag{1.5}$$

用质量分数和体积分数表示浓度，配制方法简单，使用方便，是常用的一种表示方法。

1.1.3　质量浓度

质量浓度指溶液中溶质 B 的质量与溶液的体积之比，用符号 ρ_B 表示，单位为 g/L，其关系表达式为

$$\rho_B = \frac{m_B}{V} \tag{1.6}$$

此种表示大多用于溶质为固体的溶液，医学上常用的葡萄糖注射液和生理盐水的质量浓

度分别是 50 g/L 和 9 g/L。

1.1.4 质量摩尔浓度

质量摩尔浓度指溶质 B 的物质的量与溶剂 A 的质量之比，用符号 m_B 表示，单位 mol/kg，其关系表达式为

$$m_B = \frac{n_B}{m_A} \tag{1.7}$$

式中 m_A——溶剂的质量，kg；

n_B——溶质 B 的物质的量，mol。

例如，将 10 g NaOH(摩尔质量是 40 g/mol)溶于 500 g 水中，所得溶液的浓度就为0.50 mol/kg。此种表示的优点是浓度不受温度影响，常用于科学研究中。

对于很稀的水溶液，1 mol/kg≈1 mol/L。

【例 1.2】 欲配制 0.01 mol/L,250 mL 的重铬酸钾溶液，得称量重铬酸钾多少克？

解 因为 $M(K_2Cr_2O_7) = 294.19$ g/mol

则 $m_B = c_B V M_B = 0.01 \times 0.250 \times 294.19$

$= 0.74(g)$

【例 1.3】 欲配制 0.10 mol/L、250 mL 的 HCl 溶液，需要质量分数 $w_B = 37\%$、密度 1.19 g/mL 的浓盐酸多少毫升？

解 首先

$$c_{浓} = \frac{1\,000 \times \rho \times w_B}{M} = \frac{1\,000 \times 1.19 \times 37\%}{36.5} = 12(\text{mol/L})$$

又因为

$$m_{稀} = m_{浓}$$

所以

$$c_{稀} \times V_{稀} = c_{浓} \times V_{浓}$$

则

$$V_{浓} = \frac{c_{稀} V_{稀}}{c_{浓}} = \frac{0.10 \times 250}{12} = 2.1(\text{mL})$$

【例 1.4】 现有 0.120 0 mol/L 的 NaOH 标准溶液 200 mL，欲使其浓度稀释到 0.100 0 mol/L，问要加水多少毫升？

解 设应加水的体积为 V mL，根据溶液稀释前后物质的量相等的原则，有

因为 $0.120\,0 \times 200 = 0.100\,0 \times (200 + V)$

所以 $V = \dfrac{(0.120\,0 - 0.100\,0) \times 200}{0.100\,0} = 40(\text{mL})$

1.2 稀溶液的依数性

我们知道人体内的血液、组织液、淋巴液以及胆汁等都是以溶液存在的，生物营养物质的运输、消化、吸收离不开溶液；医学方面，固体药物必须转化为溶液才能被吸收发挥药效；农药的使用、组织培养液配制、无土栽培技术的应用等农业方面同样离不开溶液。

根据溶质导电性的不同，可把溶液分为电解质溶液和非电解质溶液；根据溶液中含溶质的多少，可把溶液分为稀溶液和浓溶液。但是，溶液的性质既不同于纯溶质又不同于纯溶剂的性质，溶液的性质有两类：一类是与溶质本性有关的，如溶液的颜色、气味、密度、导电性、酸碱性等；另一类是与溶质本性无关，而仅仅与溶液中溶质的微粒数即浓度有关的，如溶液的蒸汽压、沸点、凝固点和渗透压等，这些与溶质的本性无关，而只与溶液中溶质的微粒数即浓度有关的性质统称为稀溶液的依数性。稀溶液的依数性只适用于难挥发的非电解质稀溶液（<0.1 mol/L），而不适用于电解质溶液和浓溶液。

1.2.1 溶液的蒸汽压下降

1）溶剂的蒸汽压

在一定温度下，将一杯纯水放在密闭容器中，由于分子热运动，水体表面的一部分分子就会克服内部分子间的引力从水面逸出，扩散到空间形成蒸汽分子，这一过程称为蒸发。同时蒸汽分子在液面上方不停地运动，一部分分子又可能碰到水面被吸引而重新回到液体，这一过程称为凝聚。当蒸汽的凝聚速度与液体的蒸发速度相等时，处于平衡状态，此时水面上方的蒸汽压称为该温度下水的饱和蒸汽压，简称蒸汽压。任何纯液体在一定温度下都有确定的蒸汽压，因为蒸发是吸热的，所以温度越高，蒸汽压就越大。不同温度时水的蒸汽压见表1.2。

表1.2　不同温度时水的蒸汽压

温度/℃	0	20	40	60	80	100	120
蒸汽压/kPa	0.61	2.33	7.37	19.92	47.34	101.33	202.65

同液体一样，固体也有蒸汽压，但一般情况下数值很小，如冰的蒸汽压，见表1.3。

表1.3　不同温度时冰的蒸汽压

温度/℃	−14	−10	−8	−6	−4	−2	0
蒸汽压/kPa	0.21	0.29	0.34	0.39	0.45	0.53	0.61

显然，越是容易挥发的液体，其蒸汽压也就越大。如20 ℃时，水的蒸汽压为2.33 kPa，酒精的蒸汽压为5.85 kPa。各种液体和固体蒸汽压均随温度的升高而增大，而在一定温度下，它们的蒸汽压是固定的。

2)溶液的蒸汽压下降

在一定温度下,水的蒸汽压是一个定值。如果在水中加入一种难挥发的非电解质溶质(蔗糖、果糖、甘油、萘等),形成稀溶液,则溶液中单位体积内的水分子数必然少于单位体积纯水中的水分子数,每个溶质分子还会与若干个水分子结合成水合分子。溶质的加入一方面束缚了一部分水分子;另一方面又占据了一部分水的表面,减少了单位面积上水的分子数。因此在单位时间内从溶液表面逸出的水分子数,就比在相同条件下从纯水表面逸出的水分子数少,所以当凝聚与蒸发重新达到平衡状态时,溶液的蒸汽压(实际上是指溶液中纯溶剂的蒸汽压,因溶质是难挥发的)必然比纯水的蒸汽压低。这种现象称为溶液的蒸汽压下降。显然,溶液的浓度越大,其蒸汽压下降越多。

在一定温度下,纯溶剂蒸汽压 p^0 与溶液蒸汽压 p 之间的差,即 $\Delta p = p^0 - p$ 称为溶液的蒸汽压下降值。

1887 年,法国物理学家拉乌尔根据实验结果得出下列结论:在一定温度下,难挥发非电解质稀溶液的蒸汽压下降与溶液浓度有关,而与溶质的本性无关,称为拉乌尔定律。拉乌尔定律的数学表达式为

$$\Delta p = Km_B \tag{1.8}$$

式中 Δp——难挥发非电解质稀溶液的蒸汽压下降值,Pa;

K——比例常数;

m_B——溶液的质量摩尔浓度,mol/kg。

上式表明,在一定温度下,难挥发非电解质稀溶液的蒸汽压下降与溶液的质量摩尔浓度成正比。即蒸汽压下降只决定于一定量溶液或溶剂中溶质微粒数的相对多少,而与溶质的本性无关。

在生活、生产、自然界中到处可见溶液的蒸汽压下降现象。某些固体:P_2O_5、$CaCl_2$ 等在空气中易吸收空气中的水分而潮解,就是因为这些固体表面吸水后形成溶液,其蒸汽压低于空气中的蒸汽压,则蒸汽压大的一方水蒸气便向蒸汽压小的另一方水溶液中转化,结果空气中的水蒸气不断凝聚进入溶液,从而使这些固体潮解。生物化学研究表明:当外界气温升高时,可引起植物体内细胞中的可溶性物质(氨基酸、碳水化合物等)大量溶解,增大了细胞汁液的浓度,使植物体内水的蒸汽压降低,水分损失减少,从而使植物表现出一定的抗旱性。

1.2.2 溶液的沸点升高

1)溶剂的沸点

液体加热时,其蒸汽压随着温度升高而增大,当蒸汽压和外界大气压相等时,液体就开始沸腾。液体的蒸汽压等于外界大气压(通常为 101.325 kPa)时的温度称为该液体在该压强下的沸点。例如,水在 100 ℃时的蒸汽压恰好是 101.325 kPa,因此水的沸点是 100 ℃。显然,液体的沸点与外界压强有关,外界压强越大,沸点越高。如高原地区由于空气稀薄,气压较低,所以水的沸点就低于正常沸点 100 ℃。在一定压强下,液体的沸点是固定的。

2)溶液的沸点升高

如果水中溶有难挥发性的非电解质溶质时,由于溶液的蒸汽压下降,溶液的蒸汽压就低于

外界大气压,液体也就不会沸腾。要使溶液沸腾,就要使溶液的蒸汽压和外界大气压相等,也就只有升高溶液的温度,所以溶液的沸点总是高于纯溶剂的沸点,这种现象称为溶液的沸点升高。如在常压下,海水的沸点高于 100 ℃就是这个道理。显然,溶液越浓,沸点就越高。

溶液的沸点 T_b 与纯溶剂的沸点 T_b^0 之差称为溶液的沸点升高值,$\Delta T = T_b - T_b^0$。

根据实验得知:难挥发非电解质稀溶液的沸点升高近似地与溶液的质量摩尔浓度成正比,而与溶质的本性无关。其数学表达式为

$$\Delta T = K_b m_B \tag{1.9}$$

式中 ΔT——溶液的沸点升高值,K;

m_B——溶液的质量摩尔浓度,mol/kg;

K_b——沸点升高常数,$K \cdot kg \cdot mol^{-1}$,只与溶剂有关,而与溶质无关。不同溶剂有不同的数值。

几种常见溶剂的沸点升高常数,见表 1.4。

表 1.4 几种常见溶剂的沸点升高常数

溶 剂	沸点/K	$K_b/(K \cdot kg \cdot mol^{-1})$	溶 剂	沸点/K	$K_b/(K \cdot kg \cdot mol^{-1})$
水	373.0	0.52	乙醚	307.4	2.16
苯	353.2	2.53	乙醇	351.5	1.22
三氯甲烷	333.2	3.63	醋酸	391.5	3.07
萘	491.0	5.80	环己烷	354	2.79

在生产和实验中,利用沸点升高现象,可以测定某些物质的分子量;大多数纯液体都有固定的沸点,若液体含有杂质,其沸点就会升高,通过测定沸点可以鉴别液体纯度;化工生产中,某些在较高温度时易分解的有机溶剂,常采用减压(或真空)操作进行蒸馏,一方面可以降低沸点;另一方面可以避免产品因高温分解而影响质量和产量。

1.2.3 溶液的凝固点降低

1)溶液的凝固点

液态物质的凝固点是该物质的液态和固态(或物质的液相和固相)具有相同的蒸汽压而能平衡共存时的温度。若两种状态的蒸汽压不相等,则蒸汽压大的一个状态将向蒸汽压小的转化。

外界大气压为 101.325 kPa,在 0 ℃时,水和冰的蒸汽压相等,这时水和冰可以共存,因此水的凝固点就是 0 ℃。水的凝固点习惯上又称为水的冰点。

2)溶液的凝固点降低

如果在 0 ℃的水中加入难挥发的非电解质溶质,溶液的蒸汽压就会降低,而冰的蒸汽压不受影响,这时冰的蒸汽压高于溶液的蒸汽压,于是固态冰便会融化为液态水。换句话说,在此温度时溶液中的溶剂(水)不会结冰。如果要使溶液的蒸汽压和冰的蒸汽压相等而平衡共存,只有继续降低温度,直到溶液的蒸汽压和冰的蒸汽压再次相等,此时冰和溶液能共存,此时的

温度称为溶液的凝固点。显然，溶液的凝固点比纯溶剂（水）的凝固点低。这种现象称为溶液的凝固点降低。溶液浓度越大，凝固点就越低。

纯溶剂的凝固点 T_f^0 与溶液的凝固点 T_f 之差称为溶液的凝固点降低值，$\Delta T_f = T_f^0 - T_f$。

根据拉乌尔定律得知：难挥发非电解质稀溶液的凝固点降低与溶液的质量摩尔浓度 m_B 成正比，而与溶质的本性无关。其数学表达式为

$$\Delta T_f = K_f \times m_B \tag{1.10}$$

式中　ΔT_f——溶液的凝固点降低值，K；

m_B——溶液的质量摩尔浓度，mol/kg；

K_f——溶液的凝固点降低常数，$K \cdot kg \cdot mol^{-1}$，只与溶剂有关，而与溶质无关。不同溶剂有不同的数值。

几种常见溶剂的凝固点降低常数，见表1.5。

表1.5　几种溶剂的凝固点降低常数

溶　剂	凝固点/K	$K_f/(K \cdot kg \cdot mol^{-1})$	溶　剂	凝固点/K	$K_f/(K \cdot kg \cdot mol^{-1})$
水	273.0	1.86	醋酸	289.6	3.90
苯	278.5	5.12	环己烷	279.5	20.2
萘	353.0	6.9	三氯甲烷	336.7	4.70

溶液凝固点降低的性质也被广泛应用。例如，在寒冷的冬天，往汽车水箱中加入甘油或乙二醇等来降低水的凝固点，防止因水冻结而胀裂；冬天下雪后给道路上撒盐，使路面冰雪快速融化，防止交通事故；同样为使混凝土在低温下不致冻结，以顺利地进行冬季施工，可在水泥中掺入亚硝酸盐等抗凝剂；在生产和实验中，常用盐和冰或雪的混合物作为制冷剂，因为盐溶解在冰表面的水成为溶液，使溶液蒸汽压下降而低于冰的蒸汽压，冰就融化，冰在融化时要吸收大量的热，使温度降低。若3份冰和1份食盐混合可得到 −22 ℃的低温。植物在冬季表现的耐寒性，也是由于细胞汁液浓度增大，凝固点降低，细胞汁液在0 ℃左右不至于冰冻，植物仍能保持生命活动。

1.2.4　溶液的渗透压

1）渗透与渗透压

假若将一定浓度的蔗糖溶液和水倒入同一个烧杯中，经过一段时间后，变成一种浓度均匀相同的溶液，这种现象称为扩散。在任何纯溶剂和溶液之间或两种不同浓度的溶液之间，都有扩散现象发生。如果用一种半透膜将两种浓度不同的溶液隔开，情况就不同了。半透膜是一种只允许溶剂分子通过而不允许溶质分子通过的薄膜。动物的细胞膜、肠衣、人体内的膀胱膜、毛细血管壁以及人工制造的火棉胶棉、羊皮纸等都是半透膜。用半透膜把水和蔗糖溶液隔开，并使内外液面相平，如图1.1（a）所示。

由于单位体积内蔗糖溶液中含有的水分子数比纯水少，因而在单位时间内从纯水向蔗糖溶液方向扩散的水分子数比从蔗糖溶液向纯水方向扩散的水分子数目多得多，结果表现为水不断透过半透膜渗入蔗糖溶液，使蔗糖溶液的浓度逐渐减小而体积逐渐增大，而蔗糖分子则不

能通过半透膜,数小时后将会看到内外两边的液面不再等高,蔗糖溶液液面升高,水一侧液面降低,如图1.1(b)所示(用半透膜把两种浓度不同的溶液隔开时也能发生这种现象,这时水从稀溶液渗入浓溶液中去),通常把这种溶剂分子通过半透膜由纯溶剂扩散到溶液中(或由稀溶液渗入浓溶液中)的现象称为渗透。

渗透是有限的,水分子向两个方面的扩散速度相等,即单位时间内水分子从纯水进入蔗糖溶液的速度与水分子从蔗糖溶液进入纯水的速度相等时,该体系建立起一个动态平衡,称为渗透平衡,蔗糖溶液液面不再升高。这时为维持被半透膜隔开的溶液与纯溶剂之间的渗透平衡所需加于溶液的额外压力称为渗透压,如图1.1(c)所示。渗透压的大小可用管内外液面高度之差来衡量,这段液柱高度所产生的压力即为该溶液的渗透压。显然,浓度不同,渗透作用和渗透压也不同。

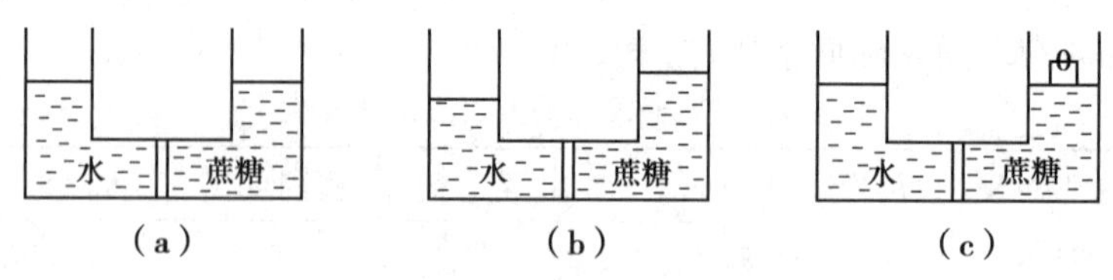

图1.1　溶液的渗透压装置

(a)扩散;(b)渗透;(c)渗透平衡

渗透压是溶液的一种性质,无论渗透压大小如何,它只有在半透膜存在时才能表现出来。如果半透膜两边溶液的浓度相同,则渗透压相等,这种溶液称为等渗溶液。如果半透膜两边溶液的浓度不同,则渗透压不等,则渗透压高的称为高渗溶液,渗透压低的则称为低渗溶液。就渗透方向而言,总是低浓度溶液的溶剂分子通过半透膜向高浓度溶液的一方渗透。若在高浓度溶液一侧施加一个大于其渗透压的外力时,则溶剂分子通过半透膜向低浓度溶液的一侧渗透,这种渗透称为反渗透。反渗透原理广泛用于海水淡化、工业废水或污水处理和溶液的浓缩等方面。

溶液的渗透压与溶液的浓度和温度有关。1886年荷兰物理学家范托夫(J. H. Vant Hoff)根据大量实验得到:难挥发非电解质稀溶液的渗透压与溶液的物质的量浓度和绝对温度成正比,而与溶质的本性无关。其数学表达式为

$$\pi = c_{\mathrm{B}} \cdot R \cdot T \tag{1.11}$$

式中　π——溶液的渗透压,kPa;

c_{B}——溶液的物质的量浓度,mol/L;

R——摩尔气体常数,8.31 kPa · L · K^{-1} · mol^{-1};

T——绝对温度,K。

当水溶液很稀时,溶液的物质的量浓度近似等于质量摩尔浓度 m_{B},则

$$\pi = m_{\mathrm{B}} \cdot R \cdot T \tag{1.12}$$

2)渗透压的应用

渗透现象广泛存在于自然界中,与植物的生命活动有着重要的关系。植物体内的细胞膜具有半透膜的性能,它能让外界水分子进入细胞中,而不让细胞内部的可溶性有机物大分子通过,从而使细胞吸水膨胀引起植物茎、叶、花瓣等具有一定的弹性且能够伸展,植物远远伸出枝叶,更好地吸收二氧化碳进行光合作用。另外植物吸收水分和养分也是通过渗透应用进行的,

当植物细胞溶液的渗透压大于土壤溶液的渗透压时,植物才能不断地从土壤吸收水分和养分,促使其生长发育;反之,土壤溶液的渗透压大于植物细胞溶液的渗透压时,植物失水导致枯萎或死亡。这也是盐碱地不利于植物生长,施肥喷药过多造成植物死亡的原因。

渗透现象与人和动物的生活也有着密切的关系,人和动物体内有细胞膜、毛细血管壁、肠衣等半透膜,从而使细胞液、胃肠液、血液等具有一定的渗透压。例如,海水鱼与淡水鱼不能混养或互换生活环境,就是因为海水与淡水的渗透压不同。当饮水后,水渗入血液使血液渗透压降低,水就随血液运动通过渗透被输送到各个组织细胞中。在医学上输液时,必须使用与人或动物体液具有相等渗透压的等渗溶液。若输入高渗溶液,则血液细胞中的水分向外渗透,引起血球发生萎缩;若输入低渗溶液,则水分将向血球中渗透,引起血球细胞的胀破,产生溶血现象,因此临床常用0.9%(质量浓度)生理盐水和5%(质量浓度)葡萄糖溶液的等渗溶液。眼药水也须和眼球组织中的液体具有相同的渗透压,否则会引起疼痛。人在淡水中游泳眼睛会疼痛,而在海水中眼睛会干涩萎缩;大量运动排汗后及吃了过咸的食物人会感到口渴,均在于渗透作用。

食品加工中,用高浓度的糖液浸泡而成的果脯,对于细菌而言是高渗溶液,它能使细菌体内失水死亡,达到防腐目的。分析化学中利用电渗析或反渗析技术来分离溶液中的杂质。

1.3　胶　体*

1.3.1　胶体

胶体并不是一种特殊类型的物质,而是物质以某种分散形式存在的一种状态。胶体溶液中分散质的颗粒直径一般为1~100 nm,是一种多相共存体系,是介于分子分散系(溶液)和粗分散系(浊液)之间的一种分散系。

胶体的种类很多,最普遍的是溶胶(固体颗粒分散在液体中,如$Fe(OH)_3$等);其次为固溶胶又称凝胶(液体颗粒悬浮在固体中,如有色玻璃、烟水晶等);还有乳胶(液体颗粒悬浮在另一种不相溶的液体中,如原油、农药乳液等)和气溶胶(固体或液体颗粒悬浮在气体中,如烟尘、云雾等)。若按胶粒与分散剂之间亲和力的强弱,可分为亲液胶体和疏液胶体,当分散剂为水时,则称为亲水胶体和疏水胶体。

1.3.2　胶体的重要性质

胶体溶液和溶液在性质上有许多相似的地方,但由于胶体粒子比溶液的溶质颗粒大,因此胶体具有许多特殊的性质。

1)丁达尔效应——光学性质

将一束强光通过胶体溶液或高分子溶液时,在光束垂直的方向上可看到溶液中有一条光亮的"通路",这种现象称为丁达尔效应。投射到不同大小分散质颗粒上的光线,可发生不同的作用:当分散质颗粒远大于光波的波长,光就从颗粒表面按一定角度反射;如果分散质颗粒接近于光波的波长,就会发生光的散射;如果分散质颗粒远小于光波的波长,则光线通过颗粒前进不受障碍即透射。丁达尔现象的产生,说明胶体颗粒接近于波长,发生了散射作用。而溶液中的颗粒很小,不会出现散射,也就没有丁达尔现象。用这种方法可以鉴别胶体与溶液。

日常生活中,丁达尔现象屡见不鲜,如晴朗的夜晚观察探照灯的光线,光束细淡;而云雾弥漫的夜晚,探照灯的光线就粗亮,因云雾是气溶胶。同样,露天电影也有此现象。

2)布朗运动——动力学性质

胶体的颗粒除了自身的热运动外,另一种是每个胶粒在分散剂中受到周围分散剂分子的不均匀撞击,而不断改变运动方向和运动速率,使胶粒处于无规则、不停顿的运动状态。这种运动状态称为布朗运动。胶粒的布朗运动随胶粒的大小、温度的高低不同而不同,胶粒越小、温度升高,运动越快。这也是胶体溶液不易凝聚而保持均匀分散的原因之一,体现胶体的动力学稳定性。

3)电泳现象——电学性质

在外加电场的作用下,带电胶粒在分散剂中做定向移动的现象称为电泳现象。可用实验证明此现象:如向红褐色 $Fe(OH)_3$ 胶体中通入直流电后,发现阴极附近颜色变深,阳极附近颜色逐渐变浅,这一事实证明了胶粒是带电的,也表明 $Fe(OH)_3$ 胶粒带正电。根据胶粒移动方向能判断胶粒带什么电荷,实验证明,一般金属氢氧化物、钛酸、碱性染料、铋、铅、铁等金属胶粒带正电荷;金属硫化物、硅酸、酸性染料、铂、金、银等金属胶粒带负电荷。

在工业生产中,常用电泳技术分离带不同电荷的溶胶,如陶瓷工业中采用电泳可除去黏土中的氧化铁杂质,把含氧化铁杂质的黏土与水混合成悬浮液,通电后,带正电的 Fe_2O_3 粒子向阴极移动,带负电的黏土粒子向阳极移动,在阳极附近得到纯洁的黏土。

1.3.3 胶体的结构

1)胶体粒子带电原因

电泳现象证明了胶体微粒是带有电荷的。那么,为什么胶粒会带有电荷呢?一是吸附作用,溶胶中的固体离子选择吸附溶液中与其组成相似的离子,必然导致溶胶离子带电。如 $Fe(OH)_3$带正电,是由于它选择吸附了 FeO^+;AgI 带正电,是由于它选择吸附了 Ag^+;若它吸附了 I^-,则带负电。二是电离作用,胶粒表面的分子电离,也会使溶胶离子带电。如在硅酸溶液中,溶胶颗粒是由 SiO_2 分子聚集而成的,粒子表面上的 SiO_2 与水作用生成 H_2SiO_3,弱电解质 H_2SiO_3 可以电离成 H^+ 和 $HSiO_3^-$,H^+ 进入溶液,$HSiO_3^-$ 留在胶粒表面,因而使溶胶离子带负电。

2)胶团结构

现以 $Fe(OH)_3$ 溶胶为例来说明胶团的结构。氢氧化铁溶胶是由许多 $Fe(OH)_3$ 分子聚集构成的,中心部分称为"胶核"。胶核选择吸附溶液中的 FeO^+ 而使表面带正电,FeO^+ 称为定位离子或吸附离子。这样由于静电作用,带正电的 FeO^+ 吸引溶液中的部分 Cl^-(Cl 称为反离子)。胶核的外边是由 FeO^+ 和一部分 Cl^- 所形成的"吸附层",胶核和吸附层统称为"胶粒"。另一部分 Cl^- 借扩散作用而分布于离胶核较远处,形成"扩散层"。扩散层与带有相反电荷的胶粒一起构成电中性的“胶团”。胶团的结构如图 1.2 所示。胶团分散在溶液中乃是胶体体系。

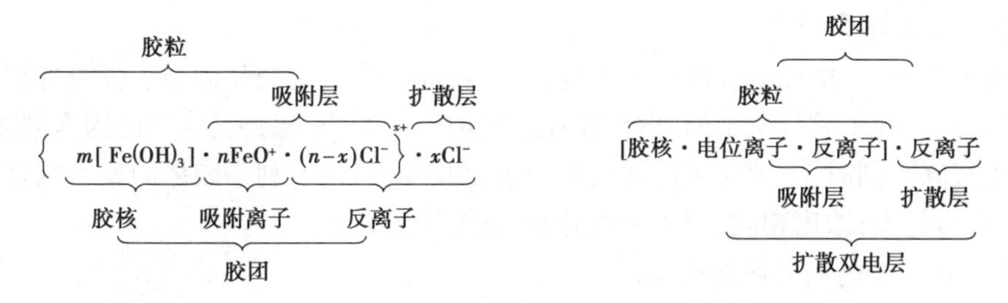

图 1.2 胶团的结构

注意:书写胶团结构的关键在于确定电位离子和反离子,吸附层和扩散层带着符号相反的电荷,胶粒中反离子数比电位离子少,故胶粒所带电荷与电位离子电荷符号相同。其余的反离子则分散在溶液中,构成扩散层,胶粒和扩散层的整体称为胶团,胶团中反离子和电位离子的电荷总数相等,故胶团是电中性的。

1.3.4 胶体的保护与破坏

1)胶体的稳定性

胶体粒子具有强烈的布朗运动,使其能够抵抗重力的作用而不沉淀,所以胶体是动力学稳定系统;又由于胶体的胶粒带有相同的电荷,当两个胶团互相靠近到它们的扩散层部分重叠时,胶粒间就产生静电排斥作用使它们分开,从而阻止了胶粒的聚结合并;另外,胶团中电位离子和反离子在溶液中所形成的具有一定强度和弹性的溶剂化膜(如水化膜),溶剂化膜也阻隔了胶粒的聚结合并。通常胶粒带电越多,扩散层反离子越多,扩散层越厚,溶剂化膜越厚,从而使胶体越稳定。以上因素的存在使胶体具有相当的稳定性,但不同的胶体其稳定性也不尽相同,稳定只是相对的。

2)胶体的保护

在工业生产和科研中,有时希望胶粒稳定分散而不凝集,有时希望胶粒聚沉。如在无机金属材料研究中,常常需要某些超细粉料在净水中沉淀下来,以备后续生产之用。而对于人体血液中以胶态存在的钙盐和镁盐,却希望其稳定分散在血液中。因为一旦这些盐的溶胶被破坏而出现凝集,就会形成疾病(如结石症),故需加以保护。又例如,在比色分析中,有时显色产物不是真溶液而是胶体溶液,如果胶体发生凝集,就会影响比色测定,故应设法保护胶溶状态不被破坏。

一般为了保护胶体,可在胶体中加入一些高分子物质(如明胶、蛋白质、淀粉、纤维素等)作保护剂。高分子化合物所以能起保护胶体的作用,这是由高分子化合物的结构和性质决定的。带电高分子物质被胶粒吸附后,增加了胶粒之间的静电斥力,使其胶粒不易聚集;其次胶粒吸附大分子的高聚物后,形成一定的空间位阻,使扩散双电层变厚,胶体就越稳定;再就是高分子链状卷曲的线形分子结构极易包住胶粒形成“屏障”,使胶粒不易接近,而增加胶体的稳定性。

3)胶体的破坏

在实际生产和科研中,许多情况不需要生成胶体,为防止胶体的形成,采用与保护相反的措施使胶体凝集沉降。

(1)加入强电解质

由于加入电解质,增加了胶体中离子的总浓度,而给带电的胶粒创造了吸引带相反电荷离子的有利条件,中和了胶粒所带的电荷,胶粒之间的斥力减小,保持稳定性的因素削弱,胶粒碰撞就会聚集沉降。同时,电解质也可使胶粒的水化膜变薄,也有利于胶体的聚集沉降。浓度越大,聚沉作用力越大;浓度相同,离子价态越高,聚沉能力越大。

(2)带相反电荷的两种胶体混合

把两种电性相反的胶体按一定比例混合,由于电性中和而使胶粒聚集沉降。例如,明矾净水,就是利用明矾中 Al^{3+} 水解生产带正电的 $Al(OH)_3$,使得带负电的胶体污物聚沉,从而使水达到净化。

(3)胶体加热

加热加剧了胶粒的热运动,增加了胶粒间的碰撞机会,削弱了胶粒对离子的吸附作用,同时降低了胶粒的电荷,减小了胶粒和分散剂之间的结合力,降低水化程度,稳定性随之降低,从而使胶体聚集沉降下来。

胶体聚沉后一般情况下都生成沉淀,但有些胶体聚沉后,胶体粒子和分散剂凝聚在一起,成为不流动的冻状物,这类物质称凝胶。常见的凝胶:豆腐——重要的植物蛋白质;硅胶——硅酸胶体聚沉,在空气中失水成为含水 4% 的 SiO_2,其表面积大,因而吸附性强,常用做干燥剂、吸附剂及催化剂载体。

1.3.5 胶体化学及应用

胶体化学是研究胶体体系的科学,是一门独立的学科。胶体现象非常复杂,有其独特规律性。早在古代就已利用了胶体知识,如制陶、造纸、制墨业,以及豆制品、药物制剂等方面。现代胶体化学不仅研究溶胶和高分子溶液,而且把表面活性剂中的皂类也作为胶体体系。胶体化学与人类的生产和生活有着密切的关系,例如,分析化学中的吸附指示剂、离子交换、色谱,物理化学中的成核作用、液晶;生命学科中的核酸和蛋白质,化学制造中的催化剂、洗涤剂、胶黏剂;环境科学中的气溶胶、污水处理;材料科学中的陶瓷、水泥、塑料;石油工业中的油的开采、加工、储运等,日常生活中的牛奶、啤酒、雨衣、电子器件、药剂等都要用胶体原理和方法。特别是 20 世纪 90 年代以来,国内外对纳米材料的研究,更加显示出胶体化学及表面化学的发展前景。纳米级或分子、原子级多功能、高效能的新产品和新技术不断涌现。

本章小结

本章介绍了分散系根据分散质颗粒的大小,可分为溶液、浊液和胶体。溶液浓度的表示方法——物质的量浓度、质量分数、体积分数、质量浓度、质量摩尔浓度。稀溶液具有一些共同性质:蒸汽压下降,沸点升高、凝固点下降和渗透压等,这些性质与农业、药物生产和生活实际有着密切的联系。胶体的结构、性质及应用。

复习思考题

1. 什么叫分散系，分散质，分散剂？举例说明。按分散质的直径大小，分散系有哪几类，各举一例。

2. 欲配制体积分数为75% 的酒精溶液 500 mL，问需量取体积分数为95% 的酒精多少毫升？

3. 将 11.9 g 氢氧化钠溶于水中，然后再稀释到 100 mL，该溶液的密度为 1.19 g/mL，计算该溶液：(1) 质量分数；(2) 物质的量浓度；(3) 质量浓度；(4) 质量摩尔浓度。

4. 什么叫稀溶液的依数性？通常有哪些方面？

5. 把两块冰分别放入 0 ℃的水和 0 ℃的盐水中，各有什么现象发生？为什么？

6. 什么是渗透现象，渗透压？产生渗透压的原因是什么？

7. 为什么海水鱼不能生活在淡水中？

8. 胶体有哪些性质？这些性质与胶体结构有何关系？

9. 有 3 瓶无色液体，蒸馏水、氯化钠溶液、淀粉溶液，能否用胶体知识检出哪一瓶是淀粉溶液？

10. 胶体溶液稳定的原因是什么？通常用哪些方法可以使胶体溶液凝聚？

第2章　化学反应速率　化学平衡

【学习目标】

1. 了解化学反应速率/化学平衡的概念、特点及影响它们的因素。
2. 了解化学反应速率/化学平衡的表达式及意义。

【技能目标】

掌握化学平衡常数的表达,会分析化学平衡移动规律。

众多的化学反应无非涉及两个方面的问题:一是化学反应进行的快慢,即化学反应速率问题;二是化学反应进行的程度,有多少反应物转化为生成物,即化学平衡问题。这两个问题是考察一个化学反应实用价值大小的依据,也是学习化学必须掌握的基础理论知识。例如,用氯酸钾分解制取氧气时,需要加热;如果用 MnO_2 作催化剂,则反应产生氧气的速度加快。我们不希望钢铁很快锈蚀、塑料橡胶快速老化、食品和药品很快变质。如何选择和控制反应条件,使反应向着我们所希望的方向发展呢?这些问题都涉及上述两个方面。

2.1　化学反应速率

爆炸反应、中和反应等在瞬间完成;钢铁的锈蚀、塑料的老化等则需较长时间;而煤、石油、天然溶洞的形成非常缓慢,需要时间更长。因此各种化学反应千差万别,不同的反应其速率各不相同,就是同一反应通过改变条件也可变快或变慢。我们就是要研究化学反应规律,采取适当的措施把原来的反应加快或减慢以满足生产实践、日常生活、科学研究的需要。

2.1.1　化学反应速率

对一个反应可以通过观察反应物的消失速度或生成物的出现速度,作出这个反应速率的定性判断;定量判断通常是用单位时间内反应物或生成物的量的变化情况描述。对于在容积不变的条件下进行的化学反应,常以单位时间内反应物浓度的减少或生成物浓度的增加来表示。浓度一般用 mol/L,时间单位为小时(h)、分钟(min)、秒(s)表示,相应的反应速率的单位为 mol/(L·h)、mol/(L·min)、mol/(L·s)。

例如，密闭容器中合成氨的反应，各物质的浓度变化如下：

	N_2	+	$3H_2$	$\rightleftharpoons$	$2NH_3$
起始浓度(mol/L)	2		6		0
2 s 后浓度(mol/L)	1.6		4.8		0.8

计算从反应开始到 2 s 后的平均反应速率。

那么，以氮气的浓度变化表示时为

$$v(N_2)=\frac{2-1.6}{2}=0.2[\text{mol}/(\text{L}\cdot\text{s})]$$

以氢气的浓度变化表示时为

$$v(H_2)=\frac{6-4.8}{2}=0.6[\text{mol}/(\text{L}\cdot\text{s})]$$

以氨气的浓度变化表示时为

$$v(NH_3)=\frac{0.8-0}{2}=0.4[\text{mol}/(\text{L}\cdot\text{s})]$$

由此可见，对同一化学反应，用不同的反应物或生成物在单位时间内浓度变化量表示反应速率，其数值不一定相等。因此，在表示化学反应速率时，必须注明是以哪一种物质基准来表示的。

2.1.2　影响化学反应速率的因素

参加反应的物质的本性是决定反应速率的主要因素。例如，室温下 K、Na 都能和 H_2O 发生剧烈反应，而 Al、Fe 和 H_2O 的反应就相当缓慢。此外，几乎所有反应的速率都受到反应进行时所处的外界条件的影响，其中主要有浓度、压强、温度和催化剂等。

1) 浓度对化学反应速率的影响

【实验 2.1】　取两支试管，在一支中加入 0.2 mol/L $Na_2S_2O_3$ 溶液 2 mL，在另一支试管中加入 0.2 mol/L $Na_2S_2O_3$ 溶液 1 mL 及水 1 mL。另取两支试管，分别注入 0.1 mol/L H_2SO_4 溶液 2 mL，然后分别将 H_2SO_4 溶液同时倾入上面盛有 $Na_2S_2O_3$ 的两支试管 a 和 b 中，振荡试管，观察现象。

从实验可知，浓度较大的第 1 支试管首先析出硫而溶液变浑浊。

$$Na_2S_2O_3+H_2SO_4 = Na_2SO_4+S\downarrow+SO_2\uparrow+H_2O$$

通过大量实验证明，在一定温度下，增加反应物的浓度，可增大反应的速率。

改变反应物的浓度，为什么能改变反应的速率？

这是因为物质间发生化学反应，只有在彼此的分子相互接触、相互碰撞时才有可能。增大反应物浓度就是增加单位体积内反应物的分子数，这样，在其他条件不变时，单位时间内分子的碰撞次数就增多，因而速率增大。应该注意的是，大多数的碰撞并不发生反应，只有那些具有足够能量的分子间的相互碰撞，才能发生化学反应（这种能够发生化学反应的碰撞称为有效碰撞）。

2)温度对化学反应速率的影响

【实验2.2】 取两支试管,分别加入0.2 mol/L $Na_2S_2O_3$ 溶液2 mL。另取两支试管,分别加入0.1 mol/L H_2SO_4 溶液2 mL,然后将一支盛有 $Na_2S_2O_3$溶液的试管和一支盛有H_2SO_4溶液的试管组合,这样就组成了两组。将一组试管插入冷水中,另一组试管插入60 ℃左右的热水中,2 min后,同时分别将两组试管里的溶液混合,再观察。

从实验可知,插入热水中的一组溶液首先变浑浊了。

夏季里天气炎热,食物非常容易腐烂变质;而在冬季或把食物放在冰箱里,食物却易于保存。其实这也是温度对化学反应速率的影响产生的现象。

由此可见,温度升高可大大加快化学反应速率。这是因为温度升高,分子运动速度加快,单位时间内分子间碰撞次数增加因而使反应速率增大。

3)压强对反应速率的影响

当温度一定时,一定量气体的体积与其所受压强成反比。这就是说,如果气体的压强增大,体积就缩小,单位体积内的分子数就增多,即单位体积内的反应物的物质的量增加,也就是反应物的浓度增加,因而反应的速率加快。相反,减小压强,气体体积就扩大,浓度减小,因而反应速率减小。

压强对反应速率的影响只适用于有气体参加的反应。如果参加反应的物质是固体、液体或溶液,由于改变压强对它们的体积改变很小,因而对其浓度改变也很小,可以认为压强与反应速率无关。

4)催化剂对反应速率的影响

催化剂是一种能改变其他物质的化学反应速率,而本身的组成和质量在反应前后保持不变的物质。能加快化学反应速率的称为正催化剂,能减缓反应速率的称为负催化剂。

例如,初中学习的用氯酸钾分解制取氧气时,如用 MnO_2 作催化剂,则产生氧气的速度明显加快。

减慢金属腐蚀的缓蚀剂;防止塑料、橡胶老化的防老化剂;防止油脂、食品变质的保鲜剂和防腐剂等都是负催化剂。而且催化剂的催化作用是有选择性的,某一种催化剂只能对某些特定的反应有催化作用,而对另一些反应则不起作用。如生物体内的各种反应,大多是在各种酶的催化作用下进行的。酶有很多种,各有各的专属功能。

影响化学反应速率的因素很多,除了浓度、温度、压强、催化剂以外,还有光、反应物颗粒大小、反应物扩散速度等。

2.2　化学平衡

2.2.1　化学反应和化学平衡

1)化学反应

化学反应可分为不可逆反应和可逆反应两种。例如,不可逆反应是在一定条件下向一个方向几乎能进行完全的反应,如二氧化锰作催化剂的氯酸钾受热分解,生成氯化钾和氧气的反应。但大多数反应是可逆的。如将一氧化碳和水蒸气混合,1 200 ℃高温下可以生成二氧化碳和氢气。

$$CO + H_2O(g) = CO_2 + H_2$$

但同时二氧化碳和氢气又将生成一氧化碳和水蒸气:

$$CO_2 + H_2 = CO + H_2O(g)$$

这种在同一条件下,同时能进行两个方向完全相反的反应,称为可逆反应。用两个方向相反的箭头表示可逆性,则上述反应可写成:

$$CO + H_2O(g) \rightleftharpoons CO_2 + H_2$$

一般地,从左向右进行的反应称为正反应;从右向左进行的反应称为逆反应。

大多数反应是可逆的,如:

$$N_2 + 3H_2 \rightleftharpoons 2NH_3$$

$$I_2(g) + H_2 \rightleftharpoons 2HI$$

2)化学平衡

当上述反应 CO 和 $H_2O(g)$混合后,一开始由于 CO 和 $H_2O(g)$的浓度最大,因此正反应速率最快;而 CO_2 和 H_2 的浓度为零,逆反应的速率也为零。随着反应的进行,反应物 CO 和 $H_2O(g)$不断消耗,浓度不断降低,正反应速率不断减慢。与此同时,随着正反应的进行,CO_2 和 H_2的浓度不断增加,逆反应的速率又不断加快。到某一时刻,必定会出现正反应速率和逆反应速率相等的情况,在这种情况下,四种气体的浓度都不再改变。像这种正反应和逆反应速度相等时,体系所处的状态称为化学平衡。达到平衡时,表面上看来反应物和生成物的浓度都不再改变了,实际上正、逆反应仍在进行,只不过是单位时间内每种物质生成的量和消耗的量相等而已。因此,化学平衡是一种暂时的、相对的、有条件的动态平衡。

2.2.2　化学平衡常数

为了进一步研究化学平衡的特点,找出平衡时反应体系中各组分的量之间的相互关系,通常用平衡常数 K 来衡量。如可逆反应:

$$CO + H_2O(g) \rightleftharpoons CO_2 + H_2$$

$$K=\frac{[CO_2][H_2]}{[CO][H_2O]}$$

对于一般的可逆反应:

$$mA(g)+nB(g)\rightleftharpoons pC(g)+qD(g)$$

则有

$$K=\frac{[C]^p[D]^q}{[A]^m[B]^n}$$

在一定温度下,当可逆反应达到化学平衡时,生成物浓度以生成物分子式前的系数为方次的乘积与反应物浓度以反应物分子式前的系数为方次的乘积之比是一个常数。

K 是通过实验得出的,故称为实验平衡常数或该反应的浓度平衡常数,简称平衡常数。上述关系式称为化学平衡常数 K 的表达式。

化学平衡常数能很好地表达可逆反应处于平衡状态时各物质浓度间的动态关系,平衡常数数值的大小表明了在一定条件下反应进行的程度。平衡常数 K 越大,表示达到平衡时生成物浓度越大,而反应物浓度越小,也就是正反应进行得越彻底。

值得注意的是:在一定温度时,一个可逆反应的化学平衡常数并不随反应物或生成物浓度的改变而改变。但当温度改变时,平衡常数 K 值随温度的改变而改变,例如,氢气和碘化合生成碘化氢的反应:

$$H_2+I_2\rightleftharpoons 2HI$$

在不同温度时,其平衡常数 K 值不同,分别为:350 ℃,$K=66.9$;425 ℃,$K=54.4$;490 ℃,$K=45.9$。

所以,使用平衡常数时,必须注意是在哪一温度下进行的可逆反应。

2.2.3 化学平衡的移动

化学平衡是在一定的条件下建立和保持的,所以是相对的、暂时的。如果一个可逆反应到达平衡状态以后,反应条件(浓度、温度等)变化了,使正逆反应速率不再相等,反应的平衡状态就遭到破坏,浓度就会发生改变,直到在新的条件下又建立新的平衡,这个变化过程,称为化学平衡的移动。以下是浓度、温度和压力对化学平衡的影响。

1)浓度对化学平衡的影响

【实验2.3】 取一支试管,加入蒸馏水10 mL,滴加 $FeCl_3$ 溶液2滴,再滴加1~2滴0.1 mol/L KSCN溶液,溶液变为浅血红色。将此溶液分装在3支试管中,给第1支试管加入少量饱和 $FeCl_3$ 溶液,第2支试管加入少量0.1 mol/L KSCN溶液,第3支试管作对照,观察3支试管中溶液颜色的变化。

氯化铁跟硫氰化钾起反应,生成红色的硫氰化铁和氯化钾,其反应式为

$$FeCl_3+3KSCN\rightleftharpoons Fe(SCN)_3+3KCl$$

实验结果显示,加入了 $FeCl_3$ 和KSCN溶液的第1、第2支试管中,溶液的血红色变深了,说明溶液中硫氰化铁的浓度增大了。这说明增加任何一种反应物的浓度都使平衡向正反应方向移动。

其他实验也可证明，在达到平衡的反应里，减少生成物的浓度，也会使平衡向正反应方向移动；增大生成物的浓度或减少反应物的浓度，可使化学平衡向逆反应方向移动。

在生产实际中，为了增加对成本较高原料的利用率，可采用增加成本较低的反应物浓度的方法。

2）温度对化学平衡的影响

【实验2.4】　在两个连通着的烧瓶中，盛有NO_2和N_2O_4达到平衡的混合气体。用夹子把两个烧瓶中间的连接橡皮管夹住，一个烧瓶放进热水里，把另一个烧瓶放入冰水里。通过观察，我们发现，在热水中，气体混合物颜色变深；在冰水中，气体混合物颜色变浅。

在NO_2生成N_2O_4的反应中，正反应是放热反应。逆反应是吸热反应。

$$2NO_2(\text{棕红色}) \rightleftharpoons N_2O_4 + Q(\text{无色})$$

混合气体受热，颜色变深，说明NO_2浓度增大，平衡是向逆反应方向（吸热反应的方向）移动。混合气体被冷却，颜色变浅，说明NO_2浓度减小，平衡向正反应（放热反应的方向）移动。

由此可见，在其他条件不变的情况下，温度升高，会使化学平衡向着吸热反应的方向移动；温度降低，会使化学平衡向着放热反应的方向移动。

由于催化剂能同等程度地增加正反应速率和逆反应速率，因此它对化学平衡的移动没有影响，但能够缩短化学平衡到达的时间。

3）压力对化学平衡的影响

对于气体参加的反应，如果反应前后气体分子数不等，在一定温度下，当反应达到平衡时，则增大或减少反应的压力都会使平衡发生移动。

【实验2.5】　用注射器吸入NO_2和N_2O_4混合气体后，将两端用橡皮塞加以封闭。NO_2（棕红色）与N_2O_4（无色）在一定条件下，处于化学平衡状态。

$$2NO_2(g)(\text{棕红色}) \rightleftharpoons N_2O_4(g)(\text{无色})$$

如将注射器活塞向里推，气体压缩，气体的压强增大，混合气体的颜色逐渐变浅。这是因为气体压力增大，平衡向正反应方向移动，即向气体体积减小的方向移动，生成更多的N_2O_4。如将注射器活塞向外拉，气体体积增大，气体压力减小，混合气体颜色逐渐变深。这是因为气体压力减小，平衡向逆反应方向移动，即向气体体积增大的方向移动，生成了更多的NO_2。

总之，在其他条件不变的情况下，增大压力会使化学平衡向着气体体积缩小的方向移动；减小压力，会使平衡向着气体体积增大的方向移动。

但对于有气体参加的反应，如果反应前后气体分子数相等以及对于在溶液中进行的反应，在温度一定，当反应达到平衡时，改变压力对平衡几乎没有影响。

综上所述，吕·查德里（H. L. Le. Chatelier，1850—1936年，法国化学家）将外界因素对化学平衡的影响，概括成化学平衡移动原理，即如果改变影响平衡的一个条件（如浓度、温度或压强)，平衡就会向着削弱或消除这种改变的方向移动。此原理也称吕·查德里原理。

·本章小结·

本章介绍了化学反应速率，通常用单位时间内反应物浓度的减少或生成物浓度的增加来表示，单位：mol/(L·s) 或 mol/(L·min)。化学反应速率与反应物的本性有关，受温度、浓度、催化剂等影响。

化学平衡：可逆反应中，当正反应和逆反应速度相等时，体系所处的状态称为化学平衡。影响化学平衡的外界因素有：浓度、温度、压力。如果改变影响平衡的一个条件(如温度、压强或浓度)，平衡就会向着削弱或消除这种改变的方向移动。此原理也称为吕·查德里原理。

1. 什么叫化学反应速率、可逆反应、化学平衡、化学平衡常数、化学平衡移动？

2. 下列反应 $CO + H_2O \rightleftharpoons CO_2 + H_2$，起始浓度$[CO] = [H_2O] = 0.02$ mol/L，1 min 后测得$[CO] = 0.005$ mol/L，求分别以 CO 和 H_2 的浓度变化表示的化学反应速率是多少？

3. $2NO_2 \rightleftharpoons N_2O_4$ 这个反应平衡常数的表达式？

4. 下列反应达到平衡时，$2NO + O_2 \rightleftharpoons 2NO_2 + 113$ kJ，如果：(1)增大压强；(2)增大氧气的浓度；(3)减小 NO_2 的浓度；(4)升高温度，平衡将向什么方向移动？

5. 指出怎样改变反应物浓度，可使下列平衡向正反应方向移动？(C 的浓度不变)

$$CO_2 + C(固) \rightleftharpoons 2CO$$

如果升高温度，平衡向正反应方向移动，那么，生成一氧化碳的反应是吸热反应还是放热反应？

第3章　常见离子的检验

【学习目标】

复习掌握几种重要阴、阳离子的典型性质与检验方法。

【技能目标】

掌握常见离子的检验技术。

定性分析的任务是鉴定物质的组成，按测定原理不同可分为化学分析和仪器分析。化学分析以化学反应为基础，因其方法灵活，不需要特殊仪器，所以仍具有一定的实用价值。在化学分析中，试样的处理及鉴定大多是在水溶液中进行的离子反应，因此本章主要复习总结常见离子的个别检验。

3.1　常见阳离子的个别检验

3.1.1　NH_4^+ 的鉴定

1）气室法

NH_4^+ 与强碱共热放出氨气，氨气遇湿润的石蕊试纸显蓝色。

$$NH_4^+ + OH^- = NH_3\uparrow + H_2O$$

2）奈氏试剂法

K_2HgI_4 的 NaOH 溶液称为奈氏试剂。它与 NH_3 反应，生成红棕色沉淀。

$$NH_4^+ + OH^- = NH_3 + H_2O$$

$$NH_3 + 2HgI_4^{2-} + OH^- = \left[\begin{matrix}\text{I-Hg} \\ \text{I-Hg}\end{matrix} \rangle NH_2\right]I\downarrow\text{（红棕色）} + 5I^- + H_2O$$

NH_3 浓度过低时，没有沉淀产生，但溶液呈黄色或棕色。

3.1.2 Na^+的鉴定

1)与醋酸铀酰锌反应

醋酸铀酰锌与Na^+在醋酸缓冲溶液中生成淡黄色结晶状醋酸铀酰锌钠沉淀。

$$Na^+ + Zn^{2+} + 3UO_2^{2+} + 9Ac^- + 9H_2O = NaAc \cdot Zn(Ac)_2 \cdot 3UO_2(Ac)_2 \cdot 9H_2O \downarrow (\text{淡黄色})$$

2)焰色反应

用铂棒蘸取Na^+溶液,在酒精灯上灼烧,火焰呈黄色。

3.1.3 K^+的鉴定

1)与亚硝酸钴钠反应

亚硝酸钴钠与K^+作用生成黄色沉淀。

$$2K^+ + Na^+ + [Co(NO_2)_6]^{3-} = K_2Na[Co(NO_2)_6] \downarrow (\text{黄色})$$

反应在中性或弱酸性溶液中进行。

2)与四苯硼酸钠反应

四苯硼酸钠与K^+反应生成白色沉淀。

$$K^+ + [B(C_6H_5)_4]^- = K[B(C_6H_5)_4] \downarrow (\text{白色})$$

3)焰色反应

用铂棒蘸取K^+试液,在酒精灯上灼烧,透过蓝色钴玻璃观察,火焰呈紫色。

3.1.4 Ca^{2+}的鉴定

1)与$C_2O_4^{2-}$反应

Ca^{2+}与草酸铵或草酸钠反应,生成白色CaC_2O_4沉淀,该沉淀不溶于醋酸。

$$Ca^{2+} + C_2O_4^{2-} = CaC_2O_4 \downarrow (\text{白色})$$

2)焰色反应

用铂棒蘸取Ca^{2+}试液,在酒精灯上灼烧,火焰呈砖红色。

3.1.5 Mg^{2+}的鉴定

Mg^{2+}与镁试剂在碱性溶液中生成蓝色螯合物沉淀。

3.1.6 Al^{3+}的鉴定

于Al^{3+}试液中滴加NaOH溶液生成白色絮状沉淀,继续滴加NaOH溶液,沉淀消失。

$$Al^{3+} + 3OH^- = Al(OH)_3 \downarrow \text{(白色)}$$

$$Al(OH)_3 + OH^- = AlO_2^- + 2H_2O$$

3.1.7　Fe^{3+}的鉴定

1）硫氰化铵法

Fe^{3+}与NH_4SCN在酸性溶液中作用，生成血红色配合物$[Fe(SCN)_3]$。

$$Fe^{3+} + 3SCN^- = [Fe(SCN)_3] \text{(血红色)}$$

2）亚铁氰化钾法

Fe^{3+}与亚铁氰化钾在酸性溶液中生成深蓝色沉淀。

$$4Fe^{3+} + 3[Fe(CN)_6]^{4-} = Fe_4[Fe(CN)_6]_3 \downarrow \text{(深蓝色)}$$

3）NaOH 法

于Fe^{3+}试液中加入 NaOH 溶液，生成红褐色沉淀。

3.1.8　Fe^{2+}的鉴定

1）铁氰化钾法

Fe^{2+}与铁氰化钾在酸性溶液中能生成深蓝色沉淀。

$$3Fe^{2+} + 2[Fe(CN)_6]^{3-} = Fe_3[Fe(CN)_6]_2 \downarrow \text{(深蓝色)}$$

2）NaOH 法

于Fe^{2+}试液中加入 NaOH 溶液，生成白色沉淀，白色沉淀很快变灰绿，最后变成红褐色沉淀。

$$Fe^{2+} + 2OH^- = Fe(OH)_2 \downarrow \text{(白色)}$$

$$4Fe(OH)_2 + O_2 + 2H_2O = 4Fe(OH)_3 \downarrow \text{(红棕色)}$$

3.1.9　Cu^{2+}的鉴定

1）颜色鉴别

Cu^{2+}在水溶液中为蓝色。

2）亚铁氰化钾法

Cu^{2+}在中性或弱酸性溶液中与亚铁氰化钾生成红棕色$Cu_2[Fe(CN)_6]$沉淀。

$$2Cu^{2+} + [Fe(CN)_6]^{4-} = Cu_2[Fe(CN)_6] \downarrow \text{(红棕色)}$$

3）氨水法

于Cu^{2+}试液中滴加氨水生成蓝色沉淀，继续滴加氨水，沉淀溶解变为深蓝色的铜氨溶液。

$$Cu^{2+} + 2NH_3 \cdot H_2O = Cu(OH)_2 \downarrow \text{(蓝色)} + 2NH_4^+$$

$$Cu(OH)_2 + 4NH_3 \cdot H_2O = [Cu(NH_3)_4]^{2+} + 2OH^- + 4H_2O$$

3.1.10 Co^{2+}的鉴定

在酸性溶液中，Co^{2+}与硫氰化铵（NH_4SCN）溶液作用生成蓝色络合物。

$$Co^{2+} + 4SCN^- = [Co(SCN)_4]^{2-}\text{（蓝色）}$$

3.2 常见阴离子的个别检验

3.2.1 常见阴离子的初步检验

1）与稀 H_2SO_4 作用

在原固体试样上加稀 H_2SO_4 并加热，若有气泡产生，表示可能含有 CO_3^{2-}、SO_3^{2-}、$S_2O_3^{2-}$、NO_2^-、S^{2-}、CN^-，再根据气体的性质初步判断含有什么阴离子，见表3.1。

表3.1 遇 H_2SO_4 放出气体的阴离子

阴离子	遇 H_2SO_4 放出的气体	离子反应式	气体特征
CO_3^{2-}	CO_2	$CO_3^{2-} + 2H^+ = CO_2\uparrow + H_2O$	无色无味，使 $Ca(OH)_2$ 溶液变浑
SO_3^{2-}	SO_2	$SO_3^{2-} + 2H = SO_2\uparrow + H_2O$	刺激性气味，使 $K_2Cr_2O_7$ 溶液变绿
$S_2O_3^{2-}$	SO_2	$S_2O_3^{2-} + 2H^+ = SO_2\uparrow + S\downarrow + H_2O$	刺激性气味，使 $K_2Cr_2O_7$ 溶液变绿
NO_2^-	NO_2	$2NO_2^- + 2H^+ = NO_2\uparrow + NO\uparrow + H_2O$	红棕色，刺激性气味
S^{2-}	H_2S	$S^{2-} + 2H^+ = H_2S\uparrow$	臭鸡蛋气味，使湿 $Pb(Ac)_2$ 试纸变黑
CN^-	HCN	$CN^- + H^+ = HCN\uparrow$	苦杏仁味，使苦味酸试纸产生红斑

2）与 $BaCl_2$ 作用

试液加 $BaCl_2$ 溶液，生成白色沉淀，表示可能有 SO_4^{2-}、SO_3^{2-}、PO_4^{3-} 存在。

$S_2O_3^{2-}$ 在浓度大时也会生成白色沉淀。

3）与 $HNO_3 + AgNO_3$ 作用

试液中先加入 $AgNO_3$ 溶液，然后加入稀 HNO_3，生成白色沉淀可能有 Cl^-、CN^-存在；生成黄色沉淀可能有 I^-、Br^-存在；生成黑色沉淀可能有 S^{2-}存在；若生成白色沉淀，很快变为黄橙、褐色，最后变为黑色，表示有 $S_2O_3^{2-}$ 存在。

4）氧化性阴离子的检验

试液用 H_2SO_4 酸化后，加入 KI 溶液和淀粉，若溶液变蓝，说明可能有 NO_2^- 存在。

5)还原性阴离子的检验

(1)强还原性阴离子的检验

试液用 H_2SO_4 酸化后,加含 KI 的0.1%碘-淀粉溶液,若蓝色褪去者,可能有 SO_3^{2-}、$S_2O_3^{2-}$、S^{2-}、CN^- 等存在。

(2)还原性阴离子的检验

试液用 H_2SO_4 酸化后,加入含0.03% $KMnO_4$ 紫红色溶液,若能褪色者,可能有 SO_3^{2-}、$S_2O_3^{2-}$、S^{2-}、Cl^-、Br^-、I^-、NO_2^- 等存在。

阴离子的初步检验见表3.2。

表3.2 阴离子的初步检验

试剂 / 阴离子	稀 H_2SO_4	$BaCl_2$	HNO_3+AgNO_3	H_2SO_4+KI	$H_2SO_4+I_2$	$H_2SO_4+KMnO_4$
SO_4^{2-}	—	$BaSO_4\downarrow$(白色)	—	—	—	—
SO_3^{2-}	$SO_2\uparrow$	$BaSO_3\downarrow$(白色)	—	—	$SO_4^{2-}+I^-$(蓝色褪去)	$SO_4^{2-}+Mn^{2+}$(紫色褪色)
$S_2O_3^{2-}$	$SO_2\uparrow+S\downarrow$	$BaS_2O_3\downarrow$(白色)	$Ag_2S_2O_3$ 变 $AgS\downarrow$(黑色)	—	$SO_4^{2-}+S\downarrow+I^-$(蓝色褪去)	$SO_4^{2-}+Mn^{2+}$(紫色褪色)
S^{2-}	$H_2S\uparrow$	—	$AgS\downarrow$(黑色)	—	(蓝色褪去)	SO_2+Mn^{2+}(紫色褪色)
CO_3^{2-}	$CO_2\uparrow$	$BaCO_3\downarrow$(白色)	—	—	—	—
PO_4^{3-}	—	$Ba_3(PO_4)_2\downarrow$(白色)	—	—	—	—
CN^-	HCN	—	$AgCN\downarrow$(白色)	—	(蓝色褪去)	—
Cl^-	—	—	$AgCl\downarrow$(白色)	—	—	—
Br^-	—	—	$AgBr\downarrow$(浅黄色)	—	—	—
I^-	—	—	$AgI\downarrow$(黄色)	—	—	(紫色褪色)
NO_3^-	—	—	—	—	—	—
NO_2^-	$NO_2\uparrow$	—	—	I_2(遇淀粉变蓝)	—	(紫色褪色)

3.2.2 常见阴离子的个别鉴定

1) SO_4^{2-} 的鉴定

于试液中加 $BaCl_2$ 溶液生成 $BaSO_4$ 白色沉淀,该沉淀不溶于稀 HCl 或稀 HNO_3。

$$Ba^{2+} + SO_4^{2-} = BaSO_4 \downarrow$$

2) SO_3^{2-} 的鉴定

①于试液中加 $BaCl_2$ 溶液生成 $BaSO_3$ 白色沉淀，再加入稀 HCl 或稀 HNO_3，沉淀溶解并放出有刺激性气味的气体 SO_2。

$$Ba^{2+} + SO_3^{2-} = BaSO_3 \downarrow$$

$$BaSO_3 + 2H^+ = Ba^{2+} + SO_2 \uparrow + H_2O$$

②于试液中加入少量碘-淀粉溶液，蓝色褪去。

$$SO_3^{2-} + I_2 + H_2O = SO_4^{2-} + 2I^- + 2H^+$$

3) S^{2-}的鉴定

于试液中加入亚硝酰铁氰化钠 $Na_2Fe(CN)_5NO$ 溶液，生成 $Na_4Fe(CN)_5NOS$，溶液呈紫色。

4) $S_2O_3^{2-}$ 的鉴定

于试液中加入稀 HCl 或稀 H_2SO_4，加热，溶液变浑浊。

$$S_2O_3^{2-} + 2H^+ = S \downarrow + SO_2 \uparrow + H_2O$$

5) Cl^-的鉴定

于试液中加入 $AgNO_3$ 溶液生成白色 AgCl 沉淀，该沉淀不溶于稀 HCl 或稀 HNO_3，但加入浓 $NH_3 \cdot H_2O$ 后，沉淀溶解。

$$Ag^+ + Cl^- = AgCl \downarrow$$

$$AgCl + 2NH_3 \cdot H_2O = [Ag(NH_3)_2]^+ + Cl^- + 2H_2O$$

6) Br^-的鉴定

①于试液中加入 $AgNO_3$ 溶液生成淡黄色 AgBr 沉淀，该沉淀不溶于稀 HCl 或稀 HNO_3，微溶于浓 $NH_3 \cdot H_2O$。

$$Ag^+ + Br^- = AgBr \downarrow$$

②于试液中加入 CCl_4 和氯水，CCl_4 层变为红棕色。

$$2Br^- + Cl_2 = Br_2 + 2Cl^-$$

7) I^-的鉴定

①于试液中加入 $AgNO_3$ 溶液，生成黄色 AgI 沉淀，再加稀 HNO_3 或浓 $NH_3 \cdot H_2O$，沉淀均不溶解。

$$Ag^+ + I^- = AgI \downarrow (\text{黄})$$

②于试液中加入 CCl_4，并逐滴加入氯水，CCl_4 层变紫色。继续滴加氯水，CCl_4 层紫色消失。

$$2I^- + Cl_2 = I_2 + 2Cl^-$$

$$I_2 + 5Cl_2 + 6H_2O = 2IO_3^- + 10Cl^- + 12H^+$$

8) CO_3^{2-} 的鉴定

于试样上加稀 HCl 或稀 H_2SO_4，有 CO_2 气体放出并能使澄清的 $Ca(OH)_2$ 或 $Ba(OH)_2$ 溶液变浑浊。

$$2H^+ + CO_3^{2-} = CO_2\uparrow + H_2O$$

$$CO_2 + Ca(OH)_2 = CaCO_3\downarrow + H_2O$$

9) PO_4^{3-} 的鉴定

①试样用酸溶解后，加入钼酸铵溶液生成黄色磷钼酸铵沉淀。

$$PO_4^{3-} + 3NH_4^+ + 12Mo_4^{2-} + 24H^+ = (NH_4)_3PO_4 \cdot 12MoO_3\downarrow(\text{黄}) + 12H_2O$$

②于试液中加入 $AgNO_3$ 溶液，生成黄色沉淀，再加稀 HNO_3，沉淀溶解。

$$3Ag^+ + PO_4^{3-} = Ag_3PO_4\downarrow(\text{黄})$$

$$Ag_3PO_4 + 3HNO_3 = 3AgNO_3 + H_3PO_4$$

10) NO_3^- 的鉴定

①于试液中加入 $FeSO_4$ 溶液，振荡均匀后，沿器壁慢慢注入浓 H_2SO_4，在液面交界处会生成亚硝酰硫酸亚铁[$Fe(NO)SO_4$]棕色环。

$$NO_3^- + 3Fe^{2+} + 4H^+ = 3Fe^{3+} + NO + 2H_2O$$

$$FeSO_4 + NO = [Fe(NO)SO_4](\text{棕色})$$

②NO_3^- 遇硝酸试粉显粉红色。

11) NO_2^- 的鉴定

①试液用 HAc 酸化后，加入对氨基苯磺酸和 α-萘胺，生成红色的偶氮染料。

②试液用 HAc 酸化后，加入 KI 溶液和 CCl_4 振动，CCl_4 层呈紫色。

$$2NO_2^- + 2I^- + 4H^+ = 2NO\uparrow + I_2 + 2H_2O$$

12) CN^- 的鉴定

于试液中加入黑色的硫化铜，生成铜配合物而使 CuS 黑色褪去。

$$6CN^- + 2Cu = 2[Cu(CN)_3]^{2-} + S^{2-} + S\downarrow$$

注意：氰化物有剧毒，鉴定时应在通风橱中进行。

本章小结

本章主要在于复习归纳常见阳离子的个别检验方法，发生沉淀反应的有 Na^+、K^+、Ca^{2+}、Fe^{2+}、Cu^{2+}；发生焰色反应的有 Na^+、K^+、Ca^{2+}；发生气体反应的有 NH_4^+；发生颜色反应的有 NH_4^+、Mg^{2+}、Fe^{3+}、Fe^{2+}、Cu^{2+} 和 Ca^{2+}。

常见阴离子的个别鉴定反应，与某些阳离子生成白色沉淀的有 SO_4^{2-}、SO_3^{2-}、Cl^-、S^{2-}、CO_3^{2-}；与某些阳离子生成有色沉淀的有 Br^-、I^-、S^{2-}、PO_4^{3-}；发生颜色反应的有 SO_3^{2-}、I^-、NO_3^-、NO_2^-、CN^-、PO_4^{3-}。

1. 如何证明$(NH_4)_2SO_4$既是铵盐又是硫酸盐？
2. 用化学方法鉴别下列各组物质，写出检验步骤、现象及化学方程式。
   (1) HCl、H_2SO_4和HNO_3
   (2) NaCl、KCl和NH_4Cl
3. 用一种试剂区别下列各组物质：
   (1) $FeSO_4$　$MgCl_2$　$FeCl_3$
   (2) NaCl　Na_2SO_4　NH_4Cl
4. 如何鉴别溶液中的Fe^{2+}与Fe^{3+}？

第4章 定量分析概论

【学习目标】

1. 熟悉误差的概念、分类及减免方法。
2. 熟悉提高分析准确度的方法。
3. 了解可疑值的取舍。
4. 掌握有效数字的保留及运算规则。
5. 掌握滴定分析法的基本概念、滴定方式。

【技能目标】

1. 熟悉标准偏差、相对标准偏差的计算。
2. 掌握有效数字及与有效数字的运算。
3. 掌握托盘天平、电子天平的使用。
4. 熟练使用滴定管、移液管、容量瓶、量筒等玻璃容量仪器。
5. 掌握滴定分析的计算。

4.1 定量分析误差

4.1.1 误差的分类和减免方法

定量分析是取部分物质作为样品，利用其中被测组分的某种物理、化学性质进行测定的方法。由于受分析方法、测量仪器、试剂和分析工作者的主观因素等方面的限制，使得测量结果不可能与真实含量完全一致；即使是技术娴熟的分析工作者，用最精密的仪器，用同一种方法，用同一个样品进行多次测量，也不能得到完全一致的结果，任何测量都不可能绝对准确。在一定条件下，测量结果只能接近于真实值，而不能达到真实值。这说明客观上存在着难以避免的误差。在药品检验时，尤其在含量测定中经常提到误差，什么是误差，误差的分类以及误差产生的原因，如何消除、抵偿和减少误差，使检验结果更加准确可靠，这些问题是我们每一个分析工作者首先考虑的问题，下面分别作简单介绍。

1）什么是误差

任何分析测量所得的结果，总是与真实值或多或少有些差别，这些差别在分析上称为误差。误差的大小是衡量一个测量值的准确性的尺度，误差越小，测量的准确度越高。

2）误差的分类及其减免方法

根据误差的性质，可将误差分为3类，即系统误差、偶然误差和过失误差。

（1）系统误差

系统误差又称可定误差。它是由某种固定的原因所造成的，一般有固定的方向（正或负）或大小，重复进行测定时重复出现。系统误差最主要的特性，是具有“单向性”。系统误差产生的原因如下：

①仪器和试剂引起的误差。来源于仪器本身未经校准，如天平砝码不准、容量瓶等刻度不准；所用试剂不纯，如试剂中含有干扰物质，使分析结果系统偏高或偏低。

②方法误差。这种误差是由于实验设计不恰当或所选方法不恰当所引起的，这种误差的影响较大。例如，在质量分析中沉淀的溶解度较大或有共沉淀、灼烧沉淀时部分挥发损失，在容量分析中滴定终点与化学计量点不相符等。方法误差可使测定结果要么总是偏高，要么总是偏低，误差的方向固定。

③操作误差。由于分析人员操作不当而引起的误差称为操作误差。例如，分析人员在称取试样时未注意防止试样吸潮；使用没有代表性的试样；在质量分析中，沉淀条件控制不当，沉淀的洗涤不完全或洗涤过度，沉淀的灼烧温度不适宜，称重时未经彻底冷却等；个别人在滴定时不能准确判断指示剂刚好变色的一点而总是稍微超过终点，在读取刻度时有人偏高、有人偏低等。产生这类误差的主要原因是操作者对操作规程不够了解或执行不严格造成的。系统误差是以固定的方向和大小出现，并具有重复性。所以用增加测定次数不能减免，可用加校正值的方法进行减免。

（2）偶然误差

偶然误差也称不可定误差，它是由一些不确定的偶然因素所引起的。例如，测定时的环境温度、湿度的微小变动，仪器的微小变化，分析人员对各份样品处理时的微小差别等。由于偶然误差是由一些不确定的偶然因素引起的，因而是可变的，有时大、有时小、有时正、有时负，似乎没什么规律，但如果进行多次测量，能发现这种误差还是有规律的，它的规律是绝对值相同的正负误差出现的概率相同；大误差出现的概率比小误差出现的概率小，即偶然误差符合正态分布（见图4.1）。因此，它们之间常能互相完全或部分抵消，所以可以通过增加平行测定次数，减少测量结果中的偶然误差。也可以通过统计方法估计出偶然误差值，并在测定结果中予以正确表达。

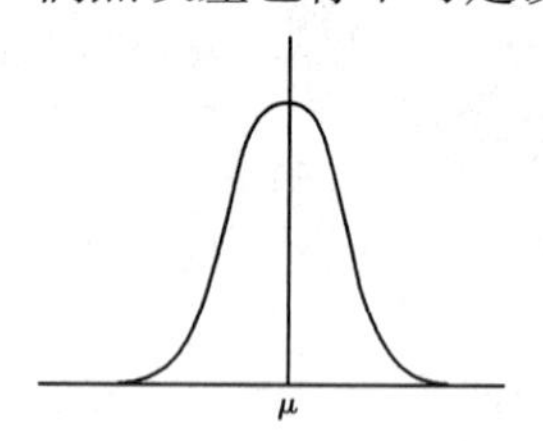

图4.1　误差的正态分布曲线

（3）过失误差

过失误差是指工作中的差错，是由于工作粗枝大叶，不按操作规程办事等原因造成的。这一类误差在工作上属于责任事故，是不允许存在的。它本来也不属于误差问题的讨论范畴，这里列为一类是为了强调它的严重性。通常只需提高对工作的高度责任感，培养细致严谨的工作作风,做好原始记录,反复核对,这种错误是完全可以避免的。

根据前面所述的3种类型误差的性质,可以看出过失误差是应该而又能避免的,系统误差是可以检定校正的,偶然误差是可以控制的。只有杜绝过失误差、校正了系统误差和控制了偶然误差,测定的数据才是可靠的。

4.1.2 准确度与精密度

1)准确度

准确度是指测量值与真值接近的程度。测量值与真值越接近,测量的误差就越小,精确度就越高。准确度通常用绝对误差和相对误差来表示。

$$绝对误差 = 测量值 - 真值 \qquad E = X_i - \mu \tag{4.1}$$

$$相对误差 = \frac{测量值 - 真值}{真值} \times 100\% \qquad RE = \frac{E}{\mu} \times 100\% \tag{4.2}$$

【例4.1】 测定某铜合金中铜的含量,测定结果为81.18%,已知铜的真实含量为81.13%,求其绝对误差和相对误差。

解 $E = 81.18\% - 81.13\% = +0.05\%$

$$RE = \frac{+0.05\%}{81.13\%} \times 100\% = +0.06\%$$

误差有正、负值之分,误差为正表示分析结果偏高,误差为负则表示分析结果偏低。

由于相对误差能反映误差在真实值中所占的比例,所以在比较各种情况下测定结果的准确度时,相对误差比绝对误差更常用。

2)精密度

平行测定的各测量值之间互相接近的程度称为精密度。在药品含量测定中,在同一条件下,平行测定几次,几次分析结果的数值越接近,分析结果的精密度越高,几次分析结果的数值相差越大,分析结果的精密度越低。表示精密度高低的参数有绝对偏差、相对偏差、平均偏差、相对平均偏差、标准偏差、相对标准偏差。其中相对标准偏差是应用最多的。

实际分析工作中,真实值一般并不知道,常用多次平行测定结果的算术平均值 $\bar{x}$ 来表示分析结果。

$$\bar{x} = \frac{x_1 + x_2 + \cdots + x_n}{n} = \frac{1}{n}\sum_{i=1}^{n} x_i \tag{4.3}$$

当测定次数无限增多时,所得平均值接近于真实值。

$$\mu = \lim_{n\to\infty} \frac{1}{n}\sum_{i=1}^{n} x_i$$

(1)绝对偏差和相对偏差

单次测定结果与平均值之差称为绝对偏差。即

$$绝对偏差 = 测量值 - 平均值 \qquad d_i = x_i - \bar{x} \tag{4.4}$$

单次测定结果的绝对偏差占平均值的百分数称为相对偏差。即

$$Rd_i = \frac{d_i}{\bar{x}} \times 100\% \tag{4.5}$$

当衡量一组测定结果的精密度时,常用平均偏差或标准偏差来表示。

(2)平均偏差和相对平均偏差

平均偏差是指各次偏差绝对值的平均值。

$$\bar{d} = \frac{|d_1| + |d_2| + \cdots + |d_n|}{n} = \frac{1}{n}\sum_{i=1}^{n}|d_i| = \frac{1}{n}\sum_{i=1}^{n}|x_i - \bar{x}| \tag{4.6}$$

相对平均偏差是指平均偏差占平均值的百分数。

$$R\bar{d} = \frac{\bar{d}}{\bar{x}} \times 100\% \tag{4.7}$$

(3)标准偏差

标准偏差又称均方根偏差,表示式为

$$S = \sqrt{\frac{\sum_{i=1}^{n}(x_i - \bar{x})^2}{n-1}} = \sqrt{\frac{\sum_{i=1}^{n}d_i^2}{n-1}} \tag{4.8}$$

相对标准偏差(*RSD*)也称变异系数(*CV*),表示式为

$$CV = \frac{s}{\bar{x}} \times 100\% \tag{4.9}$$

用标准偏差表示精密度比用平均偏差好,因为将单次测定结果的偏差平方后,较大的偏差能更显著地反映出来。如有两批数据,各次测定结果的偏差分别为

A 组: +0.3, +0.2, -0.4, +0.2, -0.1, +0.4,0.0, +0.3, +0.2, -0.3

B 组:0.0, +0.1, -0.7, +0.2, +0.1,0.0, +0.9,0.0, +0.3, -0.1

这两批数据的平均偏差相同,均为0.24,但可以明显看出,B组数据比较分散,其中有两个较大的偏差, +0.9 和 -0.7,使整批数据呈现更大的波动。可见用平均偏差反映不出这两批数据的好坏,如改用标准偏差,$S_A = 0.26$,$S_B = 0.41$,B组标准偏差明显偏大,因而精密度较低。

【例4.2】 一分析人员标定某滴定液的浓度,平行操作4次,结果分别为0.101 0 mol/L、0.101 2 mol/L、0.101 4 mol/L、0.101 3 mol/L,计算测定的平均值、相对平均偏差、标准偏差、相对标准偏差。

解 平均值 $\bar{X} = \frac{0.101\,0 + 0.101\,2 + 0.101\,4 + 0.101\,3}{4} = 0.101\,2(\text{mol/L})$

平均偏差 $\bar{d} = \frac{0.000\,2 + 0.000\,0 + 0.000\,2 + 0.000\,1}{4} = 0.000\,1(\text{mol/L})$

相对平均偏差 $\frac{\bar{d}}{\bar{x}} = \frac{0.000\,1}{0.101\,2} \times 100\% = 0.1\%$

标准偏差 $S = \sqrt{\frac{(0.000\,2)^2 + (0.000\,0)^2 + (0.000\,2)^2 + (0.000\,1)^2}{4-1}}$

$= 0.000\,2(\text{mol/L})$

相对标准偏差 $RSD = \frac{0.000\,2}{0.101\,2} \times 100\% = 0.2\%$

3）准确度与精密度的关系

从图4.2中可以看出，甲的精密度和准确度均较高；乙的精密度高但准确度低；丙的精密度和准确度均较差；丁的平均值虽与真实值很接近，但精密度更差。

准确度反映了测量结果的正确性，精密度反映了测量结果的重现性。精密度好，准确度不一定高，准确度高，要求精密度一定高。精密度好是准确度好的前提条件，没有好的精密度就不可能准确度好，但是精密的测定不一定准确，这是由于可能存在系统误差。即精密度好是准确度好的必要条件而不是充分条件。如何提高分析结果准确度呢？

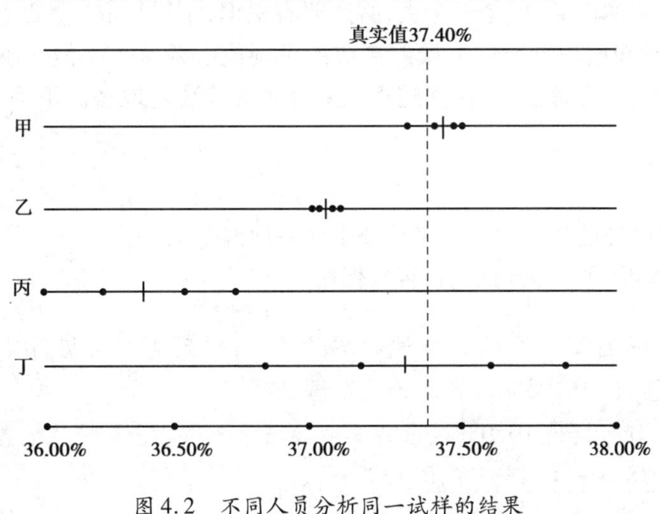

图4.2　不同人员分析同一试样的结果
（·表示个别测定；|表示平均值）

4）提高准确度的方法

（1）避免发生过失误差

把工作做细，在操作、读数、记录、计算等各环节，不发生差错，避免发生人员的操作过失。

（2）减少偶然误差

严格控制操作条件，适当增加平行测定次数，以减少偶然误差。

（3）消除系统误差

根据具体情况采用不同的方法来检验和消除系统误差。造成系统误差有各方面的原因，通常是仪器、试剂和方法，可采用以下方法来消除：

①校准仪器。如对砝码、移液管、容量瓶和滴定管进行校准，计量合格。

②对照试验。用已知含量的标准试样或纯物质当作样品，以所用方法进行定量分析，由于分析结果与已知含量的差值，便可得出分析的误差，用此误差可对测定结果加以校正，也可以用标准方法或不同类型的方法进行对照试验。检验一个新方法是否存在系统误差，可用经典的公认的测定方法进行对照试验，也可用不同类型的测定方法进行对照试验，如果用紫外方法测定结果异常时，可采用专属性强的高效液相色谱对照法做对照试验。

③做加样回收实验。在没有标准试样，又不宜用纯物质进行对照试验时，可将样品中加入一定量的被测纯物质，用同一方法进行定量分析。由分析结果中被测组分含量的增加值与加入量之差，估算出分析结果的系统误差，可对测定结果进行校正。

④空白试验。在不加样品的情况下，以样品相同的方法、步骤进行分析，把所得结果作为

空白值从样品分析结果中减去。这样可以消除由于试剂不纯或溶剂干扰等所造成的系统误差。如药品标准中常见的“用空白试验校正”。

4.1.3 可疑值的舍弃与保留

在平行测定的一组数据中，与其他数据出现较大偏离的数据，也就是出现偏高或偏低的数值，这样的数值称为可疑值或逸出值。例如，4 个测量值 30.50、30.52、30.51、32.24，可以看出最后一个测量值就是逸出值，但是否舍去，必须要有根据，不得采取“合我意者取之，不合我意者舍之”。如果明确知道是由于过失误差造成的可疑值必须舍去。但若不明原因，不能为了得到较好的精密度而随意舍去，要根据随机误差分布规律决定取舍。下面介绍 3 种比较常用的检验方法。

1) $4\bar{d}$ 法

①求出可疑值以外的其余数据的平均值 $\bar{x}$ 和平均偏差 $\bar{d}$。

②若 $|x_{疑}-\bar{x}|>4\bar{d}$，则舍去可疑值，否则保留。

【例 4.3】 平行测定某试样中铁的质量分数，得到 4 个数据：10.05%、10.18%、10.14%、10.12%，问 10.05% 这个数据是否保留？

解 首先不计可疑值 10.05%，求得其余数据的平均值 $\bar{x}$ 和平均偏差 $\bar{d}$ 为

$$\bar{x}=\frac{10.18\%+10.14\%+10.12\%}{3}=10.15\%$$

$$\bar{d}=\frac{0.03\%+001\%+0.03\%}{3}=0.023\%$$

$$|x_{疑}-\bar{x}|=|10.05\%-10.15\%|=0.10\%>4\bar{d}(0.092\%)$$

故 10.05% 这个数据应该舍去。

用 $4\bar{d}$ 法判断可疑值的取舍时误差较大，只适用于处理一些要求不高的实验数据，但由于方法简单，不用查表，故至今仍为人们所采用。

2) Q 检验法

①将所测数据从小到大排序：$x_1, x_2, \cdots, x_n$；可疑值是 x_1 或 x_n。

②求出最大值与最小值之差（称为极差）：x_n-x_1。

③求出可疑值与其邻近值之差（称为邻差）：x_n-x_{n-1} 或 x_2-x_1。

④求出 Q 值（称为舍弃商）：

$$Q=\frac{x_n-x_{n-1}}{x_n-x_1} \text{ 或 } Q=\frac{x_2-x_1}{x_n-x_1}$$

⑤根据测定次数和要求的置信度，查表 4.1 比较 Q 与 $Q_{表}$ 值。若 $Q>Q_{表}$，则可疑值舍去，反之应予保留。

表4.1　Q 值表(置信度90%、95%、99%)

测量次数		3	4	5	6	7	8	9	10
置信度	$Q_{0.90}$	0.94	0.76	0.64	0.56	0.51	0.47	0.44	0.41
	$Q_{0.95}$	1.53	1.05	0.86	0.76	0.69	0.64	0.60	0.58
	$Q_{0.99}$	0.99	0.93	0.82	0.74	0.68	0.63	0.60	0.57

【例4.4】 用 Q 检验法判断例4.3中的数据10.05%是否应舍去?(置信度为90%)

解 所测数据从小到大排序为:10.05%、10.12%、10.14%、10.18%

$$x_2 - x_1 = 10.12\% - 10.05\% = 0.07\%$$

$$x_4 - x_1 = 10.18\% - 10.05\% = 0.13\%$$

$$Q = \frac{x_2 - x_1}{x_4 - x_1} = \frac{0.07\%}{0.13\%} = 0.54$$

查表 $Q_{表} = 0.76$,$Q < Q_{表}$,故10.05%这个数据应该保留。

3)格鲁布斯法

①将所测数据从小到大排序:$x_1, x_2, \cdots, x_n$;可疑值是 x_1 或 x_n。

②求出包括可疑值在内的该组数据的平均值 $\bar{x}$ 和标准偏差 s。

③求出 T 值(称为统计量)。

设 x_1 为可疑值,则　$T = \dfrac{\bar{x} - x_1}{S}$

设 x_n 为可疑值,则　$T = \dfrac{x_n - x}{S}$

④根据测定次数和要求的置信度(即测定值落在某一区间的概率),查表4.2比较 T 与 $T_{表}$ 值。若 $T > T_{表}$,则可疑值舍去,反之应予保留。

表4.2　T 值表(置信度95%和99%)

测定次数	3	4	5	6	7	8	9	10	11	12	20
$T_{0.95}$	1.15	1.46	1.67	1.82	1.94	2.03	2.11	2.18	2.23	2.29	2.56
$T_{0.99}$	1.15	1.49	1.75	1.94	2.10	2.22	2.32	2.41	2.48	2.55	2.88

【例4.5】 用格鲁布斯法判断例4.3中的数据10.05%是否应舍去?(置信度为95%)

解 所测数据从小到大排序为:10.05%、10.12%、10.14%、10.18%

$$\bar{x} = \frac{10.05\% + 10.12\% + 10.14\% + 10.18\%}{4} = 10.12\%$$

$$S = 0.054\%$$

$$T = \frac{10.12\% - 10.05\%}{0.054\%} = 1.30$$

查表 $T_{表} = 1.46$,$T < T_{表}$,故10.05%这个数据应该保留。

格鲁布斯法的最大优点是在判断过程中,引入了正态分布的两个重要参数:平均值 $\bar{x}$ 和标准偏差 s,故方法的准确性较好。缺点是计算手续较为麻烦。

4.2 有效数字及运算

4.2.1 有效数字及位数

1)有效数字

实际分析检测中能测量到的数字。测量数据的位数是与所使用的检测方法相适应的,也就是有效数字能反映测量准确的程度。反复测量一个量,有时测量结果总是那个固定不变的数值,这样的数字称为"可靠数字",例如,3 次称量邻苯二甲酸氢钾的结果是 2.1636、2.1635、2.1634,前 4 位数字是可靠数字,第 5 位则是"可疑数字",在实际分析过程中,为了不降低测量的准确性,最后 1 位数字是欠准确的,而且只允许有一位欠准确的可疑数字,也就是,在一个数中,除最后一位数是不甚确定的外,其他各数都是确定的。这种"可靠数字"和"可疑数字"的总称就是有效数字。换言之,它是检验工作中能够得到的有实际意义的由"可靠数字"和"可疑数字"组成的数值。

用 50 mL 量筒量取 10 mL 液体,由于量筒只能准确到 1 mL,因此,只能记录 10 mL,为两位有效数字。也就是说,10 mL 中末尾的 0 可能存在 ±1 mL 的误差。若用 10 mL 的移液管则应记为 10.00 mL,因为移液管可准确到 0.01 mL。因此,取四位有效数字,即其末位可能有 ±0.01的误差。总之,读取数据的有效数字位数要与实际测定相符。

例如,读取滴定管上的刻度:

甲:23.43 mL　　乙:23.42 mL　　丙:23.44 mL　　丁:23.43 mL

前 3 位为"可靠数字",最后 1 位为"可疑数字",有效数字为 4 位。

例如,读取量筒的体积:

甲:21 mL　　乙:22 mL　　丙:23 mL　　丁:22 mL

前 1 位为"可靠数字",后 1 位为"可疑数字",有效数字为两位。

2)有效数字位数

判断有效数字位数时应注意以下 5 点:

①数字"0"在不同位置其作用不同,"0"在非"0"数字前,仅起定位作用,不是有效数字;"0"在非"0"数字之间和之后,均为有效数字。

0.36、0.036、0.0036　　两位有效数字

0.304、0.340、3.40　　三位有效数字

②pH、pM、lg K 等对数的有效数字位数取决于小数部分(尾数)的位数,整数部分只表示相应真数的方次,不是有效数字。

pH = 11.02　即 $[H^+] = 6.3 \times 10^{-12}$　　两位有效数字

lg K = 6.36,　8.02　　两位有效数字

③科学计数法和百分数表示的有效数字位数不计10的n次方和百分号。

$K_a = 1.83 \times 10^{-5}$	三位有效数字	6.60×10^3	三位有效数字
18.36%	四位有效数字	6.6×10^3	两位有效数字

④单位变换时，有效数字的位数必须保持不变。例如，20.00 mL应写成0.020 00 L或2.000×10^{-2} L；20.6 L应写成2.06×10^4 mL。

⑤有效数字的首位数字为8或9时，其有效位数可以多计一位。例如，85%与115%，都可以看成是3位有效数字；99.0%与101.0%都可以看成是4位有效数字。

【例4.6】 有效数字位数的判断：

5.0014	43452	五位
0.2000	10.25%	四位
0.0258	1.21×10^{-4}	三位
95	456	三位
66	0.0070	二位
0.07	3×10^2	一位
2300	300	不明确
π	e	无限位

4.2.2 有效数字的修约规则

在数据处理过程中，按一定规则舍去多余的尾数，不但可以避免数字尾数过长所引起的计算误差，而且还可以节省时间，按照修约规则，舍去多余的尾数，称为数字修约，修约原则如下：

①四舍六入五成双。测量值中被修约数小于等于4时舍去；大于等于6时进位；等于5时，若5后有数则进位；5后无数进位后末尾数为偶数则进位，进位后成奇数则舍去。

总结：当尾数≤4时舍去；当尾数≥6时进位；当尾数=5时，5后无数或全部为零时，进位后成偶数进1位，进位后成奇数不进；5后并非全部为零时则进1。

为便于记忆，上述进舍规则可归纳成下列口诀："四舍六入五考虑，五后非零则进一，五后全零看五前，五前偶舍奇进一"。

【例4.7】 将下列数据修约成3位有效数字。

修约前	修约后
5.4360	5.44
5.4347	5.43
5.4351	5.44
5.4350	5.44
5.4850	5.48

②对测量值修约不论数字多少位，都要一次修约完成，不允许连续修约。修约数字应在确定修约位数后一次修约获得结果，而不得多次连续修约。例如，将13.35478修约成4位有效

数字，不能先修约成13.355再修约成13.36，只能一次修约成13.35。

③在大量运算过程中，为减少误差，对参与运算的测量数据可多保留一位有效数字，计算出结果后再修约为规定的有效数字。

④在相对标准偏差（*RSD*）中，采用“只进不舍”的原则，如某计算结果的标准偏差为0.133%，保留两位有效数字修约为0.14%，保留一位有效数字修约为0.2%。

⑤在按英、美、日药典方法修约时，按四舍五入进舍即可。

4.2.3 有效数字的运算

在进行分析结果计算时，每个测量值的误差都要传递到检测结果中去。必须根据误差传递规律，按照有效数字的运算法则正确取舍，才不会影响检测结果准确度的正确表达。

1）加减法

加减法的和或差的误差是各个数值绝对误差的传递结果。因此，计算结果的绝对误差必须与各数据中绝对误差最大的那个数据相当。即几个数据相加或相减的和或差的有效数字的保留，应以小数点后位数最少的数据为依据。

2）乘除法

乘除法的积或商的误差是各个数据相对误差的传递结果。即几个数据相乘除时，积或商有效数字应保留的位数，应以参加运算的数据中相对误差最大的那个数据为依据，即按有效数字位数最少的为依据。

3）运算过程多保留一位

在数据运算过程中，为防止误差的过度积累，其他数据修约时可暂时多保留一位有效数字，运算后再将结果修约掉多余的数字。

【例4.8】 $15.36781+0.00326+2.345=?$

该例题为数值相加减，在3个数据中2.345的绝对误差最大，其最末一位数为千分位（小数点后3位），因此，将其他各数首先修约保留至万分位（小数点后4位），即把15.36781修约成15.3678，把0.00326修约成0.0033，再进行运算：

$$15.3678+0.0033+2.345=17.7161$$

最后对计算结果进行修约，17.7161应保留到千分位（小数点后3位），修约成17.716。

【例4.9】 $12.145892\times0.0561\div5.9878=?$

该例题为数值相乘除，在3个数据中0.0561的有效数字最少，仅为3位有效数字，因此，将其他各数首先修约4位有效数字进行运算，最后对计算结果进行修约成3位数。

$$\begin{aligned}&12.145892\times0.0561\div5.9878\\&=12.15\times0.0561\div5.988\\&=0.6816\div5.988\\&=0.1138\\&=0.114\end{aligned}$$

总结:保留有效数字的位数时,加减法以小数点后位数最少的为准;乘除法以有效位数最少的数为准。

4.2.4　注意事项

1)正确记录检测的数值

应根据取样量、量具的精度、检测方法的允许误差和标准中的限度规定,确定数字的有效位数,检测值必须与测量的准确度相符合,记录全部准确数字和一位欠准数字。

2)正确掌握和运用规则

不论是以何种办法进行计算,都必须执行进舍规则和运算准则,如用计算器进行计算,也应将计算结果经修约后再记录下来。

3)要根据取样要求,选择相应的量具

①"精密称定"是指称取质量应准确到所取质量的千分之一,可根据称量选用分析天平或半微量分析天平:"精密量取"应选用符合国家标准的移液管;必要时应加校正值。

②"称定"或("量取")是指称取质量(或量取的容量)应准确到所取质量(或容量)的百分之一。

③取样量为"约××"是指取用量不超过规定量的(100±10%)。

④取样量的精度未作特殊规定时,应根据其数值的有效位数选用与之相应的量具:如规定量取5、5.0或5.00 mL时,则应分别选用5~10 mL的量筒、5~10 mol的刻度吸管或5 mL的移液管进行量取。

4)先修约在判断

在判断药品质量是否符合规定之前,应将全部数据根据有效数字和数值修约规则进行计算,并将计算结果修约到标准中所规定的有效位数,而后进行判定。

4.3　滴定分析概述

4.3.1　基本概念及主要类型

1)滴定分析法

滴定分析法是化学定量分析法中最重要的一种分析方法。它是将一种已知准确浓度的试剂溶液滴加到被测物质溶液中,直到所加的试剂溶液与被测物质按化学式计量关系定量反应完全为止,根据滴加的标准溶液的浓度和体积,计量出被测物质含量的方法。由于这种测定方法是以测量溶液体积为基础,故又称为容量分析。滴定分析法具有快速准确、操作简便、仪器简单、价格低廉的特点,相对误差一般在0.2%以下,目前仍是广泛应用的定量分析方法。

当化学反应按计量关系完全作用,即滴入溶液物质的量与待测组分物质的量恰好符合化学反应式所表示的化学计量关系,称为反应到达了化学计量点,也称为等当点。

2)主要类型

滴定分析方法是以化学反应为基础的分析方法,根据所利用的化学反应的类型不同,滴定分析法可分为酸碱滴定法、沉淀滴定法、配位滴定法和氧化还原滴定法。

(1)酸碱滴定法

它是以酸、碱之间质子传递反应为基础的一种滴定分析法。可用于测定酸、碱和两性物质。其基本反应为

$$H^+ + OH^- \longrightarrow H_2O$$

(2)沉淀滴定法

它是以沉淀生成反应为基础的一种滴定分析法。可用于对 Ag^+、CN^-、SCN^- 及类卤素等离子进行测定,如银量法,其反应式为

$$Ag^+ + Cl^- \longrightarrow AgCl\downarrow$$

(3)配位滴定法

它是以配位反应为基础的一种滴定分析法。可用于对金属离子进行测定。若采用 EDTA 作配位剂,其反应式为

$$M + Y \longrightarrow MY$$

式中　M——金属离子;

　　Y——EDTA 的阴离子。

(4)氧化还原滴定法

它是以氧化还原反应为基础的一种滴定分析法。可用于对具有氧化还原性质的物质或某些不具有氧化还原性质的物质进行测定,如重铬酸钾法测定铁,其反应式为

$$Cr_2O_7^{2-} + 6Fe^{2+} + 14H^+ \longrightarrow 2Cr^{3+} + 6Fe^{3+} + 7H_2O$$

4.3.2　滴定反应的条件与滴定方式

1)滴定反应的条件

并不是所有的化学反应都能适用于滴定分析法。凡适用于滴定分析的化学反应必须具备以下 4 个条件:

①有确定的化学计量关系。

②反应必须定量完成,即待测物质与标准溶液之间的反应要严格按照一定的化学计量关系进行,反应定量完成的程度要达到 99.9% 以上,这是定量计算的基础。

③反应必须迅速完成。对速度较慢的反应能够采用加热、使用催化剂等提高反应速度。

④必须有适宜的指示剂或其他简便可靠的方法确定终点。

完全符合上述条件的反应是有限的,采取一些措施可以使一些不满足条件的反应尽可能达到要求。例如,对反应速度不够快的,可通过加热或加入催化剂来加速。采用不同的滴定方式,也可使一些不完全符合要求的反应,能够用于滴定分析。这样,滴定分析法的应用范围就大大地扩展了。

2)滴定方式

根据滴定的方式不同滴定法分为以下4种:

(1)直接滴定法

所用化学反应能满足上述要求条件的滴定分析可直接用标准溶液滴定被测物质,称为直接滴定法,如用盐酸标准溶液滴定氢氧化钠试样溶液、氢氧化钠标准溶液滴定盐酸、硫酸及用 $K_2Cr_2O_7$ 溶液滴定 Fe^{2+} 等。

(2)返滴定法

返滴定法又称剩余滴定法或回滴定法。当反应速度较慢或者反应物是固体的情况,滴定剂加入样品后反应无法在瞬时定量完成,此时可加入一定量的过量标准溶液,待定量反应完成后用另外一种标准溶液作为滴定剂滴定剩余的标准溶液。如固体碳酸钙的测定可加入一定量的过量盐酸标准溶液至试样中,加热使样品完全溶解,冷却后再用氢氧化钠标准溶液返滴定剩余的盐酸;如 Al^{3+} 离子与 EDTA 溶液反应速度慢,不能直接滴定,可采用返滴定法。

(3)置换滴定法

对于那些不按一定的反应式进行或伴有副反应的反应,可先加入适当的试剂与待测组分完全反应,置换出另一种可被滴定的物质,再用标准溶液滴定此置换出的物质,这种方法称为置换滴定法。

例如,在酸性溶液中,$Na_2S_2O_3$ 不能直接滴定 $K_2Cr_2O_7$ 及其他氧化剂,因为这些氧化剂可将 $S_2O_3^{2-}$ 氧化成 $S_4O_6^{2-}$、SO_4^{2-} 等混合物,反应无定量关系。但若在 $K_2Cr_2O_7$ 酸性溶液中加入过量 KI,使 $K_2Cr_2O_7$ 还原并置换出 I_2,再用 $Na_2S_2O_3$ 滴定 I_2,就可求出 $K_2Cr_2O_7$ 的含量。

(4)间接滴定法

当待测组分与标准溶液间不能直接反应时,可通过别的化学反应进行间接测定,这种方法称为间接滴定法。例如,用 $KMnO_4$ 法测定 Ca^{2+} 含量时,由于 Ca^{2+} 在溶液中没有可变价态,故不能直接用氧化还原法滴定,但若先将 Ca^{2+} 沉淀为 CaC_2O_4,用 H_2SO_4 溶解后,再用 $KMnO_4$ 标准溶液滴定与 Ca^{2+} 结合的 $C_2O_4^{2-}$,便可间接测出 Ca^{2+} 的含量。

4.3.3 基准物质与标准溶液

1)基准物质

可用于直接配制标准溶液或标定溶液浓度的物质称为基准物质。作为基准物质必须具备以下条件:

①组成恒定并与化学式完全相符。若含结晶水,其结晶水含量也应与化学式完全相符。

②纯度足够高(达99.9%以上),杂质含量应低于分析方法允许的误差限度。

③性质稳定,不易吸收空气中的水分和 CO_2,不分解,不易被空气所氧化。

④试剂最好有较大的摩尔质量,以减少称量误差。

⑤试剂参加滴定反应时,应严格按反应式定量进行,无副反应。

用于直接配制标准溶液的常用基准物质,见表4.3。

表4.3　常用基准物质的干燥条件和应用

基准物质		干燥后的组成	干燥条件/℃	标定对象
名称	分子式			
十水合碳酸钠	$Na_2CO_3 \cdot 10H_2O$	$Na_2CO_3 \cdot 10H_2O$	270～300	酸
碳酸钠	Na_2CO_3	Na_2CO_3	270～300	酸
苯甲酸	$C_7H_6O_2$	$C_7H_6O_2$		CH_3ONa
硼砂	$Na_2B_4O_7 \cdot 10H_2O$	$Na_2B_4O_7 \cdot 10H_2O$	放入装有 NaCl 和蔗糖饱和溶液密闭器皿中	酸
二水合草酸	$H_2C_2O_4 \cdot 2H_2O$	$H_2C_2O_4 \cdot 2H_2O$	室温空气干燥	碱或 $KMnO_4$
邻苯二甲酸氢钾	$KHC_8H_4O_4$	$KHC_8H_4O_4$	105～110	碱或 $HClO_4$
重铬酸钾	$K_2Cr_2O_7$	$K_2Cr_2O_7$	140～150	还原剂
溴酸钾	$KBrO_3$	$KBrO_3$	150	还原剂
碘酸钾	KIO_3	KIO_3	130	还原剂
草酸钠	$Na_2C_2O_4$	$Na_2C_2O_4$	130	$KMnO_4$
锌	Zn	Zn	室温干燥器中保存	EDTA
氧化锌	ZnO	ZnO	800	EDTA
三氧化二砷	As_2O_3	As_2O_3	室温干燥器中保存	氧化剂
氯化钠	NaCl	NaCl	500～600	$AgNO_3$
氯化钾	KCl	KCl	500～600	$AgNO_3$
硝酸银	$AgNO_3$	$AgNO_3$	220～250	氯化物

2）标准溶液的配制

在滴定分析中，无论采用何种滴定方式都离不开标准滴定溶液（又称滴定液）。滴定液是指已知准确浓度的溶液，它是用来滴定被测物质的。滴定液具有准确浓度，一般取4位有效数字。在滴定分析中，需要通过滴定液的浓度和消耗的体积来计算待测组分的含量，滴定液的浓度用 mol/L 表示。标准滴定液溶液配制分为直接法和间接法。

（1）直接法

取适量的基准物质，按规定条件下干燥至恒重后，准确称取一定量（精确至4～5位有效数字），用适量溶剂溶解后定量转移至容量瓶中，稀释至刻度，根据称取的基准物质的量和容量瓶的容积，可计算出标准溶液的准确浓度。

（2）间接法

如配制滴定液的物质很纯（基准物质），且有恒定的分子式，称取时及配制后性质稳定等，可直接配制，根据基准物质的质量和溶液体积，计算溶液的浓度，但在多数情况用来配制标准滴定溶液的物质大多数是不能满足基准物质条件的，需要采用标定法（又称间接法）。配制过程是先大致配成所需浓度的溶液（所配溶液的浓度值应在所需浓度值的±5%范围以内），然后用基准物质或另一种标准溶液来确定它的准确浓度。

3）标准溶液的标定

标定是用基准物质或已知准确浓度的溶液，来确定滴定液浓度的操作过程。标定时应注意：

①标定用的电子天平及玻璃仪器均应检定合格，其校正值与原标示值之比大于0.05%时，在计算时应进行校正补偿。

②配制浓度等于或低于0.02 mol/L的滴定液时，除另有规定外，应于临用前精密量取浓度等于或大于0.1 mol/L的滴定液适量，加新沸过的冷水或规定的溶剂定量稀释制成。用于限度检查时，直接使用；用于含量测定时，必要情况下进行标定。

③配制好的滴定液和标准液必须澄清，必要时可过滤，过滤后还需经标定其浓度后方可使用。

④标定工作宜在室温10～30 ℃，相对湿度≤65%下进行，并应在记录中注明标定时的室内温度、湿度。

⑤所用基准物质应采用"基准试剂"，取用时应先用乳钵研细，并按规定条件干燥，并置干燥器中放冷至室温后，精密称取（精确至4～5位数）；有引湿性的基准物质宜采用"减量法"进行称重。如是以另一已标定的滴定液作为标准溶液，通过"比较"进行标定，则该另一已标定的滴定液的取用应为精密量取（精确至0.01 mL），用量除另有规定外应等于或大于20 mL，其浓度也应按药典规定准确标定。

⑥根据滴定液的消耗量选用适宜容量的滴定管；滴定管应洁净，玻璃活塞应密合、旋转自如，盛装滴定液前，应先用约为滴定管标示容量1/3体积的滴定液淋洗3次，盛装滴定液后，宜用小烧杯覆盖管口。

⑦标定中，滴定液宜从滴定管的起始刻度开始；滴定液的消耗量，除另有特殊规定外应大于20 mL，读数应估计到0.01 mL。

⑧标定中的空白试验，是指在不加供试品或以等量溶剂替代供试液的情况下，按同操作和滴定所得的结果。

⑨标定工作应由初标者（一般为配制者）和复标者在相同实验条件下各做平行试验3份，各项原始数据经校正后，根据计算公式分别进行计算：3份平行试验结果的相对平均偏差，除另有规定外，不得大于0.1%；初标平均值和复标平均值的相对平均偏差也不得大于0.1%；标定结果按初、复标的平均值计算，取4位有效数字。

4）标准滴定溶液的储藏与使用

①滴定液和标准液在配制后一般宜储存于质量较好的具有玻璃塞的玻璃瓶中，浓碱液储存于塑料瓶中，按滴定液规定的储存条件储存，对光敏感的标准溶液储存于棕色瓶中。并按药典中各该滴定液项下的储藏条件储存。

②滴定液和标准液的盛装容器上必须贴有标签。标签粘贴牢固，内容清晰。滴定液标签内容应包括：滴定液名称、标定浓度、配制容量、溶液编号、标定温度、标定人、复标人、标定日期和有效期等。

③当标定与使用时的室温相差未超过10 ℃时，除另有规定外，其浓度值可不加温度补正值，当室温之差超过10 ℃，应加温度补正值，或进行重新标定。但高氯酸需要根据温度变化进行补偿。例如，高氯酸滴定液的浓度补偿公式为

$$c_1 = c_0/[1 + 0.001\,1 \times (t_1 - t_0)]$$

式中　0.001 1——冰醋酸的体积膨胀系数；

t_0——标定时溶液的温度，℃；

t_1——测定时的温度，℃；

c_0——标定时溶液浓度，mol/L；

c_1——测定时溶液浓度，mol/L。

④取用滴定液时，一般应事先轻摇储存有大量滴定液的容器，使与黏附于瓶壁的液滴混合均匀，而后分取略多于需用量的滴定液置于洁净干燥的具塞玻瓶中，用以直接转移至滴定管内，或用移液管量取，避免因多次取用而反复开启储存滴定液的大容器；取出后的滴定液不得倒回原储存容器中，以避免污染。

⑤滴定液经标定所得的浓度或其"F"值，滴定液根据它的稳定性一般有效期为 1～3 个月。在有效期内的滴定液出现可疑情况必须重新标定，其平均值与原标定值的相对平均偏差不得大于 0.1%，使用时以复标的结果为准，重新标定后的滴定液有效期与最初标定相同，过期必须复标。

⑥出现浑浊、变色、霉变或其他异常情况时的滴定液、标准液，到有效期的剩余滴定液、标准液不能再用。

4.3.4　滴定分析计算

1）标准溶液浓度的表示

滴定分析常涉及溶液的配制和溶液浓度的计算，用物质的量浓度来表示溶液的组成更为方便，有时也用滴定度表示。

物质的量浓度是指单位体积溶液中所含溶质的量，用符号 c 表示，常用单位为 mol/L。

滴定度是指每 1 mL 某物质的量浓度的滴定液（标准溶液）所相当的被测药物的质量（g/mL）。常用 T 来表示。药典含量测定项下的"1 mL $AgNO_3$ 滴定液（0.1 mol/L）相当于 5.844 mg的 NaCl"的描述就是滴定度。

滴定度是根据滴定液与待测物质之间的化学反应计量求得的。

例如，$AgNO_3$ 滴定液滴定氯化钠溶液的浓度，反应方程式为

$$AgNO_3 + NaCl \longrightarrow AgCl\downarrow + NaNO_3$$

由反应方程式可以看出，1 mol 的 $AgNO_3$ 和 1 mol NaCl 反应，即在反应过程中 1 mL 的 0.1 mol/L的 $AgNO_3$ 相当于 0.1 mmol $AgNO_3$，即相当于 0.1 mmol NaCl，也即 1 mL $AgNO_3$ 滴定液 0.1 mol/L，相当于 0.1 mmol NaCl，0.1 mmol NaCl 的质量 = 0.1 × 58.44 = 5.844 mg，即 1 mL $AgNO_3$ 滴定液（0.1 mol/L）相当于 5.844 mg。

因此，药典测定氯化钠含量时给出："1 mL $AgNO_3$ 滴定液（0.1 mol/L）相当于 5.844 mg 的 NaCl"。

在实际的含量测定时，药典中一般都会给出滴定度，不需要自己算。

2)滴定分析法的计算

(1)滴定液和被测物质间的物质的量的换算

当滴定达到化学计量点时,滴定剂和被测物质之间的关系恰好符合化学反应所表示的化学计量关系。

对于任一滴定反应:

$$aA + bB = cC + dD$$

当达到化学计量点时

$$n_A : n_B = a : b$$

故

$$n_A = \frac{a}{b}n_B \qquad n_B = \frac{b}{a}n_A$$

(2)待测组分含量的计算

假设称取的待测试样的总质量为 m,待测组分为 A,待测组分 A 的质量分数 w_A 为

$$w_A = \frac{m_A}{m} \times 100\% = \frac{M_A n_A}{m} \times 100\%$$

【例 4.10】 称取基准物质草酸($H_2C_2O_4 \cdot 2H_2O$) 0.380 2 g,溶于水,用 NaOH 溶液滴定至终点,消耗 NaOH 溶液 25.50 mL,求 NaOH 溶液物质的量浓度。

解

$$H_2C_2O_4 + 2NaOH = Na_2C_2O_4 + 2H_2O$$

$$n(NaOH) = 2n(H_2C_2O_4)$$

$$c(NaOH) = \frac{n(NaOH)}{V(NaOH)} = \frac{2n(H_2C_2O_4)}{V(NaOH)} = \frac{2 \times \dfrac{m(H_2C_2O_4 \cdot 2H_2O)}{M(H_2C_2O_4 \cdot 2H_2O)}}{V_{NaOH}}$$

$$= \frac{2 \times \dfrac{0.380\ 2}{126.07}}{\dfrac{25.50}{100\ 0}} = 0.236\ 5(mol/L)$$

【例 4.11】 测定试样中铝的含量时,称取 0.224 6 g 试样,溶解后,加入 0.020 36 mol/L EDTA 标准溶液 50.00 mL,调节酸度并加热使 Al^{3+} 完全反应,过量的 EDTA 用 0.021 65 mol/L Zn^{2+} 标准溶液返滴,消耗 Zn^{2+} 标准溶液 23.20 mL,求试样中 Al_2O_3 的质量分数。

解 根据反应式

$$Al_2O_3 + 6H^+ = 2Al^{3+} + 3H_2O$$

$$H_2Y^{2-} + Al^{3+} = AlY^- + 2H^+$$

$$H_2Y^{2-} + Zn^{2+} = ZnY^{2-} + 2H^+$$

可得:

$$n(Al_2O_3)=\frac{1}{2}n(Al^{3+})\qquad n(Al^{3+})=n(EDTA\text{-}Al^{3+})\qquad n(Zn^{2+})=n(EDTA\text{-}Zn^{2+})$$

$$n(EDTA\text{-}Al^{3+})=n(EDTA)-n(EDTA\text{-}Zn^{2+})$$

$$n(EDTA\text{-}Zn^{2+})=n(Zn^{2+})=c(Zn^{2+})+V(Zn^{2+})$$

$$n(Al_2O_3)=\frac{1}{2}n(EDTA\text{-}Al^{3+})=\frac{1}{2}[c(EDTA)V(EDTA)-c(Zn^{2+})V(Zn^{2-})]$$

$$\omega(Al_2O_3)=\frac{m(Al_2O_3)}{m}\times 100\%$$

$$=\frac{\frac{1}{2}[c(EDTA)V(EDTA)-c(Zn^{2+})V(Zn^{2+})]\times M(Al_2O_3)}{m}\times 100\%$$

$$=\frac{\frac{1}{2}(0.020\,36\times\frac{50.00}{1\,000}-0.021\,65\times\frac{23.20}{1\,000})\times 101.96}{0.224\,6}\times 100\%$$

$$=11.71\%$$

【例 4.12】 吸取 25.00 mL 钙盐溶液，加入适量的 $Na_2C_2O_4$ 溶液，使 Ca^{2+} 完全形成 CaC_2O_4 沉淀。将沉淀过滤洗净后，用酸溶解，以 0.180 0 mol/L $KMnO_4$ 标准溶液滴定至终点，耗去 $KMnO_4$ 标准溶液 25.50 mL。求原始钙盐溶液中 Ca^{2+} 的质量浓度(g/L)。

解 根据反应式

$$Ca^{2+}+C_2O_4^{2-}=\!=\!=CaC_2O_4$$

$$CaC_2O_4+2H^{+}=\!=\!=Ca^{2+}+H_2C_2O_4$$

$$2MnO_4^{-}+5H_2C_2O_4+6H^{+}=\!=\!=2Mn^{2+}+10CO_2+8H_2O$$

可得：

$$n(Ca^{2+})=n(C_2O_4^{2-})=n(H_2C_2O_4)=\frac{5}{2}n(MnO_4^{-})$$

原始钙盐溶液中 Ca^{2+} 的质量浓度 $\rho(Ca^{2+})$ 为

$$\rho(Ca^{2+})=\frac{m(Ca^{2+})}{V}=\frac{n(Ca^{2+})M(Ca^{2+})}{V}=\frac{\frac{5}{2}n(MnO_4^{-})M(Ca^{2+})}{V}$$

$$=\frac{\frac{5}{2}c(MnO_4^{-})V(MnO_4^{-})M(Ca^{2+})}{V}$$

$$=\frac{\frac{5}{2}\times 0.180\,0\times\frac{25.50}{1\,000}\times 40.08}{\frac{25.00}{1\,000}}$$

$$=18.40(g/L)$$

【例4.13】 非那西丁含量测定：精密称取本品0.363 0 g加稀盐酸回流1 h后，放冷，用亚硝酸钠液(0.101 0 mol/L)滴定，用去20.00 mL。每1 mL亚硝酸钠液(0.1 mol/L)相当于17.92 mg的$C_{10}H_{13}O_2N$。计算非那西丁的含量

解

$$非那西丁\% = \frac{17.92 \times 20.00 \times \frac{0.101\ 0}{0.1} \times 10^{-3}}{0.363\ 0} \times 100\% = 99.72\%$$

【例4.14】 精密称取青霉素钾供试品0.402 1g，按药典规定用剩余碱量法测定含量。先加入氢氧化钠液(0.1 mol/L)25.00 mL，回滴时消耗0.101 5 mol/L的盐酸液14.20 mL，空白试验消耗0.101 5 mol/L的盐酸液24.68 mL。求供试品的含量，每1 mL氢氧化钠液(0.1 mol/L)相当于37.25 mg的青霉素钾。

解

$$青霉素钾\% = \frac{37.25 \times (24.68 - 14.20) \times \frac{0.101\ 5}{0.1} \times 10^{-3}}{0.402\ 1} \times 100\% = 98.54\%$$

本章小结

通过本章学习了误差、精密度、准确度的概念，学习了精密度的表示方法：偏差、相对偏差、标准偏差、相对标准偏差等概念，学习了如何提高检验数据准确度的知识，了解了对测定的可疑值的取舍；学习了有效数字的概念和有效数字的运算及修约规则；了解了滴定分析的概念，掌握了滴定分析的类型，可用以滴定分析的条件，学习了滴定分析的4种方式：直接滴定、返滴定、置换滴定、间接滴定；学习了基准物质的概念和作为基准物质的条件，学习了标准滴定液的制备方法：直接法和标定法；学习了滴定分析的几个概念：滴定度、浓度校正因子，熟悉了容量分析的计算。

1. 说明误差与偏差；准确度与精密度的区别。
2. 如何减少偶然误差？如何减少系统误差？
3. 下列数据中包含几位有效数字：

   (1)0.0251　(2)2180　(3)1.8×10^{-5}　(4)pH = 2.50　(5)9.5
4. 能用于滴定分析的化学反应必须符合哪些条件？
5. 什么是基准物质？满足基准物质的基本条件？
6. 基准物条件之一是要具有较大的摩尔质量，对该条件如何理解？
7. 什么是标准溶液？标准溶液的配制方法有哪几种？各适用于什么情况？

8. 滴定分析法有几种滴定方式？分别适用于哪些条件？

9. 什么叫滴定度？滴定度与物质的量浓度如何换算？试举例说明。

10. 有一真实含量为24.36%的样品，其测定结果为24.31%，求该结果的绝对误差和相对误差。(-0.05%，-0.2%)

11. 测定某试样中铁的质量分数，4次测定结果分别为：67.48%、67.37%、67.43%、67.40%。计算测定结果的平均值、平均偏差、相对平均偏差、标准偏差和相对标准偏差。(67.42%、0.035%、0.052%、0.047%、0.070%)

12. 用碘量法测定某铜合金中铜的质量分数，6次测定结果如下：60.60%、60.64%、60.58%、60.65%、60.57%和60.32%。试用3种方法分别检验60.32%这个数据是否保留。(置信度为95%)

13. 用硼砂($Na_2B_4O_7 \cdot 10H_2O$)0.470 9 g标定HCl溶液，滴定至化学计量点时，消耗HCl溶液25.20 mL，求HCl溶液的物质的量浓度。(提示：$Na_2B_4O_7 + 2HCl \xlongequal{} 4H_3BO_3 + 2NaCl$)

14. 称取碳酸钙试样0.300 0 g，加入浓度为0.250 0 mol/L的HCl标准溶液25.00 mL，煮沸除去CO_2，用0.201 2 mol/L的NaOH溶液返滴定过量的HCl溶液，消耗NaOH溶液5.84 mL，计算试样中碳酸钙的质量分数。(84.66%)

实训4.1 基本操作练习

【实验目的】

1. 熟悉电子天平的使用原理及使用注意事项。
2. 会使用天平进行物质的称量。
3. 熟练掌握量筒、移液管、容量瓶、滴定管等常用容量仪器的使用。
4. 了解玻璃量器的校准。

【实验仪器】

天平、量筒、移液管、容量瓶、滴定管等。

【实验步骤】

1)托盘天平的使用

①放水平。把天平放在水平台上，用镊子将游码拨至标尺左端的零刻线处。

②调平衡。调节横梁右端的平衡螺母(若指针指在分度盘的左侧，应将平衡螺母向右调，反之，平衡螺母向左调)，使指针指在分度盘中线处，此时横梁平衡。

③称量。将被测量的物体放在左盘，估计被测物体的质量后，用镊子向右盘里按由大到小的顺序加减适当的砝码，并适当移动标尺上游码的位置，直到横梁恢复平衡。

④读数。天平平衡时，左盘被测物体的质量等于右盘中所有砝码的质量加上游码对应的刻度值，$m_{物} = m_{砝} + m_{游码}$。

⑤清洁、整理。测量结束先用毛刷清洁托盘天平，再用镊子将砝码夹回砝码盒，并整理器材，恢复到原来的状况。

2) 电子天平的使用

电子天平是最新一代的天平，是根据电磁力平衡原理，可直接称量，全量程不需砝码。放上称量物后，在几秒钟内即达到平衡，显示读数，称量速度快，精度高。电子天平的支撑点用弹性簧片，取代机械天平的玛瑙刀口，用差动变压器取代升降机装置，用数字显示代替指针刻度式。因而，电子天平具有使用寿命长、性能稳定、操作简便和灵敏度高的特点。此外，电子天平还具有自动校正、自动去皮、超载指示、故障报警等功能以及具有质量电信号输出功能，且可与打印机、计算机联用，进一步扩展其功能，如统计称量的最大值、最小值、平均值及标准偏差等。由于电子天平具有机械天平无法比拟的优点，尽管其价格较贵，但也会越来越广泛地应用于各个领域并逐步取代机械天平。

(1) 称量前准备

①电子天平的精度的选择。选择电子天平应从电子天平的绝对精度上去考虑是否符合称量的精度要求。如选 0.1 mg 精度的天平或 0.01 mg 精度的天平。

②对称量范围的要求。选择电子天平除了看其精度外，还应看最大称量是否满足量程的需要，称量质量不得超过天平的最大载荷。

③水平调节。每次使用前或将天平移到一个新的位置后，都应对其进行水平调节。检查气泡是否位于水平仪的中部。如水平仪水泡偏移，需调整水平调节脚，使水泡位于水平仪中心。

④开机预热。接通电源，打开天平开关，天平开始自检，天平显示 0.000 g 后，天平自检完毕，开始预热。天平预热至少 30 min 以上。

⑤电子天平的校准。天平在使用前一般都应进行校准操作，有人认为，天平显示零位便可直接称量，其实这是误解，因存放时间较长，位置移动，环境变化都将影响天平的准确度，要想精确测量，必须要进行天平校准。在下列条件下天平必须校准：一是首次使用天平称量之前；二是在称量工作中定期进行；三是改变放置位置后。校准方法分为内校准和外校准两种。具体校准方法按仪器的说明书进行。

(2) 称量

常用的称量方法有直接称量法、固定质量称量法和递减称量法 3 种。

①直接称量法。此方法是将称量物直接放在天平盘上直接称量物体的质量。例如，称量小烧杯的质量，容量器皿校正中称量某容量瓶的质量，质量分析实验中称量某坩埚的质量等，都使用这种称量法。

②固定质量称量法，又称增量法，常用于称量某一固定质量的试剂（如基准物质）或试样。这种称量操作的速度很慢，适于称量不易吸潮、在空气中能稳定存在的粉末状或小颗粒（最小颗粒应小于 0.1 mg，以便容易调节其质量）样品。固定质量称量法如图 4.3 所示。需要注意的是：若不慎加入试剂超过指定质量，用牛角匙取出多余试剂。取出的多余试剂应弃去，不要放回原试剂瓶中。操作时不能将试剂散落于天平盘等容器以外的地方，称好的试剂必须定量的由小烧杯等容器直接转入接受容器，此即所谓的“定量转移”。

③递减称量法，又称减量法。此方法用于称量一定质量范围的样品或试剂。在称量过程中样品易吸水、易氧化或易与 CO_2 等反应时，可选择此方法。由于称取试样的质量是由两次称量之差求得，故也称差减法。称量步骤如下：

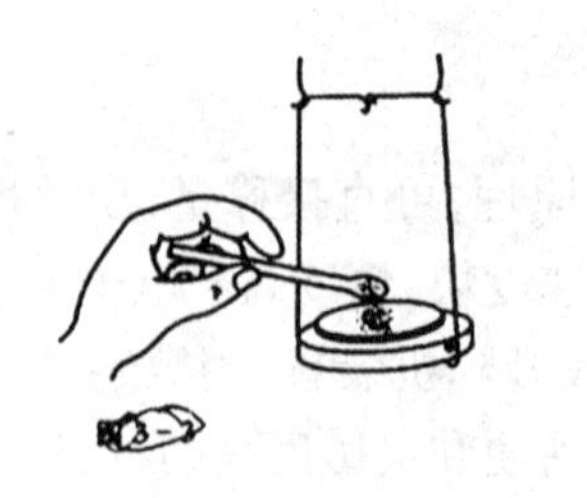

(a)固定质量称量法

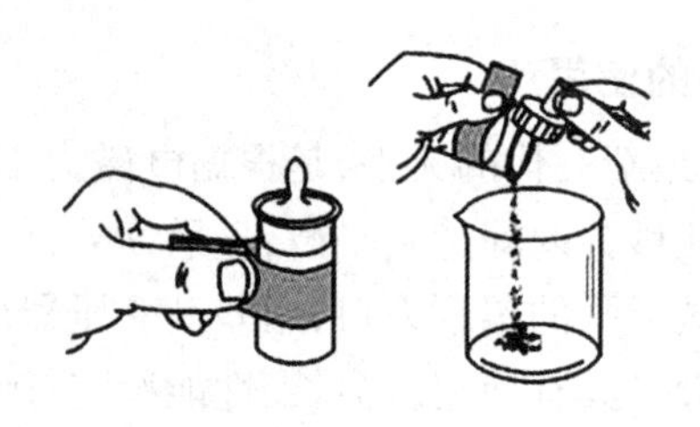

(b)递减称量法

图 4.3 固定质量称量法和递减称量法

从干燥器中用纸带(或纸片)夹住称量瓶后取出称量瓶(注意:不要让手指直接触及称瓶和瓶盖),用纸片夹住称量瓶盖柄,打开瓶盖,用牛角匙加入适量试样(一般为称一份试样量的整数倍),盖上瓶盖。称出称量瓶加试样后的准确质量。将称量瓶从天平上取出,在接收容器的上方倾斜瓶身,用称量瓶盖轻敲瓶口上部使试样慢慢落入容器中,瓶盖始终不要离开接受器上方。当倾出的试样接近所需量(可从体积上估计或试重得知)时,一边继续用瓶盖轻敲瓶口,一边逐渐将瓶身竖直,使黏附在瓶口上的试样落回称量瓶,然后盖好瓶盖,准确称其质量。两次质量之差,即为试样的质量。按上述方法连续递减,可称量多份试样。有时一次很难得到合乎质量范围要求的试样,可重复上述称量操作 1 ~2 次。

(3)称量后

①天平的清洁。每次称量结束后,要立即清洁天平,避免试剂对天平造成污染或腐蚀而影响称量精度,影响日后的使用。

②关闭天平门。

③切断电源。

④罩好天平罩。

⑤在"天平使用记录本上"登记。

(4)电子天平的使用注意事项

①电子天平安装室的环境要求有:房间应避免阳光直射,最好选择阴面房间或采用遮光办法;应远离震源,如铁路、公路、震动机等震动机械,无法避免时应采取防震措施;应远离热源和高强电磁场等环境;工作室内温度应恒定,一般控制在 10 ~30 ℃,以 20 ℃左右为佳;工作室内的相对湿度应在 45% ~75% 为佳;工作室内应清洁干净,避免气流的影响;工作室内应无腐蚀性气体的影响。

②称量的试剂不得直接放在天平盘上,被称物要放在天平盘的正中。

③过冷和过热的物品都不得在天平上称量,因为过冷或过热物品会有水汽凝结,或引起空气流动,影响称量的准确性。

④凡经过干燥或灼烧的物品,必须放在干燥器内在天平室放至室温方可称量。

⑤称取吸湿性、挥发性、腐蚀性药品时,要盛放在密闭的容器中,应尽量快速,注意不要将被称量物撒落在天平盘或底板上,称完后被称量物要及时带离天平,以免腐蚀和损坏电子天平。

⑥电子天平不可过载使用,不能称量有磁性或带静电物体,以免损坏。

⑦称量完毕,要立即清洁天平。

⑧使用完毕,若较短时间内还使用天平(或其他人还使用天平),一般不用按 OFF 键关闭

显示器。实验全部结束后,关闭显示器,切断电源,若短时间内(如2 h内)还使用天平,可不必切断电源,再用时可省去预热时间。若当天不再使用天平,应拔下电源插头。

3)滴定分析常用玻璃量器的使用方法

(1)滴定管的使用

①滴定管的准确度。滴定管是容量分析中最基本的测量仪器,是在滴定时用来测定自管内流出溶液的体积。

常量分析用的滴定管为50 mL或25 mL,刻度小至0.1 mL,读数可估计到0.01 mL,一般有±0.02 mL的读数误差,所以每次滴定所用溶液体积最好在20 mL以上,若滴定所用体积过小,则滴定管刻度读数误差影响增大。

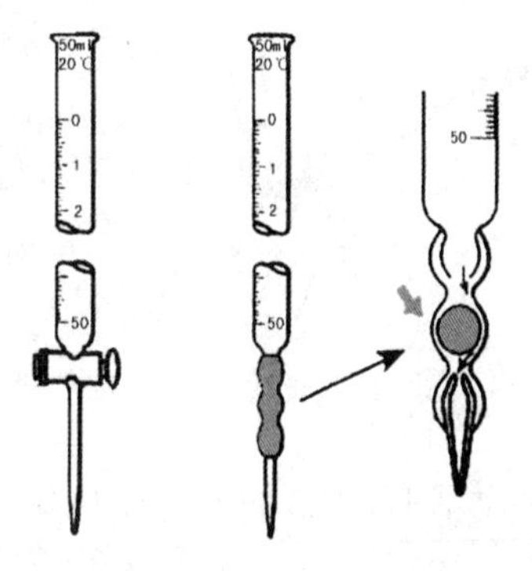

(a)酸式滴定管 (b)碱式滴定管

图4.4 滴定管

②滴定管的种类。滴定管分为酸式滴定管和碱式滴定管。酸式滴定管(玻塞滴定管)的玻璃活塞是固定配合该滴定管的,所以不能任意更换。碱式滴定管的管端下部连有橡皮管,管内装一玻璃珠控制开关,一般用于碱性标准溶液的滴定。其准确度不如酸式滴定管,主要由于橡皮管的弹性会造成液面的变动。具有氧化性的溶液或其他易与橡皮起作用的溶液,如高锰酸钾、碘、硝酸银等不能使用碱式滴定管。在使用前,应检查橡皮管是否破裂或老化及玻璃珠大小是否合适,无渗漏后才可使用。

③使用前的准备。

a.滴定管的洗涤:无明显油污的滴定管,直接用自来水冲洗或用肥皂水或洗衣粉水泡洗,但不能用去污粉洗,以免划伤内壁,影响体积的准确测量。有油污不易洗净时,用铬酸洗液洗涤。洗时应将管内的水尽量除去,倒入10~15 mL洗液于滴定管中,两手端住滴定管,边转动边向管口倾斜,直至洗液布满全部管壁为止。将洗液放回原瓶中。油污严重时,需用较多洗液充满滴定管浸泡十几分钟或更长时间,甚至用温热洗液浸泡一段时间。洗液放出后,先用自来水冲洗,再用蒸馏水淋洗3~4次,洗净的滴定管其内壁应完全被水均匀地润湿而不挂水珠。

b.滴定管的涂油(酸式滴定管):把滴酸式定管平放在桌面上,将固定活塞的橡皮圈取下,再取出活塞,用干净的纸或布将活塞和塞套内壁擦干(如果活塞孔内有旧油垢塞堵,可用金属丝轻轻剔去,如果管尖被油脂堵塞可先用水充满全管,然后将管尖置热水中,使其熔化,突然打开活塞,将其冲走)。用手指蘸少量凡士林(或真空脂)在活塞孔的两头沿圆周涂上薄薄一层,在紧靠活塞孔两旁不要涂凡士林,以免堵住活塞孔。涂完后,把活塞放回塞套内,向同一方向转动活塞,直到从外面观察时全部透明为止。然后用橡皮圈套住,将活塞固定在塞套内,防止滑出。涂好油的酸式滴定管活塞与塞套应密合不漏水,并且转动要灵活。

c.滴定管的试漏:将滴定管装入蒸馏水,直立滴定管2 min。仔细观察刻线上的液面是否下降,滴定管下端有无水滴漏下,活塞缝隙中有无水渗出,将活塞旋转180°再观察一次,看有无漏液。酸式滴定管如有漏水现象应重新擦干涂油,碱式滴定管如有漏水应更换玻璃珠或橡皮管。

d.滴定管的润洗:为了保证滴定液不被稀释,浓度不变化,要用该标液滴定液润洗3次滴定管,每次用约10 mL,横持滴定管并慢慢转动,使溶液与管内壁处处接触,最后将溶液自下口放出,即可除去滴定管内残留的水分,确保标准溶液浓度不变。润洗后,装液时要直接从试剂

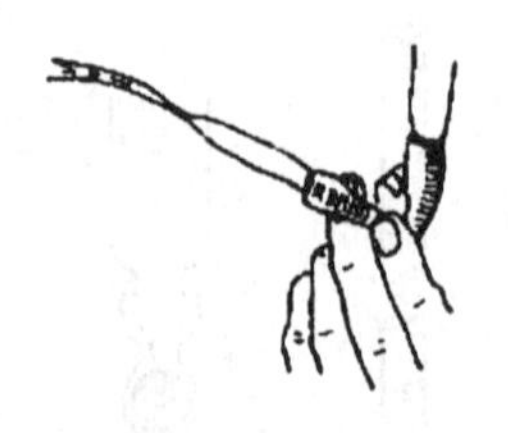

图 4.5　排气操作

瓶注入滴定管,不要再经过漏斗等其他容器。

e. 赶气泡:当标准溶液装入滴定管后,要检查管下口是否有气泡。如有气泡,酸式滴定管,可转动活塞,使溶液快速流下带出气泡;碱式滴定管可将橡皮管向上弯曲,并高于玻璃珠的位置,用手挤压玻璃珠,使溶液从下口快速流出带出气泡。

④滴定。

a. 调整液面到 0 刻度线:加入标准溶液至“0”刻度以上,等待 30 s,再转动活塞,把液面调节在 0.00 mL 刻度处,即可进行滴定。要求同 C 处。

b. 滴定操作:酸式滴定管滴定时,将滴定管固定在滴定管夹上,活塞柄向右,左手从中间向右伸出,拇指在管前,食指及中指在管后,三指平行地轻轻拿住活塞柄,无名指及小指向手心弯曲,食指及中指由下向上顶住活塞柄一端,拇指在上面配合动作。在转动时,中指及食指不要伸直,应微微弯曲,轻轻向左扣住,这样既容易操作,又可防止把活塞顶出,左手控制滴定液的流速。右手拿锥形瓶,并向一个方向做圆周运动,这样可以使滴下的溶液很快被分散进行反应,滴定近终点时,滴定速度要减慢,防止过量,每次加 1 滴,最后加半滴,必要时用蒸馏水吹洗锥形瓶壁,不断摇动,直至终点。碱式滴定管滴定时,用左手指玻璃球所在部位稍上的橡皮,使形成一条缝隙,溶液可滴出,其他操作同酸式滴定管。

c. 读数:滴定到终点后,停留 30 s 再读数。读数时,将滴定管从铁架台上拿下,手持滴定管上端无刻度的位置,使滴定管自然下垂,眼睛平视,无色溶液看弯月面的下液面,深色溶液看液面的上缘。读数应估计到 0.01 mL。

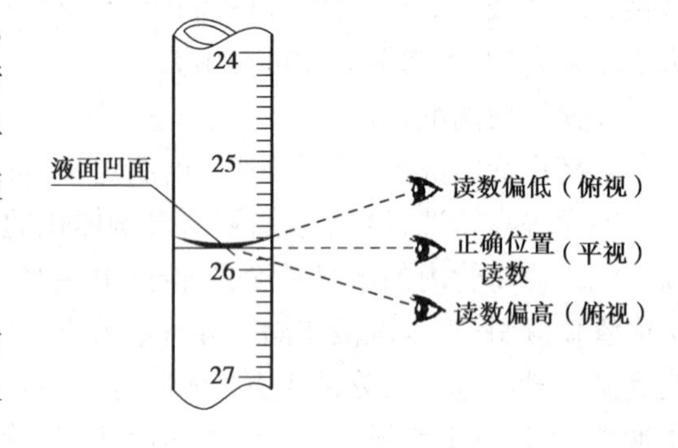

图 4.6　滴定管读数

⑤操作注意事项。

a. 手持滴定管时,也要避免手心紧握装有溶液部分的管壁,以免手温高于室温(尤其在冬季)而使溶液的体积膨胀,造成读数误差。

b. 每次滴定须从刻度零开始,以使每次测定结果能抵消滴定管的刻度误差。

c. 滴定时不宜太快,每秒钟放出 3 ~4 滴为宜,更不宜成液柱流下,尤其在接近计量点时,更应一滴一滴逐滴加入(在计量点前可适当加快滴定)。

d. 滴定至终点后,须等 30 s,使附着在内壁的标准溶液流下来以后再读数。

e. 读数时应手持滴定管上端使自由地垂直读取刻度,读数时还应注意眼睛的位置与液面处在同一水平面上,否则将会引起误差。

f. 读数应在弯月面下缘最低点,但遇标准溶液颜色太深,不能观察下缘时,可以读液面两侧最高点,“初读”与“终读”应用同一标准。

g. 滴定管有无色、棕色两种,一般需避光的滴定液(如硝酸银标准溶液、硫代硫酸钠标准溶液等),需用棕色滴定管。

(2)移液管、吸量管的使用

移液管、吸量管是用来准确移取一定体积的溶液的量器。它们是一类量出式仪器,只用来测量它所放出溶液的体积。移液管是一根中间有一膨大部分的细长玻璃管,其下端为尖嘴状,上端管颈处刻有一条标线，是所移取的准确体积的标志；吸量管是具有刻度的直形玻璃管，有不同的刻度线。

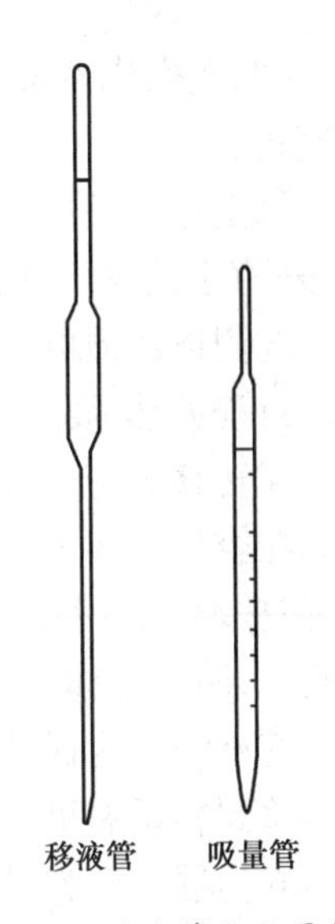

图 4.7　移液管和吸量管

①洗涤。使用前，应将管洗净，自然沥干，洗涤方法与滴定管类似，只是将洗液吸入移液管中。操作方法如下：先用自来水淋洗后，用铬酸洗涤液浸泡，用右手拿移液管或吸量管上端合适位置，食指靠近管上口，中指和无名指张开握住移液管外侧，拇指在中指和无名指中间位置握在移液管内侧，小指自然放松；左手拿洗耳球，持握拳式，将吸耳球握在掌中，尖口向下，握紧吸耳球，排出球内空气，将吸耳球尖口插入或紧接在移液管（吸量管）上口，注意不能漏气。慢慢松开左手手指，将洗涤液慢慢吸入管内，直至刻度线以上部分，移开吸耳球，迅速用右手食指堵住移液管（吸量管）上口，等待片刻后，将洗涤液放回原瓶。并用自来水冲洗移液管（吸量管）内、外壁至不挂水珠，再用蒸馏水洗涤3次，控干水备用。

②润洗。用右手拇指和中指捏住移液管上端，将管的下端插入欲取溶液面下约 1 cm，左手拿吸耳球，接在管口，慢慢吸入 1/3 移液管体积的溶液，取出，横执，转动移液管，并将液体放出，反复 2 ~3 次即可。

③吸取溶液。吸取溶液至刻度上，立即用右手食指按住管口，将移液管提出液面，用滤纸条拭干移液管下端外壁，左手另取一干净小烧杯，将移液管管尖紧靠小烧杯内壁，小烧杯保持倾斜，使移液管保持垂直，刻度线和视线保持水平，略放松食指，使管内液体慢慢放出，直到弯月面与标线相切，立即按紧食指，使溶液不再流出，将尖端液滴靠壁去掉尖端外残留溶液。

④放出溶液。将移液管移入准备接受溶液的容器中，使其出口尖端接触器内壁，微使容器倾斜，移液管直立放开食指，使溶液自由顺壁流下，待全部流完后，管尖靠内壁 15 s，再将移液管提出，残留在管尖端的少量溶液，不可吹出，也不可用力强使其流出，但移液管有“快”或“吹”标识的，要用洗耳球将尖端的少量溶液吹出。

⑤注意事项。

a. 需精密量取 1 mL、2 mL、5 mL、10 mL、15 mL、20 mL、25 mL、50 mL 等整数倍溶液，应选用相应大小的移液管。

b. 移液管购入后都要清洗后进行校准，校准合格后方能使用。

c. 使用同一移液管量取不同浓度溶液时，应先量取较稀的溶液，然后量取较浓的。要充分注意荡洗，在吸取第一份溶液时，高于标线的距离最好不超过 1 cm，然后再往下放至标线，这样吸取第二份不同浓度的溶液时，可以吸得再高一些荡洗管内壁，以消除第一份的影响。

（3）容量瓶的使用

容量瓶主要用于准确地配制一定浓度标准溶液或样品溶液。它是一种细长颈、梨形的平底玻璃瓶，配有磨口塞。瓶颈上刻有标线，当瓶内液体在所指定温度下达到标线处时，其体积即为瓶上所注明的容积数。常用的容量瓶有 10 mL、25 mL、50 mL、100 mL、250 mL、500 mL、1 000 mL等多种规格。使用容量瓶配制溶液的方法如下：

①检漏。使用前检查瓶塞处是否漏水，具体操作方法是：在容量瓶内装入自来水至刻度线附近，塞紧瓶塞，用右手食指顶住瓶塞，另一只手五指托住容量瓶底，将其倒立（瓶口朝下）2 min，观察容量瓶是否漏水。若不漏水，将瓶直立，把瓶塞旋转 180°后，再次倒立，检查是否漏

水,若两次操作容量瓶瓶塞周围皆无水漏出,即表明容量瓶不漏水。经检查不漏水的容量瓶才能使用。

②洗涤。使用前容量瓶都洗净。先用适宜的洗液洗,再用自来水冲洗,最后用蒸馏水洗涤干净(直至内壁不挂水珠为洗涤干净)。

③固体物质的溶解。把准确称量好的固体溶质放在干净的烧杯中,用少量溶剂溶解,如果溶解过程放热,要放置使其降温到室温。

④转移。把小烧杯的溶液转移到容量瓶中,转移时要用玻璃棒引流。方法是将玻璃棒一端靠在容量瓶颈内壁上,使溶液沿壁流下,溶液全部流完后,将烧杯沿玻璃棒轻轻上提,同时直立,使玻璃棒与小烧杯杯嘴之间附着的溶液流回到杯中。注意:不要让玻璃棒其他部位触及容量瓶口,防止液体流到容量瓶外壁上。

⑤淋洗。为保证溶质能全部转移到容量瓶中,要用溶剂洗涤小烧杯 3 次,并把洗涤溶液全部转移到容量瓶里。转移时仍然要用玻璃棒引流。

⑥初混。向容量瓶内加入溶剂到容量体积的 2/3 时,轻轻摇动容量瓶,使溶液混匀。

⑦定容。继续加溶剂,当液面离标线 0.5 ~ 1 cm 时,应改用滴管小心滴加,最后使液体的弯月面与标线正好相切。若加水超过刻度线,则需重新配制。

⑧摇匀。盖紧瓶塞,将容量瓶倒转,使瓶内空气上升,将溶液震荡数次,再倒转过来,使气泡再次上升,将溶液震荡,如此反复数次即可将溶液混匀。混合后,小心打开容量瓶盖,让瓶盖与瓶口处的溶液流回瓶内,再盖好瓶盖,再用倒转和摇动的方法使瓶内的液体混合均匀。

⑨注意事项。

a. 容量瓶购入后都要清洗后进行校准,校准合格后才能使用。

b. 易溶解且不发热的物质可直接用转入容量瓶中溶解,其他物质基本不能在容量瓶中进行溶质的溶解,应将溶质在烧杯中溶解后转移到容量瓶中。

c. 容量瓶不能进行加热。如果溶质在溶解过程中放热,要待溶液冷却后再进行转移,因为一般的容量瓶是在 20 ℃的温度下标定的,若将温度较高或较低的溶液注入容量瓶,容量瓶则会热胀冷缩,所量体积就会不准确,导致所配制的溶液浓度存在误差。

d. 容量瓶只能用于配制溶液,不能长时间储存溶液,因为溶液可能会对瓶体造成腐蚀(特别是碱性溶液),从而使容量瓶的精度受到影响。

e. 容量瓶用毕应及时洗涤干净。

(4)量筒的使用

量筒是用来量取液体体积的一种玻璃仪器。用途是按体积定量量取液体。它为竖长的圆筒形,上沿一侧有嘴,便于倾倒,下部有宽脚以保持稳定。一般规格以所能量度的最大容量(mL)表示,常用的有 10 mL、25 mL、50 mL、100 mL、250 mL、500 mL、1 000 mL 等。外壁刻度都是以 mL 为单位,10 mL 量筒每小格表示 0.2 mL,而 50 mL 量筒每小格表示 1 mL。可见量筒越大,管径越粗,其精确度越小,由视线的偏差所造成的读数误差也越大。

①量筒的选用。量筒没有“0”刻度,“0”刻度即为其底部。一般起始刻度为总容积的 1/10 或 1/20。例如,10 mL 量筒一般从 0.5 mL 处才开始有刻度线,因此,我们使用任何规格的量筒都不能量取小于其标称体积数的 1/20 以下体积的液体,否则,误差太大。应改用更小的合适量筒量取。实验中应根据所取溶液的体积,尽量选用能一次量取的最小规格的量筒。分次量取也能引起误差。如果量取 15 mL 液体时,应选用量程为 20 mL 量筒为宜,不能选用量程为

50 mL 的量筒，既不宜选用过大的量筒，也不宜用量程为 10 mL 或 5 mL 量筒多次称量，因为多次量取会造成误差越来越大。如量取 70 mL 液体，应选用 100 mL 量筒。

②液体的注入方法。向量筒里注入液体时，应用左手拿住量筒，使量筒略倾斜，右手拿试剂瓶，标签对准手心。使瓶口紧挨着量筒口，使液体缓缓流入，待注入的量比所需要的量稍少（约差 1 mL）时，应把量筒正放在桌面上，并改用胶头滴管逐滴加入到所需要的量。

③读出所取液体的体积数。注入液体后，应把量筒放在平整的桌面上，等 1 ~ 2 min，使附着在内壁上的液体流下来，再读出刻度值。观察刻度时，视线与量筒内液体的凹液面的最低处保持水平，再读出所取液体的体积数。否则，读数会偏高或偏低。

④从量筒中倒出液体。将量筒中所量液体倒入所盛液体的容器中即为刻度线所标识的体积，量筒中的残留液体，不需要洗涤，因为在制造量筒时已经考虑到有残留液体这一点；相反，如果洗涤反而使所取体积偏大。

⑤注意事项。

a. 不能在量筒里进行化学反应，以免对量筒产生伤害，有时甚至会发生危险。

b. 量筒一般只能用于精度要求不很严格时使用，通常应用于定性分析方面，一般不用于准确量取，因为量筒的误差较大，精密量取要用移液管。

c. 不能加热，加热后会影响它的准确度。

d. 不能在量筒内稀释或配制溶液，所以不宜配制溶液。尤其不能稀释浓酸、浓碱。

e. 不能量取热溶液。量筒面的刻度是指温度在 20 ℃时的体积数。温度升高，量筒发生热膨胀，容积会增大。

f. 不能用去污粉清洗以免刮花刻度。

【思考题】

1. 电子天平安装室的环境要求是怎样的？为什么？
2. 使用容量器具为何不能加热？
3. 滴定管和容量瓶使用前为何要试漏？
4. 滴定管装标准溶液时为何要润洗几遍？
5. 读取度数时无色溶液和有色溶液有何不同？为什么？

实训 4.2　溶液的配制方法

【实验目的】

1. 掌握粗略配制氯化钠溶液的方法。
2. 掌握准确配制碳酸钠标准溶液的方法。
3. 熟悉配制一定浓度溶液需要溶质的质量计算。

【实验仪器及试剂】

1. 仪器：托盘天平、分析天平、量筒、烧杯、容量瓶、玻璃棒。
2. 试剂：氯化钠、碳酸钠基准试剂。

【实验步骤】

1)粗配 250 mL 0.2 mol/L 的氯化钠溶液

(1)计算

要计算需要的氯化钠质量:

氯化钠摩尔数 =0.2 ×0.25 =0.050(mol)

氯化钠的摩尔质量 =58.5(g/mol)

则需要氯化钠质量 =0.050 ×58.5 =2.925 =2.9(g)

(2)称量

用托盘天平称出 2.9 g 氯化钠,用 250 mL 量筒量取 250 mL 蒸馏水。

(3)溶解

将称出的氯化钠放入 250 mL 烧杯里,将量筒中的 250 mL 蒸馏水也加进去,用玻璃棒搅拌到完全溶解。

(4)贴签、保存

把配好的溶液倒入细口瓶,盖上瓶塞,贴上标签。

2)准确配制 250 mL 0.1 mol/L 碳酸钠标准溶液

(1)计算

要计算需要的碳酸钠质量:

碳酸钠摩尔数 =0.1 ×0.25 =0.025(mol)

碳酸钠的摩尔质量 =105.99(g/mol)

则需要碳酸钠质量 =0.025 ×105.99 =2.649 8(g)

(2)基准试剂的干燥

取适量无水碳酸钠基准试剂于称量瓶中,放于 270 ~300 ℃干燥至恒重。

(3)基准试剂称量

用分析天平,准确称取在 270 ~300 ℃烘干至恒量的无水碳酸钠基准试剂 2.649 8 g。

(4)溶解

将准确称量的碳酸钠基准试剂放入 250 mL 容量瓶中,加入约 100 mL 蒸馏水振摇使其溶解。

(5)初混

向容量瓶内加入溶剂到容量体积的 2/3 时,轻轻摇动容量瓶,使溶液混匀。

(6)定容

继续加溶剂当液面离标线 0.5 ~1 cm 时,应改用滴管小心滴加,最后使液体的弯月面与标线正好相切。若加水超过刻度线,则需重新配制。

(7)摇匀

盖紧瓶塞,将容量瓶倒转,使瓶内空气上升,将溶液震荡数次,再倒转过来,使气泡再次上升,将溶液震荡,如此反复数次即可将溶液混匀。混合后,小心打开容量瓶盖,让瓶盖与瓶口处的溶液流回瓶内,再盖好瓶盖,再用倒转和摇动的方法使瓶内的液体混合均匀。

(8)贴签、保存

把配好的溶液倒入细口瓶,盖上瓶塞,贴上标签。

玻璃量器的校正

玻璃量器在第一次使用前应进行校正,在使用过程中如有损坏,应弃去。校正后使用满3年再重新校正,合格后方能使用。

1)准备工作

在玻璃量器校正实施之前,应对以下方面进行检查,以确保成功校正。

①量器用重铬酸钾的饱和溶液和等量的浓硫酸混合剂或清洁剂进行清洗,然后用水冲净,器壁上不应有挂水等沾污现象,使液面下降或上升时与器壁接触处形成正常弯月面,洗净的量器应提前2 h放入工作室,使其与室温尽可能接近。

②校正时室温在(20±5)℃,且室温变化不得大于1 ℃/h,水温与室温之差不得大于2 ℃。

③选择已经过校正的电子天平作为称量天平,精度0.1 mg,量程0~120 g;120 g以上时选择已经过校正的量程为200 g或600 g的电子天平作为称量天平,精度0.01 g。

2)校正点的选择

(1)滴定管

①1~10 mL:半容量和总容量两点。

②25 mL:0~5 mL、0~10 mL、0~15 mL、0~20 mL、0~25 mL五点。

③50 mL:0~10 mL、0~20 mL、0~30 mL、0~40 mL、0~50 mL五点。

(2)吸量管

①1 mL以下(不包括1 mL)校正点:总容量;自流液口起的总容量的1/10,若无1/10分度线则校正自流液口起的总容量的2/10。

②1 mL以上(包括1 mL)校正点:自流液口起的总容量的1/10,若无1/10分度线则校正自流液口起的总容量的2/10;完全流出式的校正半容量至流液口的那部分,不完全流出式自零位至半容量刻度处;总容量。

(3)单标线吸管(移液管)和单标线容量瓶

校正总容量。

3)校正过程

(1)滴定管

①将待校正滴定管垂直固定在滴定台上,向滴定管注入温度与室温相同的纯水到滴定管的校正点标线上约5 mm处,等待30 s,然后在10 s内将纯水的弯液面正确地调到校正点标线处,用滤纸拭去黏附在流液口的液滴。

②取一只容量大于滴定管容量的洁净并经过干燥的有盖称量杯,称得称量杯质量m_0。

③将滴定管内的纯水放入称量杯中，精密称定称量杯与水的质量 m。

④用分度值为1℃的温度计测量称量杯内纯水的温度，在表4.4中，查得对应温度下纯水的密度 ρ。

⑤按公式(4.1)计算滴定管的实际容量，按公式(4.2)计算滴定管的容量偏差。

$$V=\frac{m-m_0}{\rho} \tag{4.1}$$

$$D=V-V_0 \tag{4.2}$$

式中 V——量器的实际容量，mL；

V_0——量器的标称容量，mL；

m——称量杯与水的质量，g；

m_0——称量杯质量，g；

ρ——该温度下纯水的密度值，g/cm^3；

D——量器的容量偏差，mL。

⑥另取一只容量大于滴定管容量的洁净并经过干燥的有盖称量杯，重复校正一次。

(2)分度吸管

①用待校正的分度吸管吸取纯水，使液面达校正点分度线以上约5 mm处，迅速用食指堵住吸管口，慢慢将液面准确地调至校正点分度线处，用滤纸拭去黏附在流液口的液滴。

②取一只容量大于分度吸管容量的洁净并经过干燥的有盖称量杯，称得称量杯质量 m_0。

③将称量杯放在垂直的分度吸管下(称量杯倾斜30°)，使吸管尖端靠住称量杯内壁，二者不能相对移动，放开食指，使纯水沿称量杯壁流下，纯水流至尖端不流时，按规定时间等待后，(A级等待15 s，B级等待3 s，若此分度吸管准确度等级标有吹出式，吹一下)，使分度吸管内余水流出，精密称定称量杯与水的质量 m。

④用分度值为1 ℃的温度计测量称量杯内纯水的温度，表4.4中，查得对应温度下纯水的密度 ρ。

⑤按公式(4.1)计算分度吸管的实际容量，按公式(4.2)计算分度吸管的容量偏差。

⑥另取一只容量大于分度吸管容量的洁净并经过干燥的有盖称量杯，重复校正一次。

(3)单标线吸管

①用待校正的单标线吸管吸取纯水，使液面达吸管标线以上约5 mm处，迅速用食指堵住吸管口，慢慢将液面准确地调至吸管标线处，用滤纸拭去黏附在流液口的液滴。

②取一只容量大于单标线吸管容量的洁净并经过干燥的有盖称量杯，称得称量杯质量 m_0。

③将称量杯放在垂直的单标线吸管下(称量杯倾斜30°)，使吸管流液口靠住称量杯内壁，二者不能相对移动，放开食指，使纯水沿称量杯壁流下，当纯水排至流液口时，等待15 s后将吸管从称量杯上移开，精密称定称量杯与水的质量 m。

④用分度值为1℃的温度计测量测量杯内纯水的温度，表4.4中，查得对应温度下纯水的密度ρ。

⑤按公式(4.1)计算单标线吸管的实际容量，按公式(4.2)计算单标线吸管的容量偏差。

⑥另取一只容量大于单标线吸管容量的洁净并经过干燥的有盖称量杯，重复校正一次。

(4)单标线容量瓶

①用电子天平称量待校正的单标线容量瓶的质量m_0。

②将纯水注入容量瓶内，使液面达到容量瓶标线以上约5 mm处，等待2 min，注意观察水中有无气泡出现，用滴管吸出多余的水，使液面最低点与标线上边缘相切，用滤纸将容量瓶内标线上方的水滴及瓶外壁水珠拭干，精密称定容量瓶与水的质量m。

③用分度值为1 ℃的温度计测量容量瓶内纯水的温度，表4.4中，查得对应温度下纯水的密度ρ。

④按公式(4.1)计算单标线容量瓶的实际容量，按公式(4.2)计算单标线容量瓶的容量偏差。

⑤将容量瓶清洗干燥后，重复校正一次。

4)校正结果

①经校正A级量器低于A级但符合B级的，允许降为B级使用，将量器上的标记A用写明B的标签贴上，然后在外面粘贴一层透明胶布。

②经校正B级量器经符合A级的，不能升级为A级使用。

③经校正A和B级量器如低于B级的，应弃之不用。

5)不同温度下纯水的密度

不同温度下纯水的密度见表4.4。校正允许偏差见表4.5。

表4.4　不同温度下纯水的密度

温度/℃	密度/(g·cm^{-3})	温度/℃	密度/(g·cm^{-3})	温度/℃	密度/(g·cm^{-3})
10	0.999 699	17	0.998 772	24	0.997 239
11	0.999 604	18	0.998 593	25	0.997 041
12	0.999 496	19	0.998 402	26	0.996 780
13	0.999 376	20	0.998 201	27	0.996 510
14	0.999 243	21	0.997 989	28	0.996 230
15	0.999 098	22	0.997 767	29	0.995 941
16	0.998 941	23	0.997 535	30	0.995 644

表 4.5 校正允许偏差

标称容量/mL	容量允许偏差/mL								
	滴定管		单标线吸管		分度吸管			单标线容量瓶	
	A	B	A	B	A	B	吹出式	A	B
0.1						±0.003	±0.004		
0.2						±0.005	±0.006		
0.25						±0.005	±0.008		
0.5						±0.010	±0.010		
1	±0.010	±0.020	±0.007	±0.015	±0.008	±0.015	±0.015	±0.010	±0.020
2	±0.010	±0.020	±0.010	±0.020	±0.012	±0.025	±0.025	±0.015	±0.030
3			±0.015	±0.030					
5	±0.010	±0.020	±0.015	±0.030	±0.025	±0.050	±0.050	±0.020	±0.040
10	±0.025	±0.050	±0.020	±0.040	±0.05	±0.10	±0.10	±0.020	±0.040
15			±0.025	±0.050					
20			±0.030	±0.060					
25	±0.04	±0.08	±0.030	±0.060	±0.10	±0.20		±0.030	±0.060
50	±0.05	±0.10	±0.05	±0.10	±0.10	±0.20		±0.05	±0.10
100	±0.10	±0.20	±0.08	±0.16				±0.10	±0.20
200								±0.15	±0.30
250								±0.15	±0.30
500								±0.25	±0.50
1 000								±0.40	±0.80
2 000								±0.60	±1.20

【思考题】

1. 精密配制溶液和粗配溶液用的天平有何差异？用玻璃容量器具有何差异？为什么？
2. 配制标准溶液所用的试剂是什么级别的？为何还要干燥至恒重后再称量？
3. 玻璃量器的校正原理是什么？为何可以通过称量质量进行体积校正？

第5章 酸碱滴定法

【学习目标】

1. 理解酸碱质子理论、酸碱平衡和分布系数等基本知识。
2. 熟练掌握酸碱水溶液中$[H^+]$的计算方法。
3. 熟练掌握酸碱滴定液的配制与标定。
4. 掌握一元弱酸(碱)滴定的可行性判断方法及指示剂的选择方法。

【技能目标】

1. 影响指示剂变色范围的因素。
2. 酸碱滴定的有关计算和应用。
3. 了解滴定曲线的绘制。

5.1 酸碱基本理论

酸和碱在日常生活和工农业生产中都频繁出现,对于化学来说更是如此,许多制备反应和化学分析反应都可归入酸碱反应。对于有些化学反应来说,尽管看起来与酸、碱无关,表面上不是酸碱反应,但在反应过程中酸或碱都起了不可替代的作用。作为一种重要的化学反应类型,酸碱反应的应用十分广泛,例如酸碱滴定法就是建立在酸碱反应基础上的一种最常用的化学分析手段。本章主要在酸碱质子理论基础上,讨论各种水溶液体系中的酸碱平衡问题,介绍基于酸碱平衡原理的酸碱滴定分析方法及其应用。

在历史上曾有多种酸碱理论,而随着化学学科的发展,人们对酸碱的认识经历了一个从现象到本质,从个别到一般,逐步深化完善的过程。1887年,阿伦尼乌斯提出酸碱电离理论,该理论具有重要的影响,使人们对酸碱的本质有了更为深刻的理解。在阿伦尼乌斯提出的酸碱电离理论中,将在水溶液中解离产生的阳离子全部为H^+的物质定义为酸,离解产生的阴离子全部是OH^-的物质定义为碱,同时将酸碱反应的实质定义为是H^+与OH^-结合生成H_2O的反应,例如:

酸：$HAc \rightleftharpoons H^+ + Ac^-$

碱：$NaOH \rightleftharpoons Na^+ + OH^-$

酸碱发生中和反应生成盐和水：$HAc + NaOH = NaAc + H_2O$

反应的实质是：$H^+ + OH^- \rightleftharpoons H_2O$

阿伦尼乌斯酸碱电离理论的提出是酸碱理论发展的重要里程碑，在化学发展中起到了巨大作用，该理论第一次从物质的化学组成层面上揭示了酸碱的本质，即 H^+ 是酸的特征，OH^- 是碱的特征，该理论至今仍在化学各领域中广泛应用。

但不可否认的是，阿伦尼乌斯酸碱电离理论对于某些问题无法完美解释，也表现出较大的局限性，主要表现在：该理论无法说明物质在非水溶液（如液氨、乙醇、丙酮）中的酸碱问题；把碱仅局限于氢氧化物，无法解释氨水显碱性及盐的酸碱性问题（如 NH_4Cl 水溶液显酸性，$NaAc$、Na_2CO_3 水溶液显碱性）；无法说明物质在无溶剂体系及气相体系中的酸碱反应问题，如气态 NH_3 和 HCl 发生中和反应，生成固态 NH_4Cl，但并无 H_2O 生成。

阿伦尼乌斯的电离理论可以完美地适用于水溶液中酸碱电离情况，但也有一定的局限性，不适用于非水溶液的情况。人们在继续深入研究的基础上，进一步提出了酸碱质子理论，该理论考虑了酸碱反应的本质，可解决水溶液和非水溶液的酸碱平衡问题。

5.1.1 酸碱质子理论简介

在酸碱理论的基础上，1923 年布朗斯台德提出了酸碱质子理论，该理论认为凡是能够给出质子（H^+）的物质是酸；凡是能够接受质子的物质是碱。当一种酸失去了质子后形成酸根，它自然对质子有一定亲和力，便成为碱。它们之间的关系可表示为

$$\text{酸} \rightleftharpoons \text{质子} + \text{碱}$$

以 HAc 为例：

$$HAc \rightleftharpoons H^+ + Ac^-$$

式中的 HAc 能给出质子（H^+），所以 HAc 是酸，当它给出质子（H^+）后，转化而成的 Ac^- 能接受质子，因而 Ac^- 是一种碱。由于一个质子的得失而互相转变的每一对酸碱，称为共轭酸碱对，上式中的 $HAc\text{-}Ac^-$ 就是一对共轭酸碱对。再如：

$$HCl \rightleftharpoons H^+ + Cl^-$$

$$HCO_3^- \rightleftharpoons H^+ + CO_3^{2-}$$

上述各式中共轭酸碱对的质子得失反应，称为酸碱半反应。需要注意的是，酸碱半反应在溶液中不能单独进行，而是当一种酸给出质子时，溶液中必定有一种碱来接受质子，质子不能在水溶液中独立存在。例如，HAc 在水溶液中离解时，作为溶剂的水就是接受质子的碱，它们的反应如下式表示：

$$\underset{酸_1}{HAc} \rightleftharpoons H^+ + \underset{碱_1}{Ac^-}$$

$$\underset{碱_2}{H_2O} + H^+ \rightleftharpoons \underset{酸_2}{H_3O^+}$$

$$\underset{酸_1}{HAc} + \underset{碱_2}{H_2O} \rightleftharpoons \underset{酸_2}{H_3O^+} + \underset{碱_1}{Ac^-}$$

（酸₁与碱₁共轭，碱₂与酸₂共轭）

同样，碱在水溶液中接受质子的过程也必须有溶剂水分子的参加。如氨与水的反应如下：

$$NH_3 + H^+ \rightleftharpoons NH_4^+$$

$$H_2O \rightleftharpoons H^+ + OH^-$$

$$NH_3 + H_2O \rightleftharpoons OH^- + NH_4^+$$

在上述两个共轭酸碱对相互作用而达到的平衡中，H_2O 分子所起的作用是不相同的，在酸性物质在水的离解过程中，溶剂水起到了碱的作用；而在碱性物质在水的离解过程中，溶剂水起到了酸的作用。因此水是一种两性溶剂。

由于水分子的两性作用，一个水分子可以从另一个水分子夺取质子而形成 H_3O^+ 和 OH^-，可表示为

$$H_2O + H_2O \rightleftharpoons OH^- + H_3O^+$$

质子在水分子之间的传递作用，称为水的质子自递作用。这个作用的平衡常数称为水的质子自递常数，即

$$K_w = [H_3O^+][OH^-]$$

水合质子 H_3O^+ 在水溶液中可简写成 H^+，因此水的质子自递常数可简写成：

$$K_w = [H^+][OH^-] \tag{5.1}$$

这个常数就是水的离子积，在 25 ℃时等于 10^{-14}，即 $K_w = 10^{-14}$，$pK_w = 14$。

酸和碱的中和反应在质子理论看来也是一种质子的传递过程，反应物酸和碱各自转化为它们对应的共轭酸和共轭碱。

例如，HCl 和 NH_3 反应：

$$HCl + NH_3 \rightleftharpoons NH_4^+ + Cl^-$$

在电离理论中，盐的水解过程是盐电离出的离子与水电离出的 H^+ 或 OH^- 离子结合生成弱酸或弱碱，从而使溶液的酸碱性发生改变的反应，实质上也是质子的转移过程，它们和酸碱

离解的过程在本质上是相同的，以 NH_4Cl 的水解为例：

$$NH_4^+ + H_2O \rightleftharpoons H_3O^+ + NH_3$$

NH_4^+ 与 H_2O 之间发生了质子的转移反应。Cl^- 不参与酸碱反应，可看作酸（NH_4^+）的离解反应。

5.1.2　一元酸碱的 K_a 与 K_b 的关系

根据酸碱电离质子理论，HAc 在水中发生离解反应：

$$HAc + H_2O \rightleftharpoons H_3O^+ + Ac^-$$

HAc 的离解平衡常数 K_a 可用下式表示为

$$K_a = \frac{[H^+][Ac^-]}{[HAc]} \tag{5.2}$$

HAc 的共轭碱 Ac^- 的离解常数 K_b 可用下式表示为

$$Ac^- + H_2O \rightleftharpoons HAc + OH^-$$

$$K_b = \frac{[HAc][OH^-]}{[Ac^-]} \tag{5.3}$$

可以发现共轭酸碱对的 K_a 和 K_b 有如下关系：

$$K_a \cdot K_b = [H^+][OH^-] = K_w = 10^{-14} (25\ ℃)$$

【例 5.1】　已知 NH_3 的离解反应为：$NH_3 + H_2O \rightleftharpoons NH_4^+ + OH^-$，$K_b = 1.8 \times 10^{-5}$，求 NH_3 的共轭酸的离解常数 K_a。

解　NH_3 的共轭酸为 NH_4^+，它的离解反应为

$$NH_4^+ + H_2O \rightleftharpoons NH_3 + H_3O^+$$

$$K_a = \frac{K_w}{K_b} = \frac{10^{-14}}{1.8 \times 10^{-5}} = 5.6 \times 10^{-10}$$

对于多元酸，要注意 K_a 和 K_b 的对应关系，如三元酸 H_3A 在水溶液中：

$$H_3A + H_2O \xrightarrow{K_{a1}} H_3O^+ + H_2A^-$$

$$H_2A^- + H_2O \xrightarrow{K_{b1}} H_3A + OH^-$$

$$H_2A^- + H_2O \xrightarrow{K_{a2}} H_3O^+ + HA^{2-}$$

$$HA^{2-} + H_2O \xrightarrow{K_{b2}} H_2A^- + OH^-$$

$$HA^{2-} + H_2O \xrightarrow{K_{a3}} H_2O^+ + A^{3-}$$

$$A^{3-} + H_2O \xrightarrow{K_{b3}} HA^{2-} + OH^-$$

则 $K_{a1} \cdot K_{b3} = K_{a2} \cdot K_{b2} = K_{a3} \cdot K_{b1} = [H^+][OH^-] = K_w$。

【例5.2】　S^{2-}与H_2O的反应为：$S^{2-}+H_2O \rightleftharpoons HS^{-}+OH^{-}$　$K_{b1}=1.4$，求S^{2-}的共轭酸的离解常数K_{a2}。

解　S^{2-}的共轭酸为HS^{-}，其离解反应为：$HS^{-}+H_2O \rightleftharpoons S^{2-}+H_3O^{+}$

$$K_{a2}=\frac{K_w}{K_{b1}}=\frac{10^{-14}}{1.4}=7.1\times10^{-15}$$

根据酸碱电离理论，物质给出质子或接受质子能力的强弱决定了酸碱的强弱。物质给出质子的能力越强，酸性就越强，反之就越弱；同样，接受质子的能力越强，碱性就越强，反之就越弱。酸或碱的离解常数K_a和K_b是物质的酸性或碱性衡量。K_a越大，酸性就越强，K_b越大，碱性就越强。

在共轭酸碱对中，如果酸性越强，则其共轭碱的碱性就越弱，这是由于共轭酸容易给出质子，其共轭碱对质子的亲和力就弱，就越不易接受质子，碱性就越弱。例如，$HClO_4$、HCl都是强酸，它们的共轭碱ClO_4^-、Cl^-都是弱碱。反之，酸越弱，则其共轭碱就越容易接受质子，因而碱性就越强。以下4种酸的强度顺序为$HAc>H_2PO_4^->NH_4^+>HS^-$，而它们共轭碱的强度恰好相反，强度顺序为$Ac^-<H_2PO_4^-<NH_3<S^{2-}$。

5.2　酸碱溶液pH值的计算

与其他化学反应一样，在酸碱滴定过程中也需对溶液系的pH值进行精确控制，利用pH值的变化情况判断酸碱滴定的最终状态。因此，在学习酸碱滴定法之前，先讨论各种酸碱溶液pH的计算方法。

一般情况下，强酸、强碱在水中能够全部解离，其pH值的计算相对比较简单。如0.1 mol/L HCl溶液，其$c(H^+)=0.1$ mol/L，pH＝1.00，但如果强酸、强碱的浓度小于10^{-6} mol/L，就必须考虑水的质子自递作用。以下将根据质子理论重点讨论弱酸、弱碱溶液的pH值计算方法。

本节计算溶液pH的方法是首先从化学反应出发，全面考虑由于溶液中存在的各种物质提供或消耗质子而影响pH的因素，找出各因素之间的关系，然后在允许的计算误差范围内，进行合理简化，求得结果。

5.2.1　一元强酸（碱）溶液

对于一元强酸HA，溶液中存在下列两个质子转移反应：

$$HA \rightleftharpoons H^{+}+A^{-}$$

$$H_2O+H_2O \rightleftharpoons H_3O^{+}+OH^{-}$$

以HA和H_2O为参考水平，可以写出其质子条件为

$$[H^{+}]=[A^{-}]+[OH^{-}]$$

$$[H^+]=\frac{K_w}{[H^+]}+[A^-] \tag{5.4}$$

式(5.4)表明溶液中的$[H^+]$完全由强酸的离解[相当于式(5.4)中的$[A^-]$项]和水的质子自递反应[相当于式(5.4)中的$[OH^-]$项]两部分组成。当强酸(或强碱)的浓度不是太低(即$[A^-]\geqslant 10^{-6}$ mol/L或$[OH^-]\geqslant 10^{-6}$ mol/L)时,得到最简式为

$$[H^+]=[A^-]$$

当$[A^-]\leqslant 1.0\times 10^{-8}$ mol/L时,溶液的pH值主要由水的离解决定,即

$$[H^+]=\sqrt{[K_w]}$$

当强酸或强碱的浓度较稀时,$[A^-]$为$10^{-6}\sim 10^{-8}$ mol/L,得到精确式为

$$[H^+]=\frac{1}{2}\left([A^-]+\sqrt{[A^-]^2+4K_w}\right) \tag{5.5}$$

5.2.2 一元弱酸(碱)溶液

对于一元弱酸HA,其$[H^+]$同样也由弱酸的离解和水的自递反应两部分组成,其溶液的质子条件为

$$[H^+]=[A^-]+[OH^-]$$

由$K_a=\frac{[H^+][A^-]}{[HA]}$可得

$$[A^-]=\frac{K_a[HA]}{[H^+]}\text{和}[OH^-]=\frac{K_w}{[H^+]}$$

代入上式可得

$$[H^+]=\frac{K_a[HA]}{[H^+]}+\frac{K_w}{[H^+]}$$

经整理可得

$$[H^+]=\sqrt{K_a[HA]+K_w} \tag{5.6}$$

式(5.6)为计算一元弱酸溶液中$[H^+]$的精确公式。式中[HA]为平衡浓度,需利用分布分数的公式求得,计算相当麻烦。

若计算$[H^+]$允许有5%的误差,同时满足$c/K_a\geqslant 105$和$cK_a\geqslant 10K_w$(c表示一元弱酸的浓度)两个条件,上式可简化为

$$[H^+]=\sqrt{cK_a} \tag{5.7}$$

【例5.3】 求0.20 mol/L HCOOH溶液的pH值。

解 已知HCOOH的$pK_a=3.75$,$c=0.20$ mol/L,则$c/K_a>105$,且$cK_a>10K_w$,故可利用最简式求得$[H^+]$:

$$[H^+]=\sqrt{cK_a}=\sqrt{0.20\times 10^{-3.75}}=10^{-2.22}(\text{mol/L})$$

对于一元弱碱溶液,只需将上述弱酸溶液H^+浓度公式中的K_a换成K_b,$[H^+]$换成$[OH^-]$,就可以计算一元弱碱溶液中的pOH。

【例5.4】 计算0.10 mol/L NH_3 溶液的pH值。

解 已知 NH_3 的 $K_b = 1.8 \times 10^{-5}$，$c = 0.10$ mol/L，则 $c/K_b > 105$，且 $cK_b > 10K_w$，故可利用最简式求得[OH^-]：

$$[OH^-] = \sqrt{cK_b} = \sqrt{0.10 \times 1.8 \times 10^{-5}} = 1.3 \times 10^{-3} (mol/L)$$

$$pOH = 2.89$$

$$pH = 14 - 2.89 = 11.11$$

5.2.3 两性物质溶液

酸式盐（NaHA、NaH_2A、Na_2HA）和弱酸弱碱盐（如 NH_4Ac、NH_4CN 等）均属于两性物质，其在水溶液中即可给出质子显示酸性，又可接受质子显示碱性，其酸碱平衡较为复杂。但在计算[H^+]时，仍可作合理的简化处理。

以 $NaHCO_3$ 为例，质子条件为

$$[H^+] + [H_2CO_3] = [OH^-] + [CO_3^{2-}]$$

以平衡常数 K_{a1}、K_{a2}代入上式，并经整理可得

$$[H^+] = \sqrt{\frac{K_{a1}(K_{a2}[HCO_3^-] + K_w)}{K_{a1} + [HCO_3^-]}}$$

当 $cK_{a2} \geqslant 10K_w$，$c/K_{a1} \geqslant 10$ 时，上式可简化为

$$[H^+] = \sqrt{K_{a1}K_{a2}} \tag{5.8}$$

式(5.8)为计算 NaHA 型两性物质溶液 pH 值常用的最简式，在满足 $cK_{a2} \geqslant 10K_w$，$c/K_{a1} \geqslant 10$ 两个条件时，用最简式计算出的[H^+]与精确式所求的[H^+]结果相比，相对误差在允许的5%范围以内。

【例5.5】 计算0.10 mol/L NaH_2PO_4 溶液的pH值。

解 已知 H_3PO_4 的 $pK_{a1} = 2.12$，$pK_{a2} = 7.20$，$pK_{a3} = 12.36$。

对于0.10 mol/L的 NaH_2PO_4 溶液，$cK_{a2} = 0.10 \times 10^{-7.20} \geqslant 10K_w$，$c/K_{a1} = 0.10 \div 10^{-2.12} = 13.18 > 10$，所以可利用式(5.5)计算，得

$$[H^+] = \sqrt{K_{a1}K_{a2}} = \sqrt{10^{-2.12} \times 10^{-7.20}} = 10^{-4.66} (mol/L)$$

若计算 $NaHPO_4$ 溶液的[H^+]，公式中的 K_{a1} 和 K_{a2} 应分别改换成 K_{a2} 和 K_{a3}。

一元弱酸和两性物质溶液的pH值的计算是最常见的，将计算各种酸溶液pH值的最简式及使用条件列于表5.1中。

表5.1　计算几种酸溶液[H⁺]的最简式及使用条件

类别	计算公式	使用条件(允许相对误差5%)
强酸	$[H^+]=c$ $[H^+]=\sqrt{K_w}$	$c \geqslant 4.7\times10^{-7}$ mol/L $c \leqslant 1.0\times10^{-8}$ mol/L
一元弱酸	$[H^+]=\sqrt{cK_a}$	$c/K_a \geqslant 105$ $cK_a \geqslant 10K_w$
二元弱酸	$[H^+]=\sqrt{cK_{a1}}$	$c/K_{a1} \geqslant 105$ $cK_{a1} \geqslant 10K_w$ $2K_{a2}/[H^+] \ll 1$
两性物质	$[H^+]=\sqrt{K_{a1}K_{a2}}$	$cK_{a2} \geqslant 10K_w$ $c/K_{a1} \geqslant 10$

5.3　缓冲溶液和酸碱指示剂

5.3.1　缓冲溶液的概念、作用、组成和计算

众所周知,化学反应与体系的pH值密切相关,部分化学反应甚至只能在某一特定的pH值范围内才能进行,为此,往往需要向反应体系中加入缓冲溶液,以控制反应过程中的pH值范围。能在外来少量强酸强碱或加水稀释的作用下,尚能保持自身的pH值不甚改变的溶液称为缓冲溶液,这种使溶液保持pH值不变,或将pH值控制在一定范围的作用称为缓冲作用。

如果将1滴浓盐酸(约12.4 mol/L)加入1 L水中,可使$c(H^+)$增加5 000倍左右(由1.0×10^{-7}增至5×10^{-4} mol/L),显然,纯水不具有缓冲作用。那么,怎样的溶液才能维持pH值保持相对稳定呢?实践发现,可采用由足够浓度的共轭酸碱对组成的缓冲溶液来实现缓冲作用。缓冲溶液的组成一般可分为以下几类,包括弱酸及其共轭碱、弱碱及其共轭酸或某些两性物质溶液,如HAc-NaAc、NH_3-NH_4Cl、NaH_2PO_4-Na_2HPO_4、HCO_3-H_2CO_3、邻苯二甲酸氢钾、饱和酒石酸氢钾等;有时高浓度的强酸强碱溶液(如HNO_3溶液、NaOH溶液等)也具有缓冲作用。

例如,HAc-NaAc缓冲对,就是在HAc与NaOH的反应过程中,通过酸碱反应使产物NaAc与过量的反应物HAc组成缓冲体系。

在了解缓冲作用的基础上,还需对其作用机理进行探索。缓冲溶液之所以具有缓冲作用,能够保持pH值在一定范围内不变化,这是由于在缓冲溶液中存在足够浓度的共轭酸碱对,在共轭酸碱对之间存在着质子转移平衡。此时,共轭酸碱对分别起着抵抗少量酸、碱的作用。更具体地说,共轭酸(如HAc)为抗碱成分,起着抵抗碱的作用;共轭碱(如Ac^-)为抗酸成分,起着抵抗酸的作用。

下面以HAc-NaAc缓冲体系为例来说明其缓冲作用原理。在HAc-NaAc缓冲溶液中,HAc

和 Ac^- 的量较多,并存在着如下的质子转移平衡:

$$HAc + H_2O \rightleftharpoons H_2O^+ + Ac^-$$

当少量强酸(如 HCl)加入时,大量的抗酸成分 Ac^- 与加入的少量 H^+ 结合生成 HAc,使上述平衡向左移动。由于与溶液中的 Ac^- 相比,新加入 H^+ 的量较少,因此,新加入的 H^+ 绝大部分转变成弱酸 HAc,对溶液 pH 值的影响较小,pH 值几乎不变,其抗酸反应可表示为

$$Ac^- + H^+ \rightleftharpoons HAc$$

同理,当加入少量强碱(如 NaOH)时,则溶液中大量抗碱成分 H_3O^+ 与加入的少量 OH^- 结合生成 H_2O,使上述平衡向右移动,即向生成的 H_3O^+ 和 Ac^- 的方向移动。由于与溶液中的 HAc 相比,新加入的 OH^- 量较少,因此,新加入的 OH^- 绝大部分转变为 H_2O,对溶液的 pH 值影响较小,pH 值几乎不变,其抗碱反应可表示为

$$HAc + OH^- \rightleftharpoons Ac^- + H_2O$$

我们知道,pH 值是化学反应的重要条件,某些反应需要在一定的 pH 值条件下才能够进行,例如,

$$M^{2+} + H_2Y \longrightarrow MY + 2H^+$$

该反应在 pH 为 7.0 左右才能正常进行,因此,必须将溶液的 pH 值保持在 6.5 ~ 7.5 的范围内。假设此反应在 1 L 的水溶液中进行,要把 0.01 mol 的 M^{2+} 完全转化成 MY。当反应物转化了一半时,即有 0.005 mol 的 M^{2+} 转化产生了 0.01 mol 的 H^+,溶液中 H^+ 的浓度变为 10^{-2} mol/L,即溶液的 pH 值为 2,反应无法在此 pH 值条件下继续进行。故而在这种情况下,反应物转化一半的假设也达到不了。由弱酸溶液及其共轭碱,或弱碱溶液及其共轭酸构成的缓冲溶液,存在下列平衡:

$$HA + H_2O \rightleftharpoons H_3O^+ + A^-$$

若以 HA、H_2O 为参考水平,便有质子条件式:

$$[H^+] = [A^-] - c(A^-) + [OH^-]$$

若以 A^-、H_2O 为参考水平,便有质子条件式:

$$[H^+] + [HA] - c(HA) = [OH^-]$$

整理以上两式,便得到

$$[HA] = c(HA) + [OH^-] - [H^+]$$

$$[A^-] = c(A^-) + [H^+] - [OH^-]$$

根据化学平衡式 $K_a = \frac{[H^+][A^-]}{[HA]}$,可得到 $[H^+] = K_a \frac{[HA]}{[A^-]}$,也即

$$[H^+] - K_a \frac{c(HA) + [OH^-] - [H^+]}{c(A^-) + [H^+] - [OH^-]}$$

当溶液为酸性时(pH≤6),可忽略 $[OH^-]$,则

$$[H^+] = K_a \frac{c(HA) - [H^+]}{c(A^-) + [H^+]}$$

当溶液为碱性时(pH≥8),可忽略 $[H^+]$,则

$$[H^+] = K_a \frac{c(HA) + [OH^-]}{c(A^-) - [OH^-]}$$

当 $c(HA)$ 和 $c(A^-)$ 较大时,可得到缓冲溶液中 $[H^+]$ 的最简式

$$[H^+] = K_a \frac{c(HA)}{c(A^-)}$$

$$pH = pK_a - \lg \frac{c(HA)}{c(Ac^-)}$$

需要注意的是，在上式中 $c(HAc)$ 和 $c(Ac^-)$ 均采用了平衡浓度。

由此可见，利用质子条件可以推导出精确式和最简式两个公式来计算缓冲溶液的 pH 值。此外，当对计算结果要求不十分精确时，可使用初始浓度 $c_0(HAc)$ 和 $c_0(Ac^-)$ 来代替平衡浓度 $c(HAc)$ 和 $c(Ac^-)$，此时推导得到的公式即为缓冲溶液 pH 值的计算通式，弱酸及其共轭碱和弱碱及其共轭酸组成的缓冲溶液 pH 值的计算通式如下：

$$pH = pK_a - \lg \frac{c_{酸}}{c_{共轭碱}} \tag{5.9}$$

$$pOH = pK_b - \lg \frac{c_{碱}}{c_{共轭酸}} \tag{5.10}$$

式中，$c_{酸}$ 与 $c_{共轭碱}$ 之和称为缓冲溶液的总浓度，$c_{酸}$ 与 $c_{共轭碱}$ 的比值称为缓冲比。

【例 5.6】 计算 100 mL 1.0 mol/L HAc 和 1.0 mol/L NaAc 组成的缓冲溶液的 pH 值。如果加入 1 mL 6 mol/L 的 HCl 溶液，其 pH 值变为多少？

解 $pH = pK_a - \lg \frac{c}{c} = 4.74 - \lg \frac{1.0}{1.0} = 4.74$

加入 1 mL 6 mol/L HCl 溶液后

$$c(HAc) = \frac{100 \times 1.0 + 6 \times 1}{100 + 1} = \frac{106}{101}(mol/L)$$

$$c(Ac^-) = \frac{100 \times 1.0 + 6 \times 1}{100 + 1} = \frac{94}{101}(mol/L)$$

$$pH = 4.74 - \lg \frac{106}{94} = 4.69$$

【例 5.7】 配制 1 mL pH = 10.0 的缓冲溶液，用浓氨水(16.0 mol/L)420 mL，需加 NH_4Cl 多少 g？(NH_3 的 $pK_a = 4.74$)

解 据题意得　　$c(NH_3) = 16.0 \times 420 \times 10^{-3} = 6.72(mol/L)$

$$pOH = pK_a - \lg \frac{c_{碱}}{c_{共轭酸}}$$

$$14 - 10.0 = 4.74 - \lg \frac{6.72}{c(NH_4Cl)}$$

因此，$c(NH_4Cl) = 1.22$ mol/L = 65.3 g/mol，故需加入 NH_4Cl 65.3 g。

表5.2　常用的缓冲溶液

缓冲溶液	共轭酸	共轭碱	K_a	可控制的pH值范围
邻苯二甲酸氢钾-HCl	COOH COOH	COOH COO^-	$10^{-2.89}$	1.9～3.9
NaH_2PO_4-Na_2HPO_4	$H_2PO_4^-$	HPO_4^{2-}	$10^{-7.20}$	6.2～8.2
$Na_2B_4O_7$-HCl	H_3BO_3	$H_2BO_3^-$	$10^{-9.24}$	8.2～10.2
$Na_2B_4O_7$-NaOH	H_3BO_3	$H_2BO_3^-$	$10^{-9.24}$	9.2～11.0
$NaHCO_3$-Na_2CO_3	HCO_3^-	CO_3^{2-}	$10^{-10.25}$	9.32～11.3

可用缓冲容量来衡量各种缓冲溶液的缓冲能力。缓冲容量是使1 L缓冲溶液的pH值改变1个单位所需加入的强酸或强碱的物质的量。缓冲容量与缓冲能力成正比,缓冲容量越大,缓冲能力越强。缓冲容量的大小与产生缓冲作用的组分的浓度和比值有关,组分浓度越高,缓冲容量越大,各个缓冲组分的浓度比值为1∶1时,缓冲容量最大。在实际应用中,缓冲溶液pH值的缓冲范围常常采用弱酸及共轭碱的组分浓度比 $c_a:c_b=10:1$ 和 $c_a:c_b=1:10$ 确定。当 $c_a:c_b=10:1$ 时,$pH=pK_a-1$;当 $c_a:c_b=1:10$ 时,$pH=pK_a+1$。因而缓冲溶液pH值的缓冲范围为 $pK_a\pm1$。例如,H_4Cl-NH_3 可在 pH = 8.26～10.26 内起缓冲作用;又如,HAc-NaAc缓冲范围为 pH = 4.74 ± 1,即 pH = 3.74～5.74 为其缓冲范围。常用的缓冲溶液见表5.2。

标准缓冲溶液的pH值在一定温度下经实验准确测得。在缓冲溶液的使用过程中,要根据实际情况选用适宜种类的缓冲溶液。在选择过程中,要注意所选用的缓冲溶液对分析过程没有干扰;缓冲溶液的缓冲范围应包含所需控制的pH值;缓冲组分的浓度也应为0.01～1 mol/L。

5.3.2　盐类水解

酸和碱反应可生成盐,按照反应物酸和碱的强弱可将盐分类。由强酸和强碱作用生成的盐,称为强酸强碱盐,如NaCl;由强酸和弱碱作用生成的盐,称为强酸弱碱盐,如 NH_4Cl。同样理解弱酸强碱盐如NaAc、Na_2CO_3 等,以及弱酸弱碱盐如 NH_4Ac、NH_4CN 等。由于盐的水解,其水溶液可能是中性的,也可能是酸性或碱性的。盐解离产生的离子与水作用,使水的解离平衡发生移动从而影响溶液的酸碱性,这种作用称为盐的水解。

强酸强碱盐不发生水解,其水溶性显中性,这是由于强酸强碱盐在水中解离所产生的离子,不与 H^+、OH^- 结合成弱电解质的分子,故不影响水的解离平衡。

1)弱酸强碱盐

以NaAc溶于水生成的溶液为例讨论弱酸强碱盐的水解平衡。NaAc在水中全部解离:

$$NaAc \longequal Na^+ + Ac^-$$

Na^+ 不与 OH^- 结合成分子,或者说NaOH是强碱,是强电解质,完全解离。Na^+ 不影响水的解离平衡。但是 Ac^- 与 H^+ 结合成弱电解质HAc分子:

$$H^+ + Ac^- \rightleftharpoons HAc。$$

这一平衡的存在,使 H^+ 的浓度减少,于是使下式 H_2O 的解离平衡向右移动:

$$H_2O \rightleftharpoons H^+ + OH^-$$

于是有

$$Ac^- + H_2O \rightleftharpoons HAc + OH^-$$

上式即为 NaAc 的水解反应方程式,水解的结果使得溶液中 $[OH^-] > [H^+]$,于是 NaAc 溶液显碱性。上式的平衡常数表达式为

$$K_h^\ominus = \frac{[HAc][OH^-]}{[Ac^-]} \tag{5.11}$$

式中,$K_h^\ominus$是水解平衡常数。

上式的分子分母各乘以平衡体系中的$[H^+]$,即变为

$$K_h^\ominus = \frac{[HAc][OH^-][H^+]}{[Ac^-][H^+]} = \frac{[OH^-][H^+]}{\frac{[Ac^-][H^+]}{[HAc]}} = \frac{K_w^\ominus}{K_a^\ominus}$$

即

$$K_h^\ominus = \frac{K_w^\ominus}{K_a^\ominus} \tag{5.12}$$

弱酸强碱盐的水解平衡常数 $K_h^\ominus$等于水的离子积常数与弱酸的解离平衡常数的比值。NaAc 的水解平衡常数为

$$K_h^\ominus = \frac{K_w^\ominus}{K_a^\ominus} = \frac{1.0 \times 10^{-14}}{1.8 \times 10^{-5}} = 5.6 \times 10^{-10}$$

从上式可知,盐的水解平衡常数相当小,故在计算中一般采用近似的方法来处理。

2)强酸弱碱盐

以 NH_4Cl 为例,来讨论强酸弱碱盐的水解:

$$NH_4^- + H_2O \rightleftharpoons NH_3 \cdot H_2O + H^+$$

NH_4^+ 和 OH^-结合成弱电解质,使 H_2O 的解离平衡移动,溶液中$[H^+] > [OH^-]$,溶液显酸性。参照弱酸强碱盐的计算过程,可推导出强酸弱碱盐水解平衡常数 $K_h^\ominus$与弱碱的 $K_b^\ominus$之间的关系为

$$K_h^\ominus = \frac{K_w^\ominus}{K_b^\ominus} \tag{5.13}$$

3)弱酸弱碱盐

以 NH_4Ac 为例,来讨论弱酸弱碱盐的水解:

$$NH_4 + Ac + H_2O \rightleftharpoons NH_3 \cdot H_2O + HAc$$

其平衡常数的表达式为

$$K_h^\ominus = \frac{[NH_3 \cdot H_2O][HAc]}{[Ac^-][NH_4^-]} = \frac{[NH_3 \cdot H_2O][HAc][OH^-][H^+]}{[Ac^-][NH_4^-][OH^-][H^+]}$$

$$= \frac{[OH^-][H^+]}{\frac{[NH_4^-][OH^-]}{[NH_3 \cdot H_2O]} \cdot \frac{[Ac^-][H^+]}{[HAc]}}$$

$$= \frac{K_w^\ominus}{K_a^\ominus K_b^\ominus}$$

上式表明了弱酸弱碱盐的水解平衡常数与弱酸弱碱的解离平衡常数的关系。

NH_4Ac 的水解平衡常数可由上式求得

$$K_h^{\ominus}=\frac{K_w^{\ominus}}{K_a^{\ominus}K_b^{\ominus}}=\frac{1.0\times10^{-14}}{1.8\times10^{-5}\times1.8\times10^{-5}}=3.1\times10^{-5}$$

NH_4Ac 的水解平衡常数虽然不算很大，但与 NaAc 的 $K_h^{\ominus}$和 NH_4Cl 的 $K_h^{\ominus}$相比，约扩大了 10^5 倍。显然 NH_4Ac 的双水解趋势要比 NaAc 或 NH_4Cl 的单方向水解趋势大得多。

综合强酸弱碱盐、弱酸强碱盐和弱酸弱碱盐的水解平衡常数计算公式，可以分析出影响水解平衡常数的一个重要因素，即生成盐的酸碱越弱或者说 $K_a^{\ominus}$、$K_b^{\ominus}$越小，则盐的水解平衡常数 $K_h^{\ominus}$越大。同样是弱酸强碱盐的 NaAC 和 NaF，由于 HAc 的 $K_a^{\ominus}$小于 HF 的 $K_a^{\ominus}$，故当 NaAc 溶液和 NaF 溶液的浓度相同时，NaAc 的水解程度要大于 NaF。

5.3.3　酸碱指示剂的变色原理、变色范围、混合指示剂

酸碱滴定中判断终点的方法主要包括指示剂法和电位滴定法。指示剂法中使用的酸碱指示剂一般是有机弱酸或弱碱，它们在某一固定条件时（如某一 pH 范围）会发生颜色改变，从而能够指示滴定终点。指示剂结构上的变化可引起颜色的变化，其酸式及碱式具有不同的颜色，当溶液的 pH 变化时，指示剂失去质子由酸式变为碱式，或得到质子由碱式变为酸式，从而指示滴定终点。

例如，酚酞是一种有机弱酸，其在溶液中的结构变化过程可表示如下：

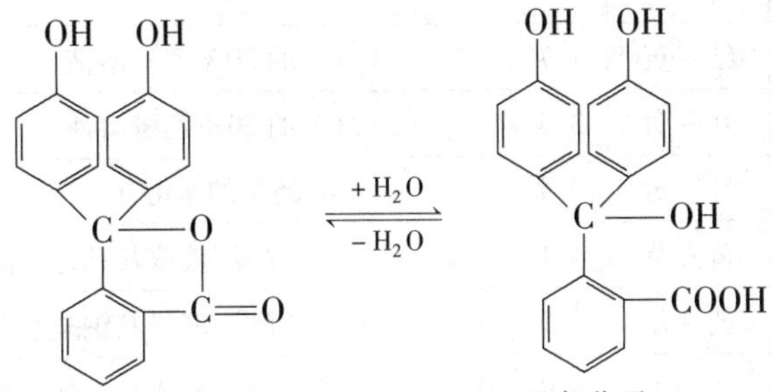

无色分子 $\underset{-H_2O}{\overset{+H_2O}{\rightleftharpoons}}$ 无色分子 $\underset{H^+}{\overset{OH^-}{\rightleftharpoons}}$ 无色离子 $\underset{H^+}{\overset{OH^-,\ -H_2O}{\rightleftharpoons}}$ 红色离子 $\underset{H^+}{\overset{OH^-}{\rightleftharpoons}}$ 无色离子

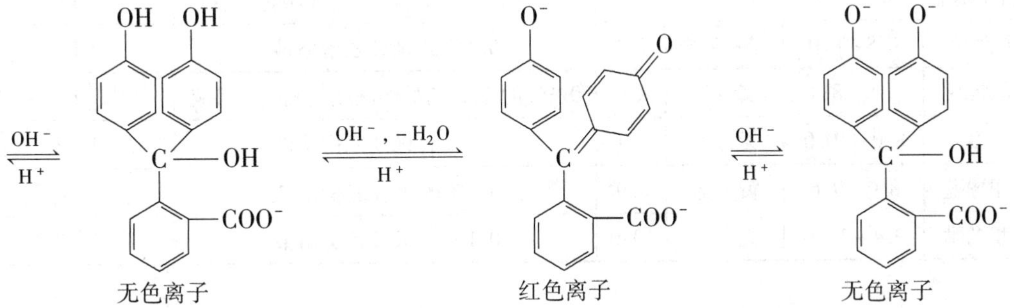

酚酞结构变化的过程也可简单表示为

$$\text{无色分子}\underset{H^+}{\overset{OH^-}{\rightleftharpoons}}\text{无色离子}\underset{H^+}{\overset{OH^-}{\rightleftharpoons}}\text{红色离子}\underset{H^+}{\overset{\text{强碱}}{\rightleftharpoons}}\text{无色离子}$$

酚酞上述的变化过程是可逆的。当 H^+ 浓度增大时，平衡向反方向移动，酚酞变成无色分

子;当 OH^- 浓度增大时,平衡向正方向移动,并随着 pH 值的升高由无色变为红色又再次变为无色。pH 值从 8 ~ 10 称为酚酞的变色范围。

甲基橙作为一种有机弱碱,在溶液中存在着如下平衡。在酸性溶液中,甲基橙分子获得一个 H^+ 后,可由黄色变成红色:

$$N(H_3C)_2-C_6H_4-N=N-C_6H_4-SO_3^-$$

黄色(偶氮式)

$$\underset{OH^-}{\overset{H^+}{\rightleftharpoons}} {}^+N(H_3C)_2=C_6H_4=N-NH-C_6H_4-SO_3^-$$

红色(醌式)

甲基橙溶液当 pH < 3.1 时呈红色, > 4.4 时呈黄色,pH 在 3.1 ~ 4.4 是甲基橙的变色范围。

各种指示剂的平衡常数不同就决定了它们的变色范围也不相同。表 5.3 中列出了几种常用酸碱指示剂的变色范围。从表中可知,不同的酸碱指示剂具有不同的变色范围,在酸性溶液中变色的包括甲基橙、甲基红等;在中性附近变色的包括中性红、苯酚红等;在碱性溶液中变色的包括酚酞、百里酚酞等。

表 5.3 几种常用酸碱指示剂的变色范围

指示剂	变色范围 pH	颜色变化	pK_{HIn}	浓 度	用 量(滴/10 mL 试液)
百里酚蓝	1.2 ~ 2.8	红 ~ 黄	1.7	0.1% 的 20% 乙醇溶液	1 ~ 2
甲基黄	2.9 ~ 4.0	红 ~ 黄	3.3	0.1% 的 90% 乙醇溶液	1
甲基橙	3.1 ~ 4.4	红 ~ 黄	3.4	0.05% 的水溶液	1
溴酚蓝	3.0 ~ 4.6	黄 ~ 紫	4.1	0.1% 的 20% 乙醇溶液或其钠盐水溶液	1
溴甲酚绿	4.0 ~ 5.6	黄 ~ 蓝	4.9	0.1% 的 20% 乙醇溶液或其钠盐水溶液	1 ~ 3
甲基红	4.4 ~ 6.2	红 ~ 黄	5.0	0.1% 的 60% 乙醇溶液或其钠盐水溶液	1
溴百里酚蓝	6.2 ~ 7.6	黄 ~ 蓝	7.3	0.1% 的 20% 乙醇溶液或其钠盐水溶液	1
中性红	6.8 ~ 8.0	红 ~ 黄橙	7.4	0.1% 的 60% 乙醇溶液	1
苯酚红	6.8 ~ 8.4	黄 ~ 红	8.0	0.1% 的 60% 乙醇溶液或其钠盐水溶液	1
酚酞	8.0 ~ 10.0	无 ~ 红	9.1	0.5% 的 90% 乙醇溶液	1 ~ 3
百里酚蓝	8.0 ~ 9.6	黄 ~ 蓝	8.9	0.1% 的 20% 乙醇溶液	1 ~ 4
百里酚酞	9.4 ~ 10.6	无 ~ 蓝	10.0	0.1% 的 90% 乙醇溶液	1 ~ 2

通过指示剂在溶液中的平衡移动过程可以解释指示剂颜色变化与酸度的关系,现以 HIn 表示弱酸型指示剂,它在溶液中的平衡移动过程可表示为

$$HIn + H_2O \rightleftharpoons H_3O^+ + In^-$$

指示剂质子转移反应平衡常数为

$$\frac{[H^+][In^-]}{[HIn]}=K_{HIn} \tag{5.14}$$

或

$$\frac{[In^-]}{[HIn]}=\frac{K_{HIn}}{[H^+]} \tag{5.15}$$

式中　K_{HIn}——指示剂离解常数,简称指示剂常数;

$[In^-]$——指示剂的碱式态的浓度;

$[HIn]$——指示剂的酸式态的浓度。

由上式可知,溶液的颜色是由比值$[In^-]/[HIn]$决定的,而此比值又与$[H^+]$和K_{HIn}有关。在一定温度下,对某种指示剂来说,K_{HIn}是常数,因此比值$[In^-]/[HIn]$是溶液$[H^+]$的函数,即$[H^+]$改变,$[In^-]/[HIn]$值随之发生改变,溶液的颜色进而发生改变。

一般来说,当 HIn 的浓度大于 In^-浓度 10 倍以上时,就只能看到 HIn 的颜色,即$[In^-]/[HIn]>10$时,观察到 In^-(碱式)的颜色,相应的 $pH>pK_{HIn}+1$;当$[In^-]/[HIn]=10$时,在 In^-颜色中勉强能看出 HIn 的颜色,相应的 $pH=pK_{HIn}+1$;当$[In^-]/[HIn]<10$时,观察到 HIn(酸式)的颜色,相应的 $pH<pK_{HIn}+1$;当$[In^-]/[HIn]=1/10$时,在溶液中勉强能看出 In^-的颜色,相应的 $pH=pK_{HIn}-1$。因此,当溶液的 pH 值由 $pK_{HIn}-1$ 变化到 $pK_{HIn}+1$ 时,才能明显观察到指示剂颜色的变化。$pH=pK_{HIn}\pm1$ 是指示剂变色的 pH 范围(理论上的变色范围),简称指示剂的变色范围。不同指示剂的 pK_{HIn}值不同,其变色范围也不同。当指示剂的$[In^-]=[HIn]$时,$pH=pK_{HIn}$,此 pH 值称为指示剂的变色点。

实际上指示剂的变色范围是依靠人眼观察得到的,而不是根据 pK_{HIn}计算出来的。但是,由于指示剂的两种颜色之间互相掩盖,以及人对各种颜色的敏感程度不同,使指示剂的实际观察变色范围与理论计算结果之间有所差别。

例如,甲基红的理论变色范围应为 4.1~6.1,其变色间隔应为两个 pH 单位,但实际测得的变色范围是 4.4~6.2,其变色间隔为 1.8 个 pH 单位,即当 pH=4.4 时,$[H^+]=4.0\times10^{-5}$ mol/L,则

$$\frac{[HIn]}{[In^-]}=\frac{[H^+]}{K_{HIn}}=\frac{4.0\times10^{-5}}{7.9\times10^{-6}}=5.0$$

当 pH=6.2 时,$[H^+]=6.3\times10^{-7}$ mol/L,则

$$\frac{[HIn]}{[In^-]}=\frac{[H^+]}{K_{HIn}}=\frac{6.3\times10^{-7}}{7.9\times10^{-6}}=\frac{1}{12.5}$$

上述结果表明,对于甲基红指示剂来说,当酸态的浓度比碱态的浓度大 5 倍时,就能看到酸态的红色,但若要看到碱态的黄色,则需要碱态的浓度比酸态的浓度大 12.5 倍。这是由于较之于黄色来说,人眼对于红色更为敏感,因此甲基红的变色范围 pH 小的一端要短一些。

实际使用中指示剂变色范围越窄越好。变色范围窄,即变色更敏锐,当 pH 值稍有改变时,溶液就可由一种颜色变为另一种颜色,有利于提高分析结果的准确度。此外,还可使用混合指示剂,混合指示剂是利用颜色之间的互补作用,使变色范围变窄,在终点时颜色变化敏锐。几种常用的混合指示剂见表 5.4。

表5.4 几种常用的混合指示剂

指示剂溶液的组成	变色时pH值	颜色		备注
		酸色	碱色	
1份0.1%甲基黄乙醇溶液 1份0.1%次甲基蓝乙醇溶液	3.25	蓝紫	绿	pH=3.2,蓝紫色; pH=3.4,绿色
1份0.1%甲基橙水溶液 1份0.25%靛蓝二磺酸水溶液	4.1	紫	黄绿	
1份0.1%溴甲酚绿钠盐水溶液 1份0.2%甲基橙水溶液	4.3	橙	蓝绿	pH=3.5,黄色;pH=4.05,绿色; pH=4.3,浅绿
3份0.1%溴甲酚绿乙醇溶液 1份0.2%甲基红乙醇溶液	5.1	酒红	绿	
1份0.1%溴甲酚绿钠盐水溶液 1份0.1%氯酚红钠盐水溶液	6.1	黄绿	蓝紫	pH=5.4,蓝绿色;pH=5.8,蓝色; pH=6.0,蓝带紫;pH=6.2,蓝紫
1份0.1%中性红乙醇溶液 1份0.1%次甲基蓝乙醇溶液	7.0	紫蓝	绿	pH=7.0,紫蓝
1份0.1%甲酚红钠盐水溶液 3份0.1%百里酚蓝钠盐水溶液	8.3	黄	紫	pH=8.2,玫瑰红; pH=8.4,清晰的紫色
1份0.1%百里酚蓝50% 乙醇溶液 3份0.1%酚酞50% 乙醇溶液	9.0	黄	紫	从黄到绿,再到紫
1份0.1%酚酞乙醇溶液 1份0.1%百里酚酞乙醇溶液	9.9	无	紫	pH=9.6,玫瑰红; pH=10,紫色
2份0.1%百里酚酞乙醇溶液 1份0.1%茜素黄R乙醇溶液	10.2	黄	紫	

混合指示剂有两种配制方法:

①由两种或两种以上的指示剂混合而成。例如,溴甲酚绿($pK_{HIn}=4.9$)和甲基红($pK_{HIn}=5.0$),前者当pH<4.0时呈黄色(酸色),pH>5.6时呈蓝色(碱色);后者当pH<4.4时呈红色(酸色),pH>6.2时呈浅黄色(碱色)。它们按一定的配比成为混合指示剂后,酸色为酒红色(红稍带黄),碱色为绿色。当pH=5.1时,甲基红呈橙色和溴甲酚绿呈绿色,两者互为补色而呈现浅灰色,这时颜色发生突变、变色十分敏锐。

②在某种指示剂中加入一种惰性染料。例如,在中性红指示剂中加入染料次甲基蓝,配成的混合指示剂,在pH=7.0时呈紫蓝色,变色范围只有0.2个pH单位左右,比单独的中性红的变色范围要窄得多。

5.4　酸碱滴定曲线

酸碱滴定过程中，需要根据滴定过程中溶液的 pH 变化规律，选择适当的指示剂加入被滴定混合溶液中，当溶液的 pH 值发生变化时，可根据指示剂的变色判断滴定终点。

在滴定过程中，随着滴定剂的加入，溶液的 pH 值逐渐发生变化，溶液 pH 值与滴定剂加入量（滴定分数）之间的关系即可用滴定曲线来描述。如何准确滴定被测物质，如何准确判定滴定终点，如何为滴定过程选择合适的指示剂等问题均可利用滴定曲线来判断。滴定过程中溶液的 pH 值可通过 pH 计测定，也可根据酸碱平衡通过计算确定。下面通过介绍几种不同类型的酸碱滴定实例，说明溶液 pH 值变化的计算过程，结合滴定曲线，说明物质的浓度、解离常数等因素对滴定突跃的影响，并介绍如何正确选择指示剂等。

5.4.1　强酸强碱的滴定

强碱滴定强酸时发生的反应为

$$H^+ + OH^- \rightleftharpoons H_2O$$

反应的平衡常数 K_t 为

$$K_t = \frac{1}{[H^+][OH^-]} = \frac{1}{K_w} = 1.0 \times 10^{14}$$

现以 0.100 0 mol/L NaOH 溶液滴定 20.00 mL 的 0.100 0 mol/L HCl 溶液为例，讨论滴定过程中溶液 pH 值的变化情况。

在滴定开始前，NaOH 加入量为 0，全部为 HCl 溶液，呈强酸性，pH 值很低。随着 NaOH 溶液的加入，NaOH 和 HCl 不断发生中和反应，溶液中 $[H^+]$ 不断降低，pH 值逐渐升高。当 NaOH 的加入量恰好达到化学计量点时，中和反应恰好进行完全，被滴定的 HCl 溶液全部变成了 NaCl 溶液，溶液中 $[H^+] = [OH^-] = 10^{-7}$ mol/L，pH = 7.0。化学计量点后如果再继续加入 NaOH 溶液，没有剩余的 HCl 溶液继续与之中和，因此，溶液中的 $[OH^-]$ 不断增加，pH 值不断升高。综上，整个滴定过程中，溶液的 pH 值是不断升高的，但是 pH 值的具体变化规律，尤其是化学计量点附近 pH 值的变化规律是我们特别关心的，因为它们都涉及分析测定的准确程度。

可以求出滴定过程中加入不同量的 NaOH 溶液时溶液的 pH 值，从而画出滴定曲线。根据整个滴定过程中溶液有 4 种不同的组成情况，故可分为以下 4 个阶段进行计算。

(1) 滴定开始前

溶液中仅有 HCl 存在，故溶液的 pH 值取决于 HCl 溶液的原始浓度，即

$$[H^+] = c(HCl) = 0.100\,0 (mol/L)$$

$$pH = -\lg[H^+] = 1.00$$

(2) 滴定开始至化学计量点前

随着 NaOH 的加入，部分 HCl 被中和，形成 HCl + NaCl 溶液，鉴于 NaCl 对溶液的 pH 值无

影响,所以可根据溶液中剩余的 HCl 量来计算 pH 值。例如,加入 18.00 mL NaOH 溶液时,还剩余 2.00 mL HCl 溶液未被中和,这时溶液中的 HCl 浓度应为

$$[H^+]=\frac{c(HCl)V(\text{剩余 HCl})}{V}$$

溶液的$[H^+]$决定于剩余 HCl 的浓度,即

$$[H^+]=0.200\,0/(20.00+18.00)=5.3\times10^{-3}(mol/L)$$

$$pH=-\lg[H^+]=-\lg(5.3\times10^{-3})=2.28$$

用类似的方法可求得加入 19.98 mL NaOH 时溶液的 pH 值为 4.30。通过这种计算方法,可计算得到从滴定开始直到化学计量点前的各点的 pH 值。

(3)化学计量点时

当加入 20.00 mL NaOH 时,HCl 溶液被完全中和,变成了中性的 NaCl 水溶液,故溶液的 pH 值由水的离解决定,此时:

$$[H^+]=[OH^-]=\sqrt{K_w}=1.00\times10^{-7}(mol/L)$$

$$pH=7.00$$

(4)化学计量点后

过了化学计量点,再加入 NaOH 溶液,构成 NaOH + NaCl 溶液,其 pH 值取决于过量的 NaOH,计算方法与强酸溶液中计算$[H^+]$的方法相类似。例如,加入 20.02 mL NaOH 溶液时,NaOH 溶液过量 0.02 mL,多余的 NaOH 浓度为

$$[OH^-]=\frac{0.100\,0\times0.02}{20.02+20.00}=5.0\times10^{-5}(mol/L)$$

溶液的 pH 值由过量的 NaOH 的量和溶液的总体积决定,即

$$pOH=4.30$$

$$pH=14.0-4.30=9.70$$

化学计量点后都这样计算。

根据上述方法可计算出不同滴定点时溶液的 pH 值,部分结果见表 5.5。

表 5.5 用 NaOH 滴定 HCl 时溶液 pH 的变化($c(NaOH)=c(HCl)=0.100\,0$ mol/L)

V/mL (加 NaOH)	被滴定 HCl 的百分含量/%	V/mL (剩余 HCl)	V/mL (过量 NaOH)	$[H_3O^+]$ /(mol·L^{-1})	pH
0	0.00	20.00		1.00×10^{-1}	1.00
18.00	90.00	2.00		5.26×10^{-3}	2.28
19.80	99.00	0.20		5.02×10^{-4}	3.30
19.98	99.90	0.02		5.00×10^{-5}	4.30
20.00	100.00	0.00		1.00×10^{-7}	7.00
20.02	100.10		0.02	2.00×10^{-10}	9.70
20.20	101.00		0.20	2.01×10^{-11}	10.70

根据表 5.5 中的数据作图,即可得到强碱滴定强酸的滴定曲线,如图 5.1 所示。

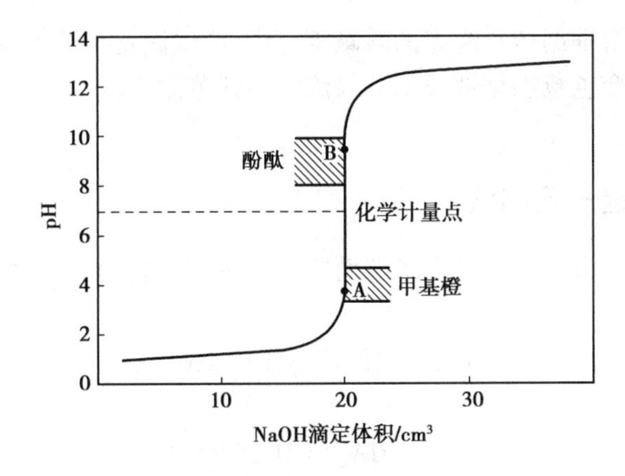

图 5.1 0.100 0 mol/L NaOH 滴定 20.00 mL、0.100 0 mol/L HCl 的滴定曲线

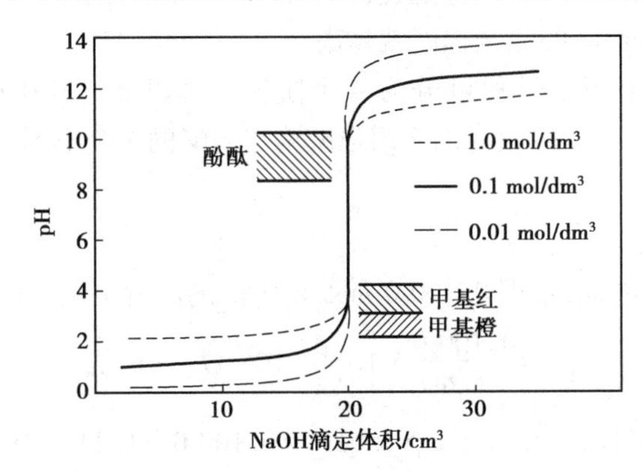

图 5.2 不同浓度 NaOH 溶液滴定不同浓度 HCl 溶液的滴定曲线

从滴定曲线中我们可以了解溶液 pH 值的变化方向，还可看到得到滴定时各个阶段的变化速度。从图 5.1 中可知，曲线自左至右由 3 个不同的阶段组成。其中，前段和后段比较平坦，说明溶液的 pH 值变化比较平稳；中段 pH 值变化剧烈，曲线近乎垂直，在化学计量点附近 pH 值有一个突变过程。这种 pH 值突变称为滴定突跃，突跃所在的 pH 值范围称为滴定突跃范围（常用化学计量点前后各 0.1% 的 pH 范围表示，本例的突跃范围是 4.30 ~ 9.70）。如果指示剂能在反应的化学计量点发生颜色变化是最理想的状态，但这一情况很难实现。实际操作中，指示剂的选择主要以滴定的突跃范围为依据，通常选取变色范围全部或部分处在突跃范围内的指示剂滴定终点，这样产生的疑点误差不会超过 ±0.1%。在上述滴定中，甲基橙（pH 为 3.1 ~ 4.4）和酚酞（pH 为 8.0 ~ 10.0）的变色范围均有一部分在滴定的突跃范围内，因此都是该滴定的适当指示剂。除此之外，甲基红、溴百里酚蓝和溴酚蓝等也可用作这类滴定的指示剂。

滴定突跃的大小与溶液的浓度密切相关。若酸碱浓度均增大 10 倍，滴定突跃范围将加宽两个 pH 单位；反之，若酸碱浓度减小到原来的 1/10，相应的突跃范围将减小两个 pH 单位，可见酸碱浓度越高突跃范围越大，酸碱浓度越低突跃范围越小。如果滴定时所用的酸碱浓度相等并小于 2×10^{-4} mol/L，那么，滴定突跃范围就会小于 0.4 个 pH 单位，用一般的指示剂就不能准确的指示出终点，故将 $c\geqslant2\times10^{-4}$ mol/L 作为此类滴定能够准确进行的条件。NaOH 滴定 HCl 的滴定曲线如图 5.2 所示。

综上所述,在使用指示剂指示终点的酸碱滴定中,应以滴定突跃范围为依据选择合适的指示剂,并应使指示剂的变色范围全部或部分与滴定突跃范围重合。

5.4.2 强碱滴定一元弱酸

在这类滴定反应中,由于强碱完全离解而弱酸(HA)部分离解,故滴定反应及其反应常数 K_t 可表述为

$$HA + OH^- \rightleftharpoons H_2O + A^-$$

$$K_t = \frac{[A^-]}{[HA][OH^-]} = \frac{K_a}{K_w} \tag{5.17}$$

同强碱强酸滴定的反应常数相比,上述的 K_t 值要小得多,说明反应的完全程度较前类滴定差,且弱酸的 K_a 越大,反应的完全程度就越高。

强碱滴定弱酸的整个滴定过程可分为 4 个阶段。现以 0.100 0 mol/L NaOH 溶液滴定 20.00 mL 0.100 0 mol/L HAc 溶液为例介绍强碱滴定弱酸的 4 个不同阶段,已知 HAc 的pK_a = 4.74。

(1)滴定开始前

溶液中仅有 HAc 溶液,故根据 0.100 0 mol/L HAc 的离解平衡,即

$$\frac{c}{K_a} = \frac{0.100\,0}{1.8} \times 10^{-5} > 105, cK_a > 10K_w$$

$$[H^+] = \sqrt{c(HAc)K_a} = \sqrt{1.8 \times 10^{-5} \times 0.100\,0} = 1.34 \times 10^{-3}(mol/L)$$

$$pH = 2.87$$

(2)滴定开始至化学计量点前

需要注意的是,溶液中剩余的 HAc 和反应产物 Ac^- 能够组成的缓冲溶液,在计算中要予以考虑,设滴入 NaOH 溶液 19.98 mL,剩余 0.02 mL HAc,即

$$HAc + OH^- \rightleftharpoons H_2O + Ac^-$$

此时溶液为缓冲体系

$$[H^+] = K_a \frac{[HAc]}{[Ac^-]} \qquad pH = pK_a + \lg \frac{[Ac^-]}{[HAc]}$$

而

$$[HAc] = \frac{[V(HAc) - V(NaOH)]c(HAc)}{V(HAc) + V(NaOH)} = 5.00 \times 10^{-5}(mol/L)$$

$$[Ac^-] = \frac{V(NaOH)c(NaOH)}{V(HAc) + V(NaOH)} = 5.00 \times 10^{-2}(mol/L)$$

故

$$[H^+] = K_a \frac{[HAc]}{[Ac^-]} = 1.80 \times 10^{-5} \times \frac{5.00 \times 10^{-5}}{5.00 \times 10^{-2}} = 1.80 \times 10^{-8}(mol/L)$$

$$pH = 7.7$$

(3)化学计量点时

NaOH 和 HAc 完全中和,0.05 mol/L Ac^- 溶液的解离平衡为

$$Ac^- + H_2O \rightleftharpoons OH^- + HAc$$

$$c(\mathrm{Ac^-})=\frac{0.100\,0\times20.00}{20.00+20.00}=5.00\times10^{-2}(\mathrm{mol/L})$$

$$\frac{c(\mathrm{Ac^-})}{K_b}=\frac{0.05}{5.60\times10^{-10}}>105 \qquad K_b c(\mathrm{Ac^-})\gg 10K_w$$

$$[\mathrm{OH^-}]=\sqrt{K_b c(\mathrm{Ac^-})}=\sqrt{\frac{K_w}{K_b}c(\mathrm{Ac^-})}=\sqrt{5.00\times10^{-2}\times\frac{1.00\times10^{-14}}{1.80\times10^{-5}}}=5.30\times10^{-6}(\mathrm{mol/L})$$

$$\mathrm{pOH}=5.28 \qquad \mathrm{pH}=8.72$$

(4)化学计量点后

与强碱滴定强酸的情况完全相同,溶液的 pH 值根据过量的 NaOH 计算。如上所示逐一计算,把计算结果列于表5.6中。

表5.6 用0.100 0 mol/L NaOH 溶液滴定20.00 mL 0.100 0 mol/L HAc 溶液

加入 NaOH 溶液		剩余 HAc 溶液的体积 V/mL	过量 NaOH 溶液的体积 V/mL	pH	
mL	%				
0.00	0.00	20.00		2.87	
18.00	90.00	2.00		5.70	
19.80	99.00	0.20		6.73	
19.98	99.90	0.02		7.74	滴定突跃
20.00	100.00	0.00		8.72	
20.02	100.10		0.02	9.70	
20.20	101.00		0.20	10.70	
22.00	110.00		2.00	11.70	
40.00	200.00		20.00	12.50	

根据表5.6中的计算结果绘制滴定曲线,得到如图5.3所示中的曲线 $K_a=10^{-5}$,该图中的虚线为强碱滴定强酸曲线的前半部分。

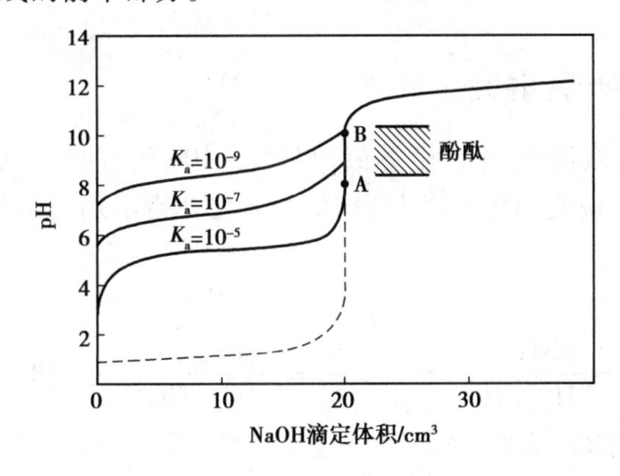

图5.3 NaOH 溶液滴定不同弱酸溶液的滴定曲线

比较图5.3中的曲线 $K_a=10^{-5}$和虚线,可以看出,滴定开始前溶液中$[\mathrm{H^+}]$就较低,pH 值较 NaOH-HCl 滴定时高,这是由 HAc 的酸性较弱决定的。滴定开始后 pH 值升高较快,这是由于和生成的 $\mathrm{Ac^-}$产生同离子效应,使 HAc 更难离解,$[\mathrm{H^+}]$较快的降低。但在继续滴入 NaOH

溶液后，由于 NaAc 不断生成，在溶液中形成弱酸及其共轭碱 $HAc-Ac^-$ 的缓冲体系，pH 值增加较慢，使这一段曲线较为平坦。当滴定接近化学计量点时，由于溶液中剩余的 HAc 已经很少，溶液的缓冲能力已逐渐减弱，于是随着 NaOH 溶液的不断滴入，溶液的 pH 值逐渐变快，到达化学计量点时，在其附近出现一个较为短小的滴定突跃。这个突跃的 pH 值为 7.74 ~ 9.70，处于碱性范围内，这是由于化学计量点时溶液中存在着大量的 Ac^-，它是弱碱，在水中发生下列质子转移反应从而使溶液显微碱性：

$$H_2O + H_2O \rightleftharpoons OH^- + H_3O^+$$

$$Ac^- + H_3O^+ \rightleftharpoons H_2O + HAc$$

$$Ac^- + H_2O \rightleftharpoons OH^- + HAc$$

强碱滴定弱酸时，滴定突跃范围较小，只能选择在弱碱性范围内变色的指示剂，如用酚酞或百里酚酞，因此在选择指示剂时受到一定的限制。强碱滴定弱酸时的滴定突跃大小取决于弱酸溶液的浓度和它的离解常数 K_a。一般来说，HAc 的离解常数 $K_a = 1.8 \times 10^{-5}$，而对于比 HAc 酸度更弱的，离解常数为 10^{-7} 左右的其他弱酸来说，则到达化学计量点时溶液的 pH 值更高，化学计量点附近的滴定突跃范围更小，如图 5.3 中的 $K_a = 10^{-7}$ 曲线。那么此时应选择变色范围 pH 值更高的指示剂，酚酞不再适合作为指示剂，而应选用百里酚酞（变色范围 pH = 9.4 ~ 10.6）。

对于更弱的被滴定酸，例如离解常数为 10^{-9} 左右（如 H_3BO_3），则其滴定到达化学计量点时，溶液的 pH 值更高，甚至在滴定曲线上已经观察不到滴定突跃。此时，已经无法用一般的酸碱指示剂来指示这类极弱酸的滴定终点，但是可以设法使弱酸的酸性增强后测定，也可以用非水滴定等方法测定。

滴定突跃的大小和被滴定酸的 K_a 值有关，也和其浓度有关，因此，如想使滴定突跃范围增大，用采用较浓的标准溶液滴定较浓的试剂，此时的滴定终点也较易判断。但上述方法对于 $K_a \approx 10^{-9}$ 的酸也无法奏效，即使用 1 mol/L 的标准碱也难以直接滴定。一般来讲，当弱酸溶液的浓度 c 和弱酸的离解常数 K_a 的乘积 $cK_a \geqslant 10^{-8}$ 时，滴定突跃可大于 0.3 个 pH 单位，指示剂颜色的变化能够被人眼辨别出，滴定可以进行，这时终点误差也在允许的 ±0.1% 以内。

5.4.3　强酸滴定一元弱碱

强酸滴定弱碱与强碱滴定弱酸相类似，现以 0.100 0 mol/L HCl 溶液滴定 20.00 mL 0.100 0 mol/L 氨水为例，说明滴定过程中 pH 值的变化及指示剂的选择。上述滴定的反应和反应常数可表述为

$$H^+ + NH_3 \rightleftharpoons NH_4^+$$

$$K_t = \frac{[NH_4^+]}{[NH_3][H^+]} = \frac{1}{K_a} = \frac{K_b}{K_w} = \frac{1.78 \times 10^{-5}}{1.00 \times 10^{-14}} = 1.78 \times 10^9$$

通过计算，可以发现该反应的反应常数较大，说明滴定反应能较完全进行。此外，各滴定点的 pH 值可通过计算求得，滴定曲线如图 5.4 所示。

$$c(HCl) = c(NH_3 \cdot H_2O) = 0.100\,0(mol/L)$$

由图 5.4 可知，强酸滴定弱碱时，滴定突跃在酸性范围内，化学计量点时，溶液的 pH 值小于 7.00，对于该例来说，化学计量点时溶液的 pH 值为 5.28，突跃范围为 4.30 ~ 6.25。对于这

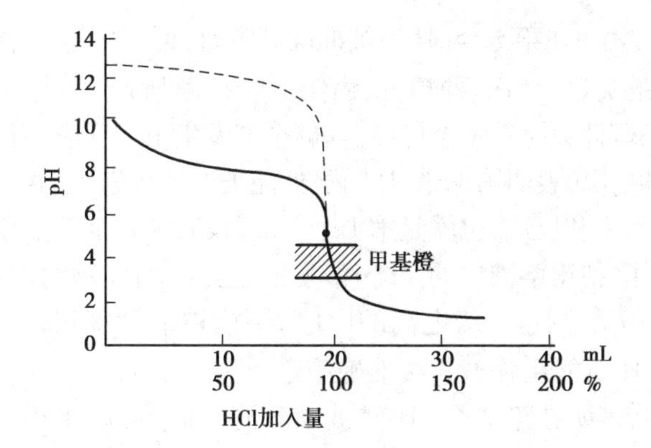

图 5.4　用 HCl 滴定 $NH_3 \cdot H_2O$ 的滴定曲线

种类型，滴定所选指示剂的变色范围应在酸性范围内，甲基红或溴甲酚绿是这类滴定中常用的指示剂。图 5.5 为 HCl 溶液滴定 Na_2CO_3 溶液的滴定曲线。

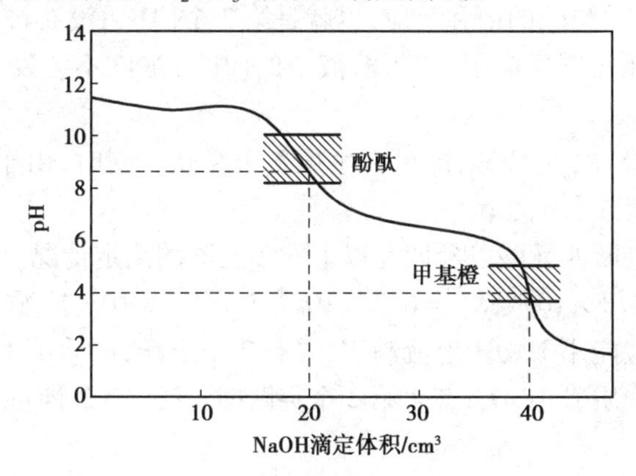

图 5.5　HCl 溶液滴定 Na_2CO_3 溶液的滴定曲线

在强酸滴定弱碱时，弱碱的 K_b 值与浓度也应满足 $cK_b \geqslant 10^{-8}$ 的条件，方可进行准确滴定。

5.4.4　多元酸碱的滴定

1）强碱滴定多元酸

由于常见的多元酸大多是弱酸，因此在水溶液中，这些多元弱酸均是分步发生离解。例如，H_3PO_4 在水中的离解可分为 3 步：

$$H_3PO_4 \rightleftharpoons H^+ + H_2PO_4^- \qquad K_{a1} = 7.6 \times 10^{-3}$$

$$H_2PO_4^- \rightleftharpoons H^+ + HPO_4^{2-} \qquad K_{a2} = 6.3 \times 10^{-8}$$

$$HPO_4^{2-} \rightleftharpoons H^+ + PO_4^{3-} \qquad K_{a3} = 4.4 \times 10^{-13}$$

既然多元弱酸的离解是分步进行的，那么当用强碱滴定多元酸时，酸碱反应是否也是分步进行的呢？答案是肯定，但二元酸是否有 2 个突跃，三元酸是否有 3 个突跃，能否进行分步滴定呢？这些多元弱酸的滴定突跃情况需要跟进下列原则来判断。

①若 $cK_{a1} < 10^{-8}$，则这一级电离的$[H^+]$不能被准确滴定；若 $cK_{a1} > 10^{-8}$，则这一级电离的$[H^+]$可被准确滴定。

②若 $K_{a1}/K_{a2} \geqslant 10^4$，表明在第 1 个$[H^+]$被准确滴定时，可产生第 1 个突跃；若 $K_{a1}/K_{a2} \leqslant 10^4$，滴定过程不能产生突跃。对于前一种情况，由第 2 步离解所产生的$[H^+]$不会干扰到第 1 个$[H^+]$与碱的中和反应，因此只是第 1 个$[H^+]$与碱全部发生中和反应，当$[H^+]$被碱消耗完全时，产生突跃。对于后一种情况，表明第 1 个$[H^+]$虽然能被准确滴定，但第 2 步离解产生的$[H^+]$会干扰第 1 个$[H^+]$与碱的中和反应，也就是第 1 个$[H^+]$没有被碱全部中和时，第 2 步离解出来的$[H^+]$就开始与碱反应了，使得溶液中的$[H^+]$浓度不会发生大的变化，即不能产生突跃。

③同理，若 $cK_{a2} < 10^{-8}$，则这一级电离的$[H^+]$不能被准确滴定；若 $cK_{a2} \geqslant 10^{-8}$，表明该酸的第 2 步电离出来的$[H^+]$能用强碱直接准确滴定。

④若 $K_{a2}/K_{a3} \geqslant 10^4$，表明在第 2 个$[H^+]$被准确滴定时，可产生第 2 个突跃，若 $K_{a2}/K_{a3} < 10^4$，滴定过程不能产生第 2 个突跃。对于前一种情况，由第 3 步离解所产生的$[H^+]$不会干扰到第 2 个$[H^+]$的滴定，因此只是第 2 个$[H^+]$与碱全部发生中和反应，当$[H^+]$被碱消耗完全时，产生突跃。对于后一种情况，表明第 2 个$[H^+]$虽然能被准确滴定，但第 3 步离解产生的$[H^+]$会干扰第 2 个$[H^+]$与碱的中和反应，也就是第 2 个$[H^+]$没有被碱完全中和时，第 3 步离解出来的$[H^+]$就开始与碱反应了，使得溶液中的$[H^+]$浓度不会发生大的变化，故不能产生第 2 个突跃。

⑤对于三元弱酸，若 $cK_{a3} \geqslant 10^{-8}$，即可产生第 3 个突跃。同时，由于没有了第 4 步离解的产生，故也就谈不上干扰或影响了。

以此类推，可进行判断四元酸以及四元以上的多元酸的滴定情况。

例如亚硫酸，$K_{a1} = 1.3 \times 10^{-2}$，$K_{a2} = 6.3 \times 10^{-8}$，$K_{a1}/K_{a2} > 10^4$，按照上述的原则进行判断，可得到以下结论：亚硫酸能用 NaOH 溶液滴定，并有 2 个突跃，产生第 1 个突跃时，即达到第 1 计量点，此时生成两性物质 $NaHSO_3$；产生第 2 个突跃时，达到第 2 计量点，此时生成多元弱酸碱 Na_2SO_3。

又比如草酸，$K_{a1} = 5.4 \times 10^{-2}$，$K_{a2} = 5.4 \times 10^{-5}$，$K_{a1}/K_{a2} < 10^4$，按照上述的原则进行判断，可得到以下结论：氢硫酸第 1 计量点时不能产生突跃，只有第 2 计量点时才产生突跃。因此，在用 NaOH 溶液滴定时，只能产生 1 个突跃，即到达计量点时生成多元弱酸碱 $Na_2C_2O_4$，许多有机弱酸，如琥珀酸、酒石酸、柠檬酸等，由于相邻离解常数之比都太小，不能分步滴定，但因最后一级常数都大于 10^{-7}，因此能用 NaOH 溶液滴定最后一个$[H^+]$时形成突跃。

对于用 0.10 mol/L 的 NaOH 溶液滴定 20.00 mL 的 0.10 mol/L 的 H_3PO_4 时的情况。由于 $cK_{a1} > 10^{-8}$，$K_{a1}/K_{a2} > 10^4$，且 $cK_{a2} \approx 10^{-8}$，$K_{a2}/K_{a3} > 10^4$，因此，按照上述的原则进行判断，能分步滴定，共产生 2 个突跃，但第 2 计量点突跃不够明显，此外，又由于 $cK_{a3} < 10^{-8}$，因而不会产生第 3 个突跃。

对于多元酸来说，计算其滴定曲线的过程比较复杂，一般会采用 pH 计测定滴定过程中 pH 值的变化情况，并根据此数值绘制滴定曲线。在酸碱滴定过程中，指示剂的选择也是通过计算滴定曲线上计量点的 pH 值来确定的。

例如，用 NaOH 标准溶液滴定 H_3PO_4 时，第 1 计量点时的 pH 值可以通过以下方式来计算，由于此时反应生成物是 NaH_2PO_4 两性物质，故

$$[H^+] = \sqrt{K_{a1}K_{a2}}$$

$$pH = \frac{1}{2}(pK_{a1} + pK_{a2}) = \frac{1}{2}(2.12 + 7.20) = 4.66$$

根据计量点的 pH 值,此时可选溴甲酚绿、甲基红等作指示剂,若选用甲基橙为指示剂,应采用同浓度的 NaH_2PO_4 溶液为参比,误差可小于 0.5%。

第 2 计量点时,反应生成物为两性物质 Na_2HPO_4,故

$$[H^+] = \sqrt{K_{a2}K_{a3}}$$

$$pH = \frac{1}{2}(pK_{a2} + pK_{a3}) = \frac{1}{2}(7.20 + 12.36) = 9.78$$

根据计量点的 pH 值,此时可选酚酞、百里酚酞等作指示剂。

2)强酸滴定多元碱

强酸滴定多元碱的情况与强碱滴定多元酸的情况相似。现以 0.10 mol/L 的 HCl 滴定 0.10 mol/L的 Na_2CO_3 溶液为例进行讨论。该滴定反应分 2 步进行:

$$H^+ + CO_3^{2-} \rightleftharpoons HCO_3^- \qquad K_{b1} \cdot K_{a2} = K_w$$

$$H^+ + HCO_3^- \rightleftharpoons H_2CO_3 \qquad K_{a1} \cdot K_{b2} = K_w$$

$$K_{b1} = \frac{K_w}{K_{a2}} = \frac{1.00 \times 10^{-14}}{5.6 \times 10^{-11}} = 1.8 \times 10^{-4}$$

$$K_{b2} = \frac{K_w}{K_{a1}} = \frac{1.00 \times 10^{-14}}{4.2 \times 10^{-7}} = 2.4 \times 10^{-8}$$

因 $cK_{b1} = 1.8 \times 10^{-5} > 10 \times 10^{-8}$,$cK_{b2} = 2.4 \times 10^{-9} \approx 2.4 \times 10^{-8}$,$K_{b1}/K_{b2} \approx 10^4$,故 Na_2CO_3 可被 HCl 标准溶液直接滴定。

当滴定达到第 1 计量点时,生成两性物质 $NaHCO_3$,可以计算得到此时溶液的 pH 值:

$$pH = \frac{1}{2}(pK_{a1} + pK_{a2}) = \frac{1}{2}(6.38 + 10.25) = 8.32$$

按照第 1 计量点时溶液的 pH 值,可选用酚酞作为指示剂,但由于生成的 $NaHCO_3$ 具有缓冲作用,且 K_{b1}/K_{b2} 较小,因此滴定突跃不明显。此时,为了准确判断第 1 计量点,增加滴定准确度,可采用相同浓度的 $NaHCO_3$ 作为参比溶液或采用变色点为 8.30 的甲酚红-百里酚蓝混合指示剂。

当滴定达到第 2 计量点时,溶液变为 CO_2 的饱和溶液,其中 H_2CO_3 的浓度为 0.04 mol/L。

$$[H^+] = \sqrt{K_{a1} \cdot c(H_2CO_3)} = \sqrt{4.2 \times 10^{-7} \times 0.04} = 1.3 \times 10^{-4}(mol/L)$$

$$pH = -\lg[H^+] = -\lg 1.3 \times 10^{-4} = 3.89$$

根据第 2 计量点时溶液的 pH 值,可选用甲基橙为指示剂,但由于这时 CO_2 易形成过饱和溶液,滴定反应生成的 H_2CO_3 无法迅速及时的转变为 CO_2,使溶液的酸度增大,导致变色不明显,难以正确的判断滴定终点,因此,针对这种滴定情况,在快达到第 2 计量点时,应采用剧烈摇动搅拌等方式,促进 H_2CO_3 迅速转变分解为 CO_2;或在临近终点时,加热煮沸除去溶液中的 CO_2,降低溶液中 CO_2 的饱和度,待溶液冷却后再继续滴定至终点;还可采用已形成 CO_2 饱和且含有相同浓度的 NaCl 溶液作为参比,并采用相同的指示剂。

由此可见,酸碱滴定过程中,根据酸碱溶液强弱的不同,溶液的 pH 值呈现出不同的变化情况,具有不同的滴定曲线,而随着滴定的进行,生动地体现了由量变到质变的辩证规律。因此,为了取得准确的酸碱滴定结果,必须选用最适宜的指示剂,并掌握滴定过程的 pH 值变化情况,绘制出滴定曲线,特别需要注意的是,在计量点前后,应注意不足 0.1% 和过量 0.1% 时的 pH 值变化情况。

5.5 酸碱滴定的应用和计算

5.5.1 酸碱标准溶液配制与标定

标准溶液指已知准确浓度的溶液。酸碱滴定中最常用的标准溶液是 HCl 和 NaOH,也可用 H_2SO_4、HNO_3、KOH 等其他强酸或强碱,其配置方法通常可采用直接法和间接法。HCl 和 NaOH 标准溶液在酸碱滴定中最常用,但由于 HCl 易挥发,NaOH 固体易吸收空气中的 CO_2 和水蒸气,因此,酸碱标准溶液一般不是直接配置,而是先配成近似浓度,再用基准物质标定。

1)酸标准溶液

可用盐酸、硫酸来配制酸标准溶液,由于稀盐酸的稳定性较好,同时其不显氧化性(不会破坏指示剂),因此,盐酸是最常用的酸标准溶液,最常用的浓度为 0.10 mol/L,也有 1 mol/L 或低至 0.01 mol/L 的 HCl 标准溶液。HCl 标准溶液相当稳定,因此,妥善保存的 HCl 标准溶液,其浓度可保持经久不变。

对 HCl 标准溶液的标定过程中,经常用无水 Na_2CO_3 和硼砂作为基准物。

(1)*无水* Na_2CO_3

其优点是容易获得纯品,一般可用市售的"基准物"级试剂 Na_2CO_3 作基准物,但由于 Na_2CO_3 易吸收空气中的水分,因此,用前应在 270 ℃左右干燥,然后密封于瓶内,保存在干燥器中备用。称量时动作要快,以免吸收空气中的水分而引起误差。

用 Na_2CO_3 标定 HCl 溶液,利用下述反应,用甲基橙指示终点:

$$Na_2CO_3 + 2HCl = 2NaCl + CO_2\uparrow + H_2O$$

Na_2CO_3 基准物的缺点是容易吸水,由于称量而造成的误差也稍大,此外终点时变色也不够敏锐。

(2)*硼砂*($Na_2B_4O_7 \cdot 10H_2O$)

其优点是容易制得纯品,不易吸水,由于称量而造成的误差较小。但当空气中相对湿度小于 39% 时,容易失去结晶水,因此应把它保存在相对湿度为 60% 的恒湿器中。

硼砂基准物的标定反应如下,其以甲基橙指示终点,变色明显:

$$Na_2B_4O_7 + 2HCl + 5H_2O = 4H_3BO_3 + 2NaCl$$

2)碱标准溶液

氢氧化钠是常用的碱标准溶液,但它的吸湿性和吸收 CO_2 的能力较强,导致标准溶液中含有 Na_2CO_3,此外,NaOH 还可能含有硫酸盐、硅酸盐、氯化物等杂质。

含有 Na_2CO_3 的标准碱溶液在用甲基橙作指示剂滴定强酸时,不会因 Na_2CO_3 的存在而引起误差。如果用来滴定弱酸,用酚酞作指示剂,滴到酚酞出现浅红色时,Na_2CO_3 仅交换 1 个质子,即作用到生成的 $NaHCO_3$,于是就会引起一定的误差。因此,应配制和使用不含 CO_3^{2-} 的标准碱溶液。

配制不含 CO_3^{2-} 的标准碱溶液最常用的方法是取一份纯净的 NaOH 加入水中，搅拌，使之溶解，配成50%的浓溶液。在这种浓溶液中 Na_2CO_3 的溶解度很小，待 Na_2CO_3 沉降后，吸取上层澄清液，稀释至所需浓度。

由于 NaOH 固体一般只在其表面形成一薄层 Na_2CO_3，因此也可称取较多的 NaOH 固体于烧杯中，以蒸馏水洗涤2~3次，每次用水少许，以洗去表面的少许 Na_2CO_3，倾去洗涤液，留下固体 NaOH，配成所需浓度的碱溶液。为了配制不含 CO_3^{2-} 的标准碱溶液，所用蒸馏水也应不含 CO_3^{2-}。

在实际使用中，还经常采用间接法配制 NaOH 标准溶液，即先配成近似的浓度，然后加以标定。为了标定 NaOH 溶液，可用 $H_2C_2O_4 \cdot 2H_2O$、KHC_2O_4、苯甲酸等各种基准物。最常用的基准物是邻苯二甲酸氢钾。这种基准物容易用重结晶法制得纯品，不含结晶水，不吸潮，易保存。标定时，由于称量而造成的误差也较小，因而准确度较高。

标定反应为

$$C_6H_4(COOH)(COOK) + NaOH \rightleftharpoons C_6H_4(COONa)(COOK) + H_2O$$

由于邻苯二甲酸的 $pK_a = 5.54$，因此采用酚酞指示终点时，变色相对敏锐。

3)工业硫酸的测定

硫酸是重要的化工产品，也是一种基本的工业原料，广泛应用于轻工、化工、制药及国防科研等领域中，在国民经济中占有非常重要的地位。H_2SO_4 是一种强酸，可用 NaOH 标准溶液直接滴定，滴定反应为

$$2NaOH + H_2SO_4 \longrightarrow Na_2SO_4 + 2H_2O$$

上述滴定过程一般可选用甲基橙、甲基红等作为指示剂，国家标准 GB 11198.1—89 中规定使用甲基红-亚甲基蓝混合指示剂。其质量分数的计算公式为

$$w(H_2SO_4) = \frac{c(NaOH)V(NaOH)M(\frac{1}{2}H_2SO_4)}{1\ 000\ m_s}$$

式中　$V(NaOH)$——消耗 NaOH 标准溶液的体积，mL；

$c(NaOH)$——NaOH 标准溶液的浓度，mol/L；

$M(1/2H_2SO_4)$——49.04 g/mol；

m_s——H_2SO_4 试样的质量，g；

$w(H_2SO_4)$——工业硫酸试样中 H_2SO_4 的质量分数，%。

4)混合碱的测定

混合碱包括工业纯碱、烧碱等，其组成多种多样，可能是纯的 Na_2CO_3，也可能是 Na_2CO_3 和 $NaHCO_3$ 的混合物，或是 Na_2CO_3 和 NaOH 的混合物。对于单一组分的混合碱，可采用 HCl 标准溶液直接滴定；对于由两种组分混合物形成的混合碱，则可用双指示剂法测定。

在双指示剂法滴定过程中，取一定量的混合碱试样，溶解后先以酚酞为指示剂，用 HCl 标准溶液滴定至粉红色消失，消耗 HCl 标准溶液的体积为 V_1，然后以甲基橙为指示剂，继续用 HCl 标准溶液滴定至溶液由黄色变为橙红色，此时又消耗的 HCl 标准溶液的体积为 V_2，根据

两个终点所消耗的 HCl 标准溶液的体积来计算混合碱的组成及各组分含量，其滴定反应为

$$NaOH + HCl \longrightarrow NaCl + H_2O$$

$$Na_2CO_3 + HCl \longrightarrow NaHCO_3 + NaCl(\text{酚酞变色})$$

$$NaHCO_3 + HCl \longrightarrow CO_2 + H_2O + NaCl(\text{甲基橙变色})$$

V_1 和 V_2 的关系	试样的组成
$V_1 \neq 0, V_2 = 0$	NaOH
$V_1 = 0, V_2 \neq 0$	$NaHCO_3$
$V_1 = V_2 \neq 0$	Na_2CO_3
$V_1 > V_2 > 0$	$NaOH + Na_2CO_3$
$V_2 > V_1 > 0$	$NaOH + NaHCO_3$

①若 $V_1 > V_2$，混合碱由 NaOH 和 Na_2CO_3 组成，第一终点（酚酞变色）时发生的反应为

$$NaOH + HCl \longrightarrow NaCl + H_2O$$

$$Na_2CO_3 + HCl \longrightarrow NaHCO_3 + NaCl$$

第二终点（甲基橙变色）时所发生的反应为

$$NaHCO_3 + HCl \longrightarrow CO_2 + H_2O + NaCl$$

因此

$$w(Na_2CO_3) = \frac{c(HCl)V_2M(Na_2CO_3)}{1\,000m_s}$$

$$w(NaOH) = \frac{c(HCl)(V_1 - V_2)M(NaOH)}{1\,000m_s}$$

式中 m_s——试样的质量。

②若 $V_1 < V_2$，表面混合碱由 Na_2CO_3 和 $NaHCO_3$ 组成，第一终点（酚酞变色）时发生的反应为

$$Na_2CO_3 + HCl \longrightarrow NaHCO_3 + NaCl$$

第二终点（甲基橙变色）时所发生的反应为

$$NaHCO_3 + HCl \longrightarrow CO_2 + H_2O + NaCl$$

因此

$$w(Na_2CO_3) = \frac{c(HCl)V_1M(Na_2CO_3)}{1\,000m_s}$$

$$w(NaHCO_3) = \frac{c(HCl)(V_2 - V_1)M(NaHCO_3)}{1\,000m_s}$$

5.5.2 示例

1）硼酸的测定

硼酸是一种极弱的酸（$K_{a1} = 5.8 \times 10^{-10}$），因 $cK_{a1} < 10^{-8}$，故不能用标准碱溶液直接滴定，但是 H_3BO_3 可与某些多羟基化合物，如乙二醇、丙三醇、甘露醇等反应生成络合酸，增加酸的强度。

$$2\begin{array}{c}\mathrm{H}\\|\\\mathrm{R{-}C{-}OH}\\|\\\mathrm{R{-}C{-}OH}\\|\\\mathrm{H}\end{array}+H_3BO_3 = H\left[\begin{array}{ccccc}\mathrm{H} & & & & \mathrm{H}\\| & & & & |\\\mathrm{R{-}C{-}O} & & & & \mathrm{O{-}C{-}R}\\| & \diagdown & \mathrm{B} & \diagup & |\\\mathrm{R{-}C{-}O} & \diagup & & \diagdown & \mathrm{O{-}C{-}R}\\| & & & & |\\\mathrm{H} & & & & \mathrm{H}\end{array}\right]+3H_2O$$

这种络合酸的离解常数约为 10^{-6}，使弱酸得到强化，用 NaOH 标准溶液滴定时化学计量点的 pH 值约为 9，可用酚酞或百里酚酞指示终点。

2）铵盐的测定

硫酸铵、氯化铵都是常见的铵盐，肥料、土壤以及一些含氮有机物质（如饲料、蛋白质的食品以及生物碱等）常常需要测定其中的氮含量，通常是将样品先经过适当的处理，使其中的含氮化合物全部转化为 NH_4^+，再采用蒸馏法或甲醛法间接测定，由于 NH_4^+ 的 $pK_a=9.26$，不能用标准碱溶液进行直接滴定，但可用下列方法测定铵盐。

（1）*蒸馏法*

蒸馏法即置铵盐试样于蒸馏瓶中，加入过量 NaOH 溶液后加热煮沸，蒸馏出的 NH_3 吸收在过量的 H_2SO_4 标准溶液或 HCl 标准溶液中，过量的酸用 NaOH 标准溶液回滴，用甲基红或甲基橙指示终点，测定过程的反应式如下：

$$NH_4^+ + OH^- \longrightarrow NH_3\uparrow + H_2O$$

$$NH_3 + HCl \longrightarrow NH_4^+ + Cl^-$$

$$NaOH + HCl(\text{剩余}) \longrightarrow NaCl + H_2O$$

也可用硼酸溶液吸收蒸馏出的 NH_3，生成 $H_2BO_3^-$ 是较强的碱，可用标准酸溶液滴定，用甲基红和溴甲酚绿混合指示剂指示终点。使用硼酸吸收 NH_3 的改进方法，仅需配制一种标准溶液，测定过程的反应式如下：

$$NH_3 + H_3BO_3 \longrightarrow NH_4^+ + H_2BO_3^-$$

$$HCl + H_2BO_3^- \longrightarrow H_3BO_3 + Cl^-$$

（2）*甲醛法*

较为简便的 NH_4^+ 测定方法是甲醛法，甲醛与 $NH_4{}^+$ 有如下反应：

$$4NH_4^+ + 6HCHO = (CH_2)_6N_4H^+ + 3H^+ + 6H_2O$$

生成物 H^+ 是六亚甲基四胺的共轭酸，可用碱直接滴定。计算结果时应注意反应中 4 个 NH_4^+ 反应后生成 4 个可与碱作用的 H^+，因此，当用 NaOH 滴定时，NH_4^+ 与 NaOH 的化学计量关系为 1∶1。由于反应产物六亚甲基四胺是一种极弱的有机弱碱，可用酚酞指示终点，溶液出现淡红色即为终点。

蒸馏法操作烦琐，分析流程长，但准确度较高。甲醛法简便、快捷，准确度比蒸馏法稍差，但可满足工、农业生产要求，应用较广。

3）克氏定氮法

含氮的有机物质（如面粉、谷物、肥料、肉类中的蛋白质、饲料以及合成药物等）常通过克氏定氮法测定氮含量，以确定其氨基态氮或蛋白质的含量。

测定时将试样与浓硫酸共煮，进行消化分解，并加入硫酸钾，提高沸点，以促进分解过程，

使有机物转化成 CO_2 或 H_2O，所含的氮在硫酸铜或汞盐催化下成为 NH_4^+，即

$$C_mH_nN \xrightarrow{H_2SO_4、K_2SO_4、CuSO_4} CO_2\uparrow + H_2O + NH_4^+$$

溶液以过量的 NaOH 碱化后，再以蒸馏法测定 NH_4^+。

克氏定氮法是酸碱滴定在有机物分析中的重要应用，尽管该方法在定氮过程中，消化与蒸馏操作较为费时，而且已有更快的测定蛋白质的方法，也有氨基酸自动分析仪商品出售，但在《中华人民共和国药典》和国际标准方法中，仍确认克氏定氮法为标准检验方法。

【例 5.8】 吸取食醋试样 3.50 mL，加适量的水稀释后，以酚酞为指示剂，用 0.115 0 mol/L HCl 溶液滴定至终点，用去 20.22 mL，求食醋中总酸量（以 HAc 表示）。

解 食醋试样中总酸量（HAc）为

$$\frac{c(\mathrm{NaOH})V(\mathrm{NaOH})M(\mathrm{HAc})}{1\,000V_s/100}=\frac{0.115\,0\times 20.22\times 60.05\times 100}{1\,000\times 3.50}=3.99\ \mathrm{g/100\ mL}$$

食醋中的总酸量为 3.99 g/100 mL。

【例 5.9】 称取含有惰性杂质的混合碱试样 0.301 0 g，以酚酞为指示剂，用 0.106 0 mol/L HCl 溶液滴定至终点，用去 20.10 mL，继续用甲基橙为指示剂，滴定至终点时又用去 HCl 溶液 27.60 mL，问试样由何种成分组成（除惰性杂质外），各成分含量为多少？

解 本题进行的是双指示剂法的测定，其中 HCl 用量 $V_1=20.10$ mL，$V_2=27.60$ mL，根据滴定的体积关系（$V_2>V_1>0$），此混合碱试样是由 Na_2CO_3 和 $NaHCO_3$ 所组成。

$$Na_2CO_3\text{ 的质量分数}=\frac{1}{2}\times\frac{c(\mathrm{HCl})\cdot 2V_1M(Na_2CO_3)}{1\,000m_s}$$

$$=\frac{0.106\,0\times 2\times 20.10\times 105.99}{2\times 1\,000\times 0.301\,0}=0.750\,2=75.02\%$$

$$NaHCO_3\text{ 的质量分数}=\frac{1}{1}\times\frac{c(\mathrm{HCl})\cdot (V_2-V_1)M(NaHCO_3)}{1\,000m_s}$$

$$=\frac{0.106\,0\times(27.60-20.10)\times 84.01}{1\,000\times 0.301\,0}=0.221\,9=22.19\%$$

试样中含 Na_2CO_3 和 $NaHCO_3$ 的质量分数分别为 75.02% 和 22.19%。

【例 5.10】 准确称取硼酸试样 0.503 4 g 置于烧杯中，加沸水使其溶解，加入甘露醇，然后用酚酞作为指示剂，用 0.251 mol/L NaOH 标准溶液滴定至终点，用去 32.16 mL，计算试样中 H_3BO_3 的质量分数以及以 B_2O_3 表示的含量。

解

$$H_3BO_3\text{ 的质量分数}=\frac{1}{1}\times\frac{c(\mathrm{NaOH})\cdot V(\mathrm{NaOH})\cdot M(H_3BO_3)}{1\,000m_s}$$

$$=\frac{0.251\,0\times 32.16\times 61.83}{1\,000\times 0.503\,4}=0.991\,5=99.15\%$$

$$B_2O_3\text{ 的质量分数} = \frac{1}{2} \times \frac{c(NaOH) \cdot V(NaOH) M(B_2O_3)}{1\,000 m_s}$$

$$= \frac{0.251\,0 \times 32.16 \times 69.62}{2 \times 1\,000 \times 0.503\,4} = 0.558\,2 = 55.82\%$$

试样中 H_3BO_3 质量分数分别为 99.15%，以 B_2O_3 表示的含量为 55.82%。

【例 5.11】 称取粗铵盐 1.303 4 g，加过量 NaOH 溶液，产生的氨经蒸馏吸收在 100.00 mL 的 0.214 5 mol/L 的 HCl 溶液中，过量的 HCl 用 0.221 4 mol/L 的 NaOH 标准溶液反滴定，用去 3.04 mL，计算试样中 NH_3 的含量。

解

$$NH_3\text{ 的质量分数} = \frac{1}{1} \times \frac{[c(HCl)V(HCl) - c(NaOH) \cdot V(NaOH)]M(NH_3)}{1\,000\, m_s}$$

$$= \frac{(0.214\,5 \times 100.00 - 0.221\,4 \times 3.04) \times 17.03}{1\,000 \times 1.303\,4}$$

$$= 0.271\,5 = 27.15\%$$

NH_3 的质量分数为 27.15%。

【例 5.12】 称取纯 $CaCO_3$ 0.500 0 g，溶于 50.00 mL HCl 溶液中，多余的酸用 NaOH 溶液回滴，消耗 6.20 mL NaOH 溶液。1 mL NaOH 溶液相当于 1.010 mL HCl 溶液。求两种溶液的浓度。

解 6.20 mL NaOH 溶液相当于 6.20 × 1.010 = 6.26 mL HCl 溶液，因此，与 $CaCO_3$ 反应的 HCl 溶液的体积实际为 50.00 − 6.26 = 43.74 mL。

设 HCl 溶液和 NaOH 溶液的浓度分别为 c_1 和 c_2，已知 $M(CaCO_3) = 100.1$ g/mol，根据反应式：

$$CaCO_3 + 2HCl = Ca^{2+} + 2Cl^- + CO_2 + H_2O$$

$CaCO_3$ 与 HCl 的化学计量关系为

$$2n(CaCO_3) = n(HCl)$$

$$c_1 \times 43.74 \times 10^{-3} = 2 \times 0.500\,0/100.1$$

$$c_1 = 0.228\,4(\text{mol/L})$$

$$c_2 \times 1.0 \times 10^{-3} = 0.228\,4 \times 1.010 \times 10^{-3}$$

$$c_2 = 0.230\,7(\text{mol/L})$$

因此，HCl 溶液浓度为 0.228 4 mol/L，NaOH 溶液浓度为 0.230 7 mol/L。

【例 5.13】 称取混合碱(Na_2CO_3 和 NaOH 或 Na_2CO_3 和 $NaHCO_3$ 的混合物)试剂 1.200 g,溶于水,用 0.500 0 mol/L HCl 溶液滴定至酚酞褪色,用去 30.00 mL。然后加入甲基橙,继续滴加 HCl 溶液至呈现橙色,又用去 5.00 mL。试样中含有何种组分?其百分含量各为多少?

解 当滴定到酚酞变色时,NaOH 已完全中和,Na_2CO_3 只作用到 $NaHCO_3$,仅获得 1 个质子:

$$Na_2CO_3 + HCl = NaHCO_3 + NaCl \quad (1)$$

在用甲基橙作指示剂继续滴定到变橙色时,$NaHCO_3$ 又获得一个质子,变为 H_2CO_3:

$$NaHCO_3 + HCl = NaCl + H_2CO_3 \quad (2)$$

如果试样中仅含有 Na_2CO_3 一种组分,则滴定到酚酞褪色时所消耗的酸与继续滴定到甲基橙变色时所消耗的酸应该相等。如今滴定到酚酞褪色时消耗的酸较多,可见试样中除 Na_2CO_3 以外还含有 NaOH。30.00 − 5.00 = 25.00 mL 为滴定 NaOH 所耗用的酸。

设 NaOH 的含量为 $x\%$,则

$$0.500\,0 \times 25.00 \times 10^{-3} = \frac{1.200 \times \frac{x}{100}}{40.01} \qquad x = 41.68$$

与 Na_2CO_3 作用所消耗的酸为 5.00 × 2 = 10.00 mL,设 Na_2CO_3 的含量为 $y\%$。根据反应式(1)和(2),总反应式为

$$Na_2CO_3 + 2HCl = CO_2 + H_2O + 2NaCl$$

$$0.500\,00 \times 10.00 \times 10^{-3} = 2 \times \frac{1.200 \times \frac{y}{100}}{106.0}$$

$$y = 22.08$$

试样中含 NaOH 41.68%,含 Na_2CO_3 22.08%。

【例 5.14】 分别以 Na_2CO_3 和硼砂($Na_2B_4O_7 \cdot 10H_2O$)标定 HCl 溶液(大约浓度为 0.2 mol/L),希望用去的 HCl 溶液约为 25 mL。已知天平本身的称量误差为 ±0.1 mg(绝对误差 0.2 mg),从减少称量误差所占的百分比考虑,选择哪种基准物较好?

解 欲使 HCl 耗量为 25 mL,需称取两种基准物质量 m_1 和 m_2 可计算如下:

$$Na_2CO_3 + 2HCl = CO_2 + H_2O + 2NaCl$$

$$0.2 \times 25 \times 10^{-3} = 2 \times \frac{m_1}{106.0}$$

$$m_1 = 0.265\,0 \approx 0.26(\text{g})$$

$$Na_2B_4O_7 \cdot 10H_2O + 2HCl = 4H_3BO_3 + 5H_2O + 2NaCl$$

$$0.2 \times 25 \times 10^{-3} = 2 \times \frac{m_2}{381.4}$$

$$m_2 = 0.953\,5 \approx 1(\text{g})$$

可见以 Na_2CO_3 标定 HCl 溶液，需称 0.26 g 左右，由于天平本身的称量误差为 0.2 mg，称量误差为 $0.2\times10^{-3}/0.26=7.7\times10^{-4}\approx0.08\%$。同理，对于硼砂，称量误差约为 0.02%。可见 Na_2CO_3 的称量误差约为硼砂的 4 倍，故选用硼砂作为标定 HCl 溶液的基准物更为理想。

【例 5.15】 称取 0.500 0 g 牛奶样品，用浓硫酸消化，将氮转化为 NH_4HSO_4，加浓碱蒸出 NH_3，NH_3 用过量硼酸吸收，然后用浓度为 0.186 0 mol/L 的 HCl 标准溶液滴定，用去10.50 mL，请计算此牛奶中氮的质量分数。

解 $w(N)=\dfrac{c(HCl)V(HCl)M(N)}{1\,000m_s}=\dfrac{0.186\,0\times10.50\times14.01}{1\,000\times0.500\,0}=0.054\,72$

【例 5.16】 取混合碱液 1.00 mL，加适量水后再加酚酞指示剂，用 0.300 0 mol/L HCl 标准溶液滴定至酚酞变色时，消耗 HCl 溶液 28.40 mL，再加入甲基橙指示剂，继续用同浓度的 HCl 滴定至甲基橙变色，又消耗 HCl 溶液 3.60 mL，请确定此碱液是何混合物，并计算各组分的质量分数。[已知 $M(NaOH)=40.01$ g/mol，$M(Na_2CO_3)=106.0$ g/mol，$M(NaHCO_3)=84.01$ g/mol]

解 若以酚酞作为指示剂时消耗 HCl 溶液的体积是 V_1，以甲基橙作为指示剂时消耗 HCl 溶液的体积是 V_2，现 $V_1>V_2$，因此，此碱液是 NaOH 和 Na_2CO_3 的混合物，各组分的质量分数计算如下：

$$w(Na_2CO_3)=\frac{0.300\,0\times3.60\times10^{-3}\times106.0}{1.200\times1.00}=0.095\,4$$

$$w(NaOH)=\frac{0.300\,0\times(28.40-3.60)\times10^{-3}\times40.01}{1.200\times1.00}=0.248\,1$$

本章小结

通过本章的学习，我们掌握了混合指示剂、滴定曲线、滴定突跃和滴定误差的基本概念，掌握了酸碱指示剂的变色原理，选择指示剂的原则，影响滴定突跃范围的因素，酸碱滴定的可行性，分为强碱滴定一元弱酸和强酸滴定一元弱碱及多元酸碱的滴定。学习了酸碱溶液 pH 值的计算，包括一元弱酸和弱碱。

复习思考题

一、选择题

1. 有下列水溶液：①0.01 mol/L CH_3COOH 溶液；②0.01 mol/L CH_3COOH 溶液和等体积

0.01 mol/L HCl 溶液混合；③0.01 mol/L CH_3COOH 溶液和等体积 0.01 mol/L NaOH 溶液混合；④0.01 mol/L CH_3COOH 溶液和等体积 0.01 mol/L NaAc 溶液混合。则它们的 pH 值由大到小的正确顺序是(　　)。

A. ①>②>③>④　　B. ①>③>②>④
C. ④>③>②>①　　D. ③>④>①>②

2. 按质子理论，下列哪种物质不具有两性。(　　)

A. HCO_3^-　　B. CO_3^{2-}　　C. HPO_4^{2-}　　D. HS^-

3. 下列各组混合液中，可作为缓冲溶液使用的是(　　)。

A. 0.1 mol/L HCl 与 0.1 mol/L NaOH 等体积混合
B. 0.1 mol/L HAc 与 0.1 mol/L NaAc 等体积混合
C. 0.1 mol/L $NaHCO_3$ 与 0.1 mol/L NaOH 等体积混合
D. 0.1 mol/L $NH_3 \cdot H_2O$ 与 0.1 mol/L NH_4Cl 及水 1 mL 相混合

4. 将 pH=1.0 与 pH=3.0 的两种溶液以等体积混合后，溶液的 pH 值为(　　)。

A. 0.3　　B. 1.3　　C. 1.5　　D. 2.0

5. 乙醇胺($HOCH_2CH_2NH_2$)和乙醇胺盐配置缓冲溶液的有效缓冲范围是(　　)。(乙醇胺的 $pK_b=4.50$)

A. 6~8　　B. 3.5~5.5　　C. 10~12　　D. 8~10

6. 酸碱滴定中，选择指示剂的原则是(　　)。

A. 指示剂的变色范围与化学计量点完全相符
B. 指示剂应在 pH=7.00 时变色
C. 指示剂变色范围应全部落在滴定突跃范围之内
D. 指示剂的变色范围应全部或部分落在滴定突跃范围之内

7. 用 0.100 0 mol/L NaOH 滴定 0.100 0 mol/L $H_2C_2O_4$，应选下面哪种为指示剂(　　)。

A. 甲基橙　　B. 甲基红　　C. 酚酞　　D. 溴甲酚绿

8. 标定 HCl 和 NaOH 溶液常用的基准物质是(　　)。

A. 硼砂和 EDTA　　B. 草酸和 $K_2Cr_2O_7$
C. $CaCO_3$ 和草酸　　D. 硼砂和邻苯二甲酸氢钾

9. Na_2CO_3 和 $NaHCO_3$ 混合物可用 HCl 标准溶液来测定，测定过程中两种指示剂的滴加顺序为(　　)。

A. 酚酞、甲基橙　　B. 甲基橙、酚酞
C. 酚酞、百里酚蓝　　D. 百里酚蓝、酚酞

10. 某混合碱的样品溶液用 HCl 标准溶液滴定，当用酚酞作指示剂时，需 12.84 mL 到达终点；若用甲基橙作指示剂，同样体积的样品溶液需用同样的 HCl 标准溶液 28.24 mL。则混合溶液中的组分应是(　　)。

A. Na_2CO_3+NaOH　　B. $NaHCO_3$
C. $Na_2CO_3+NaHCO_3$　　D. Na_2CO_3

二、填空题

1. HS^-、CO_3^{2-}、$H_2PO_4^-$、NH_3、H_2S、NO_2^-、HCl、Ac^-、H_2O 中，根据酸碱质子理论，属于酸的

有__________，属于碱的有__________，既是酸又是碱的有__________。

2. 在0.10 mol/L $NH_3 \cdot H_2O$ 溶液中，浓度最大的物质是__________，浓度最小的物质是__________。加入少量的 $NH_4Cl(s)$ 后，$NH_3 \cdot H_2O$ 的解离度将__________，溶液的 pH 值将__________，H^+ 的浓度将__________。

3. 已知吡啶的 $K_b = 1.7 \times 10^{-9}$，其共轭酸的 $K_a =$__________。

4. 同浓度的 NaCl、$NaHCO_3$、Na_2CO_3、NH_4Cl 水溶液中，pH 值最高的是__________。

5. 某混合碱滴定至酚酞变色时消耗 HCl 溶液 11.43 mL，滴定至甲基橙变色时又用去 HCl 溶液 14.02 mL，则该混合碱的主要成分是__________和__________。

6. 硼酸是__________元弱酸。因其酸性太弱，在定量分析中将其与__________反应，可使硼酸的酸性大为增强，此时溶液可用强碱以酚酞为指示剂进行滴定。

7. 最理想的指示剂应是恰好在__________时变色的指示剂。

三、判断题

1. 在浓度均为 0.01 mol/L 的 HCl、H_2SO_4、NaOH 和 NH_4Ac 这 4 种水溶液中，H^+ 和 OH^- 离子浓度的乘积均相等。 (　　)

2. 稀释可以使醋酸的解离度增大，因而可使其酸性增强。 (　　)

3. 溶液的酸度越高，其 pH 值就越大。 (　　)

4. 在共轭酸碱体系中，酸、碱的浓度越大，则其缓冲能力越强。 (　　)

5. 酸碱指示剂在酸性溶液中呈现酸色，在碱性溶液中呈现碱色。 (　　)

6. 无论何种酸或碱，只要其浓度足够大，都可被强碱或强酸溶液定量滴定。 (　　)

7. 在滴定分析中，计量点必须与滴定终点完全重合，否则会引起较大的滴定误差。 (　　)

8. 各种类型的酸碱滴定，其化学计量点的位置均在突跃范围的中点。 (　　)

四、计算题

1. 以 0.200 0 mol/L NaOH 标准溶液滴定 0.200 0 mol/L 邻苯二甲酸氢钾溶液，近似计算滴定前及滴定剂加入至50%和100%时溶液的 pH 值。(已知邻苯二甲酸的 $K_{a1} = 1.3 \times 10^{-3}$，$K_{a2} = 3.9 \times 10^{-6}$)

2. 有一浓度为 0.100 0 mol/L 的三元酸，其 $pK_{a1} = 2$，$pK_{a2} = 6$，$pK_{a3} = 12$，能否用 NaOH 标准溶液分步滴定？如能，能滴至第几级，并计算计量点时的 pH 值，选择合适的指示剂。

3. 用因保存不当失去部分结晶水的草酸($H_2C_2O_4 \cdot 2H_2O$)作基准物质来标定 NaOH 的浓度，标定结果是偏高、偏低还是无影响？

4. 计算用 0.10 mol/L NaOH 滴定 0.10 mol/L HCOOH 溶液至计量点时，溶液的 pH 值。

5. 下列多元酸能否分步滴定？若能，有几个 pH 突跃，能滴至第几级？

(1)0.10 mol/L 草酸；(2)0.10 mol/L H_2SO_3；(3)0.10 mol/L H_2SO_4。

6. 某一元弱酸 HA 纯试样 1.250 g，溶于 50.00 mL 水中，需 41.20 mL 0.090 00 mol/L NaOH 滴至终点。已知加入 8.24 mL NaOH 时，溶液的 pH = 4.30，求：(1)弱酸的摩尔质量 M；(2)弱酸的点解常数 K_a；(3)计量点时的 pH 值。

7. 称取纯碱试样(含 $NaHCO_3$ 及惰性杂质)1.000 g 溶于水后，以酚酞为指示剂滴至终点，需 0.250 0 mol/L HCl 20.40 mL；再以甲基橙作指示剂继续以 HCl 滴定，到终点时消耗同浓度

HCl 28.46 mL，求试样中 Na_2CO_3 和 $NaHCO_3$ 的质量分数。

8. 取含惰性杂质的混合碱（含 NaOH、Na_2CO_3、$NaHCO_3$ 或它们的混合物）试样一份，溶解后，以酚酞作为指示剂，滴至终点消耗标准酸液 V_1；另取相同质量的试样一份，溶解后以甲基橙为指示剂，用相同的标准溶液滴至终点，消耗酸液 V_2，问：(1) 如果滴定中发现 $2V_1 = V_2$，则试样组成如何？(2) 如果试样仅含等摩尔 NaOH 和 Na_2CO_3，则 V_1 与 V_2 有何数量关系？

9. 某标准 NaOH 溶液因保存不当吸收了空气中的 CO_2，用此溶液来滴定 HCl，分别以甲基橙和酚酞作指示剂，测得的结果是否一致？

10. 有工业硼砂 1.000 g，用 0.198 8 mol/L HCl 24.52 mL 恰好滴定至终点，计算试样中 $Na_2B_4O_7 \cdot 10H_2O$、$Na_2B_4O_7$ 和 B 的质量分数。（已知存在下列反应式：$B_4O_7^{2-} + 2H^+ + 5H_2O = 4H_3BO_3$）

11. 称取含 NaH_2PO_4 和 Na_2HPO_4 及其他惰性杂质的试样 1.000 g，溶于适量的水后，以百里酚酞作指示剂，用 0.100 0 mol/L NaOH 标准溶液滴至溶液刚好变蓝，消耗 NaOH 标准溶液 20.00 mL，而后加入溴甲酚绿指示剂，改用 0.100 0 mol/L HCl 标准溶液滴至终点时，消耗 HCl 溶液 30.00 mL，试计算：(1) NaH_2PO_4 的质量分数；(2) Na_2HPO_4 的质量分数；(3) 该 NaOH 标准溶液在甲醛法中对氮的滴定度。

12. 蛋白质试样 0.232 0 g 经克氏法处理后，加浓碱蒸馏，用过量硼酸吸收蒸出的氨，然后用 0.120 0 mol/L HCl 21.00 mL 滴至终点，计算试样中氮的质量分数。

13. 含有 H_3PO_4 和 H_2SO_4 的混合液 50.00 mL 两份，用 0.100 0 mol/L NaOH 滴定。第 1 份用甲基橙作指示剂，需 26.15 mL NaOH 到达终点；第 2 份用酚酞作指示剂需 36.03 mL NaOH 到达终点，计算试样中两种酸的浓度。

14. 称取粗铵盐 1.000 g，加入过量的 NaOH 溶液，将加热逸出的氨吸收于 56.00 mL 0.250 0 mol/L H_2SO_4 中，过量的酸用 0.500 0 mol/L NaOH 回滴，用去碱 21.56 mL，计算试样中 NH_3 的质量分数。

15. 将 0.550 0 g $CaCO_3$ 试样溶于 0.502 0 mol/L HCl 溶液 25.00 mL 中，煮沸除去 CO_2，过量的 HCl 用 NaOH 溶液返滴定，耗去 NaOH 溶液 4.20 mL，若用 NaOH 溶液直接滴定 20.00 mL 该 HCl 溶液，消耗 NaOH 溶液 20.67 mL。试计算试样中 $CaCO_3$ 含量。[$M(CaCO_3) = 100.1$ g/mol]

实训 5.1　盐酸标准溶液的配制与标定

【实验目的】

1. 掌握滴定操作的基本技能。

2. 学习用硼砂标定盐酸溶液的原理及方法。

【实验原理】

浓盐酸和氢氧化钠是酸碱滴定中最常用来配制标准溶液的酸、碱。由于浓盐酸易挥发不符合基准物质的条件，不能直接配制成具有准确浓度的标准溶液，只能用间接法配制，即先配制成近似浓度的溶液，再用基准物质来标定其准确浓度。标定盐酸常用的基准物质有无水碳

酸钠 Na_2CO_3 和硼砂 $Na_2B_4O_7 \cdot 10H_2O$。而硼砂比碳酸钠较易提纯，不易吸湿，性质比较稳定，且摩尔质量很大，可以减少称量误差。

硼砂与盐酸的反应为

$$Na_2B_4O_7 + 2HCl + 5H_2O = 2NaCl + 4H_3BO_3$$

到达化学计量点时，由于生成的硼酸是弱酸，溶液的 pH 约为 5.3，可用甲基红作指示剂。

碳酸钠与盐酸的反应为

$$Na_2CO_3 + 2HCl = 2NaCl + H_2O + CO_2$$

到达化学计量点时，由于生成了碳酸弱酸，溶液的 pH 约为 3.89，可用甲基橙作指示剂。

由于硼砂摩尔质量大，称量引起的相对误差小，因此用硼砂标定盐酸优于碳酸钠。本实验采用称取硼砂溶解后用盐酸溶液直接滴定，根据所称硼砂的质量和滴定所消耗盐酸溶液的体积，求出盐酸溶液的准确浓度。计算关系式为

$$c(HCl) = \frac{2m(Na_2B_4O_7 \cdot 10H_2O)}{V(HCl) \times M(Na_2B_4O_7 \cdot 10H_2O)}$$

式中　$m(Na_2B_4O_7 \cdot 10H_2O)$——所称 $Na_2B_4O_7 \cdot 10H_2O$ 的质量，g；

$V(HCl)$——HCl 的体积，L；

$c(HCl)$——标准溶液的浓度，mol/L；

$M(Na_2B_4O_7 \cdot 10H_2O)$——硼砂的摩尔质量，g/mol。

【实验仪器及试剂】

1. 仪器：分析天平、称量瓶、酸式滴定管、锥形瓶、量筒、烧杯。
2. 试剂：浓 HCl、硼砂（分析纯）、甲基红指示剂（0.1%乙醇溶液）。

【实验步骤】

1. 用洁净的量筒量取 2.3 mL 浓 HCl，倒入事先已加适量蒸馏水的 250 mL 试剂瓶中，继续加蒸馏水稀释至 250 mL，摇匀，贴标签，待标定。

2. 准确称取基准物质硼砂 $Na_2B_4O_7 \cdot 10H_2O$ 3 份，每份重 0.4 ~ 0.5 g（称准至小数点后 4 位），分别于锥形瓶中，加 30 ~ 50 mL 蒸馏水使之溶解（稍加热以加快溶解，但溶解后需冷却至室温），滴入甲基红指示剂 2 滴，用上述配制的 0.10 mol/L HCl 溶液滴定至溶液由黄色刚刚变橙色即为终点，记录数据，平行测定 3 次，计算盐酸溶液的准确浓度。

【实验数据记录】

测定次数	第 1 次	第 2 次	第 3 次
硼砂质量/g			
HCl 溶液初读数/mL			
HCl 溶液终读数/mL			
实际用 $V(HCl)$/mL			
$c(HCl)/(mol \cdot L^{-1})$			
$c(HCl)$平均值$/(mol \cdot L^{-1})$			
相对平均偏差			

【思考题】

1. 基准物质应具备哪些条件?

2. 称硼砂用的称量瓶内壁是否必须干燥? 为什么?

3. 溶解硼砂时,所加水的体积是否一定要准确? 为什么?

4. 用基准物质硼砂标定 HCl 溶液时,下列情况会对 HCl 的浓度产生何种影响(偏高,偏低或没有影响)?

(1)滴定时速度太快,附在滴定管壁的 HCl 来不及流下来就读取滴定体积;

(2)称取硼砂时,实际质量为 0.422 4 g,记录时误记为 0.442 2 g;

(3)锥瓶中的硼砂用蒸馏水溶解时,多加了 50 mL 蒸馏水;

(4)滴定管活塞漏出 HCl 溶液;

(5)称取硼砂时,撒在天平盘上。

实训 5.2 氢氧化钠标准溶液的配制与标定

【实验目的】

1. 进一步掌握滴定的操作技术。

2. 学习用邻苯二甲酸氢钾标定氢氧化钠的原理及方法。

【实验原理】

氢氧化钠溶液是最常用的碱溶液,但固体氢氧化钠具有很强的吸湿性,也易吸收二氧化碳和水分,生成少量的 Na_2CO_3,且含少量的硅酸盐、硫酸盐和氯化物等,因而氢氧化钠标准溶液和盐酸标准溶液一样,只能用间接法配制,再以基准物质来标定其准确浓度。常用的基准物质有水合草酸和邻苯二甲酸氢钾等。

邻苯二甲酸氢钾与氢氧化钠的反应为

$$KHC_8H_4O_4 + NaOH = KNaC_8H_4O_4 + H_2O$$

到达化学计量点时,由于生成了邻苯二甲酸钠钾,溶液的 pH 约为 9.1,溶液呈碱性,故可用酚酞或百里酚蓝作指示剂。

草酸与氢氧化钠的反应为

$$H_2C_2O_4 + 2NaOH = Na_2C_2O_4 + 2H_2O$$

到达化学计量点时,由于生成了草酸钠,溶液的 pH 约为 8.4,溶液呈弱碱性,故也可用酚酞作指示剂。

由于邻苯二甲酸氢钾摩尔质量大,称量引起的相对误差小,因此用邻苯二甲酸氢钾标定氢氧化钠优于草酸。本实验采用称取基准物邻苯二甲酸氢钾,用待标定的氢氧化钠溶液滴定,根据所称邻苯二甲酸氢钾的质量和滴定所消耗氢氧化钠溶液的体积,计算氢氧化钠溶液的准确浓度。计算关系式为

$$c(NaOH) = \frac{m(KHC_8H_4O_4)}{M(KHC_8H_4O_4) \times V(NaOH)}$$

式中　$m(KHC_8H_4O_4)$——标准溶液($KHC_8H_4O_4$)的质量,g;

$V(NaOH)$——标准溶液(NaOH)的体积,L;

$c(NaOH)$——标准溶液 NaOH 的浓度,mol/L;

$M(KHC_8H_4O_4)$——邻苯二甲酸氢钾的摩尔质量,g/mol。

【实验仪器及试剂】

1. 仪器:分析天平、称量瓶、烧杯、碱式滴定管、锥形瓶、移液管。

2. 试剂:氢氧化钠 NaOH、邻苯二甲酸氢钾、酚酞指示剂(0.1%的60%乙醇溶液)。

【实验步骤】

1. 称取1.0 g固体NaOH,加适量蒸馏水溶解,倒入250 mL试剂瓶中,继续加水稀释至250 mL,摇匀,贴标签,待标定。

2. 准确称取基准物质邻苯二甲酸氢钾3份,每份重0.4~0.5 g(称准至小数点后4位),分别于锥形瓶中,加30~50 mL蒸馏水温热使之溶解,冷却后滴入酚酞指示剂2滴,用约0.1 mol/L NaOH溶液滴定至溶液由无色刚刚变为粉红色且30 s内不褪色即滴定终点,记录数据,平行测定3次,计算氢氧化钠溶液的准确浓度。

【实验数据记录】

测定次数	第1次	第2次	第3次
邻苯二甲酸氢钾质量/g			
NaOH溶液初读数/mL			
NaOH溶液终读数/mL			
实际用$V(NaOH)$/mL			
$c(NaOH)/(mol \cdot L^{-1})$			
$c(NaOH)$平均值/$(mol \cdot L^{-1})$			
相对平均偏差			

【思考题】

1. 用邻苯二甲酸氢钾标定氢氧化钠时,为什么用酚酞作指示剂而不用甲基红或甲基橙作指示剂?

2. 标定时用邻苯二甲酸氢钾($KHC_8H_4O_4$,M=204.23 g/mol)比用草酸($H_2C_2O_4 \cdot 2H_2O$,M=126.07 g/mol)有什么好处?

3. 本实验中称取NaOH及邻苯二甲酸氢钾各用什么天平?为什么?

4. 已标定的NaOH溶液在保存中吸收了二氧化碳,用它来测定HCl的浓度,若以酚酞为指示剂对测定结果有何影响?改用甲基橙,又会如何?

5. 标准溶液的浓度应保留几位有效数字?

实训 5.3　果蔬中总酸度的测定

【实验目的】

1. 进一步熟悉容量瓶、移液管、滴定管等仪器的使用技术。

2. 进一步掌握用邻苯二甲酸氢钾 $KHC_8H_4O_4$ 标定 NaOH 的原理及方法。

3. 通过果蔬中总酸度的测定熟悉试样的测定方法。

【实验原理】

许多水果蔬菜中含酸味物质，主要是一些溶于水的有机酸和无机酸。在果蔬及其制品中，以苹果酸、柠檬酸、酒石酸、琥珀酸和醋酸为主，此外有一些如盐酸、磷酸等无机酸。大多数的有机酸具有令人愉悦的酸味，增进了食品的风味。尤其是果酸，使食品具有很浓的水果香味，能刺激食欲，促进消化，并在维持人体的酸碱平衡方面起着重要的作用。pH 的高低、酸味物质的存在，对果蔬本身而言，保持了其颜色的稳定性，还可抑制微生物的生长，有一定的防腐作用。果蔬中，酸的含量因成熟度、生长条件而异，一般成熟度越高，酸的含量越低，糖的含量增加，糖酸比增大，使产品具有良好的口感，所以通过对酸度的测定可以判断原料的成熟度。

食品中的酸度可分为总酸度（滴定酸度）、有效酸度（pH 值）和挥发酸。总酸度是指食品所有酸性物质的总量，包括已离解的酸的浓度和未离解的酸的浓度，常用标准碱溶液进行滴定，并以样品中主要代表酸的质量分数表示。有效酸度是指样品呈游离状态的氢离子的浓度，利用 pH 计通过测定样品的 pH 值可以测得。挥发酸则是指食品中易挥发的部分有机酸，如乙酸、甲酸等，可以将样品经蒸馏后采用直接法或间接法测定。

本实验用氢氧化钠标准溶液滴定，以酚酞为指示剂，将其中的有机酸中和成盐类，滴定至溶液呈粉红色 30 s 内不褪色为滴定终点。具体操作是样品处理后称样，定容成 250 mL 样液，再吸取 50 mL 样品液进行滴定。

$$RCOOH + NaOH \xlongequal{} RCOONa + H_2O$$

据所耗溶液浓度和体积，即可计算样品中总酸含量，以代表酸表示。其计算式为

$$w = \frac{c(NaOH) \times V(NaOH) \times K}{m \times 50/250} \times 100\%$$

式中　w——总酸度；

$V(NaOH)$——标准溶液（NaOH）的体积，mL；

$c(NaOH)$——标准溶液（NaOH）的浓度，mol/L；

m——样品质量，g；

K——换算成代表酸的系数。其中，苹果酸 0.067、醋酸 0.060、酒石酸 0.075、乳酸 0.090、含一分子水的柠檬酸 0.070。

总酸测定的结果，蔬菜一般以苹果酸计；柑橘、柠檬、柚子等以柠檬酸计；葡萄以酒石酸计；苹果、桃、李等以苹果酸计。

【实验仪器及试剂】

1. 仪器：分析天平、小刀、捣碎机、烧杯、容量瓶、碱式滴定管、锥形瓶、移液管。

2. 试剂：自选水果或蔬菜、0.10 mol/L NaOH 标准溶液、0.2% 酚酞指示剂、邻苯二甲酸氢钾。

【实验步骤】

1. 处理样品。取某种果蔬，样品去皮、去柄、去核，切成块状置于组织捣碎机中捣碎均匀，备用。

2. 准确称取均匀样品 10～20 g(据含酸量多少估计而增减)，于烧杯中，加少量水①稀释转移于 250 mL 容量瓶中，充分振摇后准确定容，摇匀，用干燥滤纸过滤，用移液管取滤液 50 mL 于锥形瓶中，加入酚酞指示剂 2～3 滴，用标准氢氧化钠溶液滴定至粉红色 30 s 内不褪色为终点记录读数。重复测定两次，记录数据，计算总酸度。

【思考题】

1. 什么叫总酸度？什么叫有效酸度？

2. 酸碱滴定法测定醋酸等有机酸含量的依据是什么？本次实验为什么用酚酞指示剂？而不用甲基橙或甲基红指示剂？

3. 用 NaOH 标准溶液滴定样品至酚酞指示剂使溶液呈现红色后，在空气中放置一段时间又会变为无色，原因是什么？

实训 5.4　混合碱的分析测定(双指示剂法)

【实验目的】

1. 进一步熟悉滴定操作和滴定终点的判断。

2. 掌握用双指示剂法测定混合碱的原理、方法和计算。

【实验原理】

混合碱通常是指 Na_2CO_3 和 NaOH 或 Na_2CO_3 和 $NaHCO_3$ 的混合物，可采用双指示剂法进行分析测定其中各组分的含量。在混合碱的试液中加入酚酞指示剂，用 HCl 标准溶液滴定至溶液呈微红色。此时试液中所含 NaOH 完全被中和，Na_2CO_3 也被滴定成 $NaHCO_3$，反应如下：

$$NaOH + HCl = NaCl + H_2O$$

$$Na_2CO_3 + HCl = NaCl + NaHCO_3$$

设此时滴定消耗 HCl 标准溶液的体积为 V_1 mL。再加入甲基橙指示剂，继续用 HCl 标准溶液滴定至溶液由黄色变为橙色即为终点。此时 $NaHCO_3$ 被中和成 H_2CO_3，其反应为

$$NaHCO_3 + HCl = NaCl + H_2O + CO_2 \uparrow$$

设此时消耗 HCl 标准溶液的体积 V_2 mL。根据 V_1 和 V_2 可以判断出混合碱的组成。设试样的质量为 m_s g。

当 $V_1 > V_2$ 时，试样为 NaOH 和 Na_2CO_3 的混合物，NaOH 和 Na_2CO_3 的含量(以质量分数表

①测定有机酸含量时，所用蒸馏水不能含有 CO_2，否则 CO_2 溶于水生成 H_2CO_3 将同时被滴定。

示)可由下式计算:

$$w(\mathrm{NaOH})=\frac{[c(V_1-V_2)](\mathrm{HCl})M(\mathrm{NaOH})}{m_s}\times 100\%$$

$$w(\mathrm{Na_2CO_3})=\frac{\frac{1}{2}(2cV_2)(\mathrm{HCl})M(\mathrm{Na_2CO_3})}{m_s}\times 100\%$$

当 $V_1<V_2$ 时,试样为 Na_2CO_3 和 $NaHCO_3$ 的混合物,Na_2CO_3 和 $NaHCO_3$ 的含量(以质量分数表示)可由下式计算:

$$w(\mathrm{Na_2CO_3})=\frac{\frac{1}{2}(2cV_1)(\mathrm{HCl})M(\mathrm{Na_2CO_3})}{m_s}\times 100\%$$

$$w(\mathrm{NaHCO_3})=\frac{[c(V_2-V_1)](\mathrm{HCl})M(\mathrm{Na_2CO_3})}{m_s}\times 100\%$$

【实验仪器及试剂】

1. 仪器:酸式滴定管、锥形瓶、容量瓶、移液管、量筒、分析天平。

2. 试剂:0.10 mol/L HCl 标准溶液、0.2% 甲基红指示剂、0.2% 酚酞指示剂、0.2% 甲基橙指示剂、硼砂。

【实验步骤】

1. 0.10 mol/L HCl 标准溶液的配制与标定(具体见实训 4.2)。

2. 用分析天平准确称取 1.3 ~ 1.5 g 混合碱样品,加入新煮沸的冷蒸馏水溶解,于250 mL 容量瓶中配制成溶液。准确移取 25.00 mL 于 250 mL 锥形瓶中,用 20 ~ 30 mL 蒸馏水稀释,加 2 ~ 3 滴酚酞①,以 0.10 mol/L HCl 标准溶液滴定至红色变为微红色②,为第一终点,记下消耗 HCl 标准溶液体积 V_1,再加入 2 滴甲基橙,继续用 HCl 标准溶液滴定至溶液由黄色刚变为橙色,煮沸 2 min,冷却至室温,继续滴定至溶液出现橙色③,为第二终点,记下消耗 HCl 标准溶液体积 V_2。平行测定 3 次,根据 V_1 和 V_2 的大小判断混合物的组成是什么,然后计算各组分的含量。

【思考题】

1. 什么叫“双指示剂法”?

2. 为什么要把试样溶解配制成 250 mL 溶液再准确移取 25.00 mL 进行滴定?为什么不直接称取 0.13 ~ 0.15 g 混合碱进行测定?

3. 用盐酸滴定到甲基橙变橙色后为什么还要煮沸、冷却、继续滴定至橙色才算终点?

4. 有甲、乙、丙 3 种溶液,分别是 Na_2CO_3、$NaHCO_3$ 及二者的混合溶液。用以下方法进行实验测定:(1)溶液甲:加入酚酞指示剂不变色。(2)溶液乙:以酚酞为指示剂用 HCl 标准溶液滴

---

①混合碱系 NaOH 和 Na_2CO_3 组成时,酚酞指示剂可适当多加几滴,否则常因滴定不完全使 NaOH 的测定结果偏低,Na_2CO_3 的测定结果偏高。

②最好用 $NaHCO_3$ 的酚酞溶液(浓度相当)作对照。在达到第一终点前,不要因为滴定速度过快,造成溶液中 HCl 局部过浓,引起 CO_2 的损失,带来较大的误差,滴定速度也不能太慢,摇动要均匀。

③临近终点时,一定要充分摇动或煮沸,以防形成 CO_2 的过饱和溶液而使终点提前到达。

定，消耗 HCl V_1 mL 时，溶液红色消失。然后再加甲基橙指示剂，消耗 HCl V_2 mL 时，使甲基橙溶液变色且 $V_1 < V_2$。(3)溶液丙：以酚酞及甲基橙作为指示剂，用 HCl 标准溶液滴定时，分别消耗 HCl V_1 mL 和 V_2 mL 且 $V_1 = V_2$。判断甲、乙、丙各是什么溶液？

实训 5.5 铵盐中含氮量的测定（甲醛法）

【实验目的】

1. 掌握用甲醛法测定铵盐中含氮量的原理及方法。了解酸碱滴定的实际应用。

2. 进一步熟练滴定操作和滴定终点的判断。

【实验原理】

多数的铵盐，可用酸碱滴定法测定其含量，但由于 NH_4^+ 的酸性太弱（$K_a = 5.6 \times 10^{-10}$），不能用 NaOH 标准溶液直接目视滴定，故常用蒸馏法或甲醛法来测定。由于蒸馏法操作过程麻烦，且费时费力，而甲醛法则克服了这一缺点，快速、简便。生产和实验室中便广泛采用甲醛法测定铵盐中的含氮量。

甲醛法是基于甲醛与一定量铵盐作用，生成相当量的酸（H^+）和六亚甲基四铵盐（$K_a = 7.1 \times 10^{-6}$），反应如下：

$$4NH_4^+ + 6HCHO = (CH_2)_6N_4H^+ + 6H_2O + 3H^+$$

所生成的 H^+ 和六亚甲基四胺盐，可以酚酞作为指示剂，用 NaOH 标准溶液直接滴定。按下式计算含氮量。

$$w(N) = \frac{c(NaOH) \times V(NaOH) \times M(NaOH)}{m[(NH_4)_2SO_4]} \times 100\%$$

式中 $V(NaOH)$——标准溶液（NaOH）的体积，L；

$c(NaOH)$——标准溶液（NaOH）的浓度，mol/L；

$M(NaOH)$——氮的摩尔质量（14.01 g/mol）；

$m[(NH_4)_2SO_4]$——样品质量，g。

【实验仪器及试剂】

1. 仪器：分析天平、称量瓶、碱式滴定管、锥形瓶、容量瓶、移液管。

2. 试剂：0.1 mol/L NaOH 溶液、邻苯二甲酸氢钾、0.2% 酚酞指示剂、0.2% 甲基红指示剂、甲醛溶液 1:1、$(NH_4)_2SO_4$ 样品。

【实验步骤】

1. 0.1 mol/L NaOH 标准溶液的配制与标定（见实训 5.1）。

2. 甲醛溶液。甲醛中常含有微量甲酸，是由于甲醛受空气氧化所产生，应予以除去，否则它也消耗 NaOH 产生误差。处理方法如下：取原装甲醛[①]的上层清液于烧杯中，用水稀释一

①甲醛常以白色聚合状态存在，称为多聚甲醛。甲醛溶液中含有少量多聚甲酸不影响滴定。

倍，加入 1 ~2 滴 0.2% 酚酞指示剂，用 0.10 mol/L NaOH 溶液中和至甲醛溶液呈淡红色。

3. 含氮量的测定

准确称取 0.2 ~0.3 g 的样品 $(NH_4)_2SO_4$ 3 份分别于 250 mL 锥形瓶中，用 20 ~30 mL 蒸馏水溶解，加 1 ~2 滴甲基红指示剂，溶液若呈红色，用 0.10 mol/L NaOH 溶液中和至红色转为黄色①，然后加入 10 mL 已处理的 1∶1 甲醛溶液，再加入 1 ~2 滴酚酞指示剂摇匀，静置 1 min 后，用 0.10 mol/L NaOH 标准溶液滴定至溶液出现淡红色持续 30 s 不褪色，即为终点②。记录读数，平行测定 3 次。根据 NaOH 标准溶液的浓度和滴定消耗的体积，计算试样中的含氮量。

【思考题】

1. 中和甲醛及 $(NH_4)_2SO_4$ 样品中游离酸时，为什么用不同的指示剂?
2. NH_4^+ 为 NH_3 的共轭酸，为什么不能直接用 NaOH 溶液滴定?
3. 本方法加入甲醛的作用是什么?
4. 能否用甲醛法测定 NH_4NO_3 硝酸铵、NH_4Cl 氯化铵、NH_4HCO_3 碳酸铵中的含氮量?
5. 用本方法能不能测定有机物中的氮含量?

---

①如果 $(NH_4)_2SO_4$ 试样中含游离酸，在加入甲醛之前先用 NaOH 溶液中和，此时应用甲基红作指示剂，但不能用酚酞，负责将有部分 NH_4^+ 被中和；如果试样中不含游离酸，可省略此步操作。

②由于溶液中已经有甲基红，再用酚酞作为指示剂，存在两种变色不同的指示剂，用 NaOH 滴定时，溶液颜色是由红转变为浅黄色(pH 约为 6.2)，再转变为淡红色(pH 约为 8.2)。终点为甲基红的黄色和酚酞红色的混合色。

第 6 章　氧化还原滴定法

【学习目标】

1. 了解氧化还原反应电极电位初步知识。
2. 掌握氧化还原滴定法。

【技能目标】

1. 熟练掌握高锰酸钾、重铬酸钾、碘量法操作和计算方法。
2. 掌握几种样品的测定方法。

6.1　概　述

氧化还原滴定法是以氧化还原反应为基础的滴定分析法，能用于测定各种物质。可直接测定具有氧化性或还原性的物质，也可间接测定不具有氧化性或还原性的物质。例如，可以把 Ca^{2+} 转化为 CaC_2O_4 的形式，然后用 $KMnO_4$ 标准溶液测定 $C_2O_4^{2-}$，从而间接算出 Ca^{2+} 的含量。

氧化还原反应是基于氧化剂和还原剂之间的电子转移，进行的反应过程比较复杂，除了主反应外，常常伴有副反应，反应条件不同时也可能生成不同产物；反应往往是分步进行的，且反应速率较慢，有的反应需要一定的时间才能完成。因此，在应用氧化还原反应进行滴定时，应特别注意使滴定速度与反应速度相适应，必须严格控制反应条件，使之符合滴定分析的基本要求。

6.1.1　原电池

氧化还原反应过程中发生了电子的转移。怎样证明有电子转移和为什么会有电子转移。我们通过 Cu-Zn 原电池加以说明，如图 6.1 所示。

能把化学能直接转化为电能的装置称为原电池。通过原电池将氧化还原反应的化学能转变为电能，产生电流，由此就可证明氧化还原反应中发生了电子的转移。如 Cu-Zn 原电池装置：

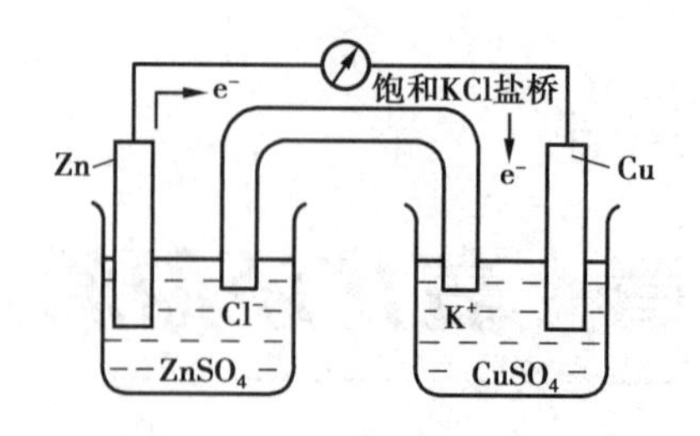

图 6.1 铜锌原电池

在两个烧杯中分别放入锌片和锌盐溶液、铜片和铜盐溶液，将两个烧杯中的溶液用一个装满电解质溶液的盐桥(如充满 KCl 饱和溶液和琼脂制成的胶冻)连接起来，再用导线将锌片和铜片连接，并在导线中串联一个电流计，就可观察到下面的现象：

①电流表指针发生偏转，根据指针偏转方向，可以判断出锌片为负极、铜片为正极。

②铜片上有铜析出，锌片则被溶解。

③取出盐桥，指针回到零点，说明盐桥起了连通电路的作用。

发生上述现象的原因是由于锌比铜活泼，容易失去电子变成 Zn^{2+} 进入 $ZnSO_4$ 溶液，电子通过导线流向铜片，$CuSO_4$ 溶液中的 Cu^{2+} 从铜片上获得电子变成铜原子沉积在铜片上，因此锌片上发生了氧化反应，铜片上发生了还原反应。

可以看出，原电池是由两个半电池组成的，每个半电池都由两类物质组成，一类是还原剂的物质，如锌和铜，称为还原型物质。另一类是氧化剂的物质，如 $ZnSO_4$ 和 $CuSO_4$，称为氧化型物质。相对应的氧化型物质和还原型物质组成氧化还原电对，常表示为：Zn^{2+}/Zn 和 Cu^{2+}/Cu。同一元素的两种不同价态也可构成氧化还原电对，如 Fe^{3+}/Fe^{2+} 和 Cl_2/Cl^- 等。组成半电池的导体和电对称为电极，失去电子的电极为负极，得到电子的电极为正极。在原电池中，电子总是由负极流向正极。

原电池中两个半电池上所发生的反应称为半电池反应或电极反应。如，铜锌原电池中发生的反应：

(−)锌电极	$Zn - 2e^- \xlongequal{} Zn^{2+}$	氧化反应
(+)铜电极	$Cu^{2+} + 2e^- \xlongequal{} Cu$	还原反应
电池反应	$Zn + Cu^{2+} \xlongequal{} Zn^{2+} + Cu$	氧化还原反应

6.1.2 电极电位

原电池的外电路中电子的定向移动，说明两个电极间存在着电势差。这种电势差的产生，表明了构成原电池的两个电极具有不同的电势，这种电势称为电极电势。即电极电位，用 E 表示。根据电对的电极电位可以判断氧化剂、还原剂的相对强弱；判断氧化还原反应进行的方向；判断氧化还原反应进行的顺序；判断氧化还原反应进行的程度。

1)标准电极电位

可以用电极电位比较氧化剂和还原剂的相对强弱，但单个电极电位的绝对值无法测量。因此，选用一电极为标准电极，将其他电极与之相比得到相对电位数值。国际上常采用标准氢电极作标准。

标准氢电极：是压力保持101.325 kPa的氢气所饱和的铂黑电极（镀有一层海绵状铂黑的铂片电极），浸入H^+浓度为1.0 mol/L的溶液中，这时被铂黑吸附的氢气与溶液中的H^+形成下列平衡，即半反应为

$$2H^+ + 2e^- \rightleftharpoons H_2$$

铂片上饱和的氢气与溶液中的H^+组成电对H^+/H_2，在25℃时，规定其电极电位值为零，即$E^\ominus(H^+/H_2)=0$ V。

标准电极电位：是指在标准状态（即物质皆为纯净物，温度为25℃，组成电对的物质的浓度为1.0 mol/L，若涉及气体，气体的压强为101.325 kPa）下，所测得的电对相对于标准氢电极的电极电位，称为该电对的标准电极电位，用符号$E^\ominus$表示。表6.1列出了一些常用电对的标准电极电位。

表6.1　标准电极电位(25 ℃，酸性溶液)

电极反应			$E^\ominus$/V
最弱氧化剂		最强还原剂	
↓	$K^+ + e \longrightarrow K$	↑	−2.925
	$Be^{2+} + 2e \longrightarrow Ba$		−2.91
	$Ca^{2+} + 2e \longrightarrow Ca$		−2.866
	$Mg^{2+} + 2e \longrightarrow Mg$		−2.37
	$Zn^{2+} + 2e \longrightarrow Zn$		−0.762 8
	$Fe^{2+} + 2e \longrightarrow Fe$		−0.440 2
	$2H^+ + 2e \longrightarrow H_2$		0
	$Cu^{2+} + 2e \longrightarrow Cu$		+0.337
	$I_2 + 2e \longrightarrow 2I^-$		+0.535 5
	$Fe^{3+} + e \longrightarrow Fe^{2+}$		+0.771
	$Br_2 + 2e \longrightarrow 2Br^-$		+1.08
	$Cl_2 + 2e \longrightarrow 2Cl^-$		+1.36
	$MnO_4^- + 8H^+ + 5e \longrightarrow Mn^{2+} + 4H_2O$		+1.51
	$H_2O_2 + 2H^+ + 2e \longrightarrow 2H_2O$		+1.77
	$Fe + 2e \longrightarrow 2F^-$		+2.87
最强氧化剂		最弱还原剂	

表6.1自上而下，氧化态物质得电子的倾向增加，而还原态物质失电子倾向减弱。可见，在表中位置越高，$E^\ominus$代数值越小，其还原态越易失去电子，还原性越强；反之亦然。这样，就可以推出表6.1中的对角关系，位于表左下方的氧化态物质可和右上方的还原态物质发生自发反应。如有几种物质可能同时发生氧化还原反应时，则数值相差越大，其相互反应的趋势就越大。

2）标准电极电位的应用

（1）判断氧化剂、还原剂的相对强弱

若$E^\ominus$越小，则该电对中的还原态物质的还原能力越强，其对应的氧化态物质的氧化能力

越弱；$E^\ominus$ 越大，则该电对中氧化态物质的氧化能力越强，其对应的还原态物质的还原能力越弱。

【例6.1】 判断 Cl_2/Cl^-、Br_2/Br^-、I_2/I^- 电对中各物质氧化还原性的强弱。

解 查表得

$I_2 + 2e^- \longrightarrow 2I^-$ $\qquad E^\ominus(I_2/I^-) = 0.535\ 5\ V$

$Br_2 + 2e^- \longrightarrow 2Br^-$ $\qquad E^\ominus(Br_2/Br^-) = 1.066\ V$

$Cl_2 + 2e^- \longrightarrow 2Cl^-$ $\qquad E^\ominus(Cl_2/Cl^-) = 1.358\ 3\ V$

因为 $E^\ominus$ 代数值越小，其还原态越易失去电子，还原性越强；代数值越大，其氧化态越易得到电子，氧化性越强。

因此，氧化性：$Cl_2 > Br_2 > I_2$；还原性：$I^- > Br^- > Cl^-$。

(2)判断氧化还原反应进行的方向

一般来说，氧化还原反应自发进行的方向，应是由电对中氧化性较强的氧化剂和还原性较强的还原剂相互作用，转化成相应较弱的还原型和氧化型的过程。

【例6.2】 判断下列反应自发进行的方向：

$$Sn^{4+} + 2Fe^{2+} \rightleftharpoons Sn^{2+} + 2Fe^{3+}$$

解 查表得 $E^\ominus(Fe^{3+}/Fe^{2+}) = 0.771\ V$，$E^\ominus(Sn^{4+}/Sn^{2+}) = 0.154\ V$

则 Fe^{3+} 为较强的氧化剂，Sn^{2+} 为较强的还原剂，所以，标准状态下反应自发向逆反应方向进行。即

$$Sn^{2+} + 2Fe^{3+} \rightleftharpoons Sn^{4+} + 2Fe^{2+}$$

(3)判断氧化还原反应进行的次序

实际分析工作中，有时会遇到溶液中同时含有不止一种氧化剂或不止一种还原剂的情况。如用 $K_2Cr_2O_7$ 法测定铁时，首先是用 $SnCl_2$ 使 Fe^{3+} 全部还原为 Fe^{2+}，然后再用 $K_2Cr_2O_7$ 标准溶液滴定 Fe^{2+}。可见 $SnCl_2$ 总要过量一点，因此，溶液中就有 Fe^{2+} 和 Sn^{2+} 两种还原剂存在，但是 $E^\ominus(Cr_2O_7^{2-}/Cr^{3+}) = 1.33\ V$，$E^\ominus(Fe^{3+}/Fe^{2+}) = 0.771\ V$，$E^\ominus(Sn^{4+}/Sn^{2+}) = 0.154\ V$。

其中，$Cr_2O_7^{2-}$ 为最强的氧化剂，Sn^{2+} 为最强的还原剂。滴加的 $K_2Cr_2O_7$ 首先氧化 Sn^{2+}，只有当 Sn^{2+} 完全氧化后才氧化 Fe^{2+}。那么如果 Sn^{2+} 过多，就会影响分析测定结果，必须在滴定前除去多余的 Sn^{2+}。

由此说明，溶液中同时含有几种还原剂时，若加入氧化剂，则首先与溶液中最强还原剂作用。同样的，溶液中同时含有几种氧化剂时，若加入还原剂，则首先与溶液中最强氧化剂作用。即在所有可能发生的氧化还原反应中，标准电极电位相差最大的电对之间首先进行反应。

(4)判断氧化还原反应进行的程度

滴定分析要求化学反应尽可能进行完全，氧化还原反应是否进行完全，可用反应平衡常数来衡量。氧化还原反应平衡常数可从有关电对的电极电位求得。对于氧化还原反应：

$$n_2Ox_1 + n_1Red_2 \rightleftharpoons n_2Red_1 + n_1Ox_2$$

其电对的半反应为

$$Ox_1 + n_1 e \rightleftharpoons Red_1 \qquad E_1^{\ominus}$$

$$Ox_2 + n_2 e \rightleftharpoons Red_2 \qquad E_2^{\ominus}$$

通过推导得出平衡常数 K 的表达式为

$$\lg K = \frac{n_1 \cdot n_2 \cdot (E_1^{\ominus} - E_2^{\ominus})}{0.059}$$

显然,氧化还原反应平衡常数 K 直接是由氧化剂和还原剂两电对的电极电位之差决定的。而 $\Delta E = E_1^{\ominus} - E_2^{\ominus}$值越大,平衡常数 K 值也越大,反应可能进行得越完全。

一般情况下,若允许误差为0.1%,也就是反应完全程度应达到99.9%以上,对于反应中 $n_1 = n_2 = 1$ 时,当 $\lg K \geqslant 6$,反应能够进行完全,也就是其 $\Delta E = E_1^{\ominus} - E_2^{\ominus} \geqslant 0.4$ V 的氧化还原反应就可能进行完全,也才可能用于滴定分析。但须注意,两电对的电极电位之差很大,仅仅说明该氧化还原反应有完全进行的可能,但不一定能定量反应,也不一定能迅速完成。

3)氧化还原反应的速率

氧化还原反应平衡常数的大小只能表明该反应的可能性和反应进行的程度,并不能表明反应速率的快慢。氧化还原反应的机理比较复杂,且往往不是一步而是分步完成的,有些反应速率也很慢。为了使反应能够满足滴定分析的要求,定量、迅速地进行。对于反应速率慢的反应,可从浓度、温度、催化剂和诱导效应等影响化学反应速率的因素方面进行控制,以提高滴定分析的准确度。

(1)反应物浓度的影响

一般来说,增加反应物的浓度可以加快反应速率。例如,$K_2Cr_2O_7$在酸性溶液中与 KI 的反应为

$$Cr_2O_7^{2-} + 6I^- + 14H^+ \rightleftharpoons 2Cr^{3+} + 3I_2 + 7H_2O$$

此反应较慢,适当地增加 H^+和 I^-的浓度,可加快反应。在$[H^+]$为0.4 mol/L 条件下,KI 过量5倍,放置5 min 反应即可进行完全。

(2)反应温度的影响

升高反应温度可以加快反应速率。一般来说,温度每升高10℃,反应速率增加2~3倍。例如,MnO_4^- 和 $C_2O_4^{2-}$ 的反应为

$$2MnO_4^- + 5C_2O_4^{2-} + 16H^+ \rightleftharpoons 2Mn^{2+} + 10CO_2\uparrow + 8H_2O$$

在室温下反应很慢,加热可加快反应速率,通常控制在75~85 ℃滴定。但有时有些反应温度过高会带来不良影响,从而引起测定误差。因此,必须根据具体情况确定反应最适宜的温度。

(3)催化剂

在分析化学中,经常利用催化剂来改变反应的速率。正催化剂可加快反应速率;负催化剂则减慢反应速率,故又称阻化剂。

例如,用 MnO_4^-氧化 Fe^{2+}时,开始滴定时,加入少许 Mn^{2+}可使反应迅速地进行,Mn^{2+}起催化剂作用。在现实应用中可以开始不加催化剂 Mn^{2+}。因为此反应产物之一就是 Mn^{2+},利用生成物本身作催化剂的反应称为自身催化反应。自身催化作用的特点:开始时由于没有催化剂存在,反应速率较慢,随着反应的进行,作为催化剂的生成物从无到有,浓度逐渐增大,反应

速率也逐渐加快,然后由于反应物的浓度越来越低,反应速率又逐渐降低。

(4)诱导作用

有的氧化还原反应的进行,能够促进另一氧化还原反应的进行,这种现象称为诱导作用。前者称为初级反应或诱导反应,后者称为受诱反应。例如,MnO_4^- 和 Cl^- 的反应极慢,但当有 Fe^{2+} 存在时,在酸性介质中,由于 MnO_4^- 氧化 Fe^{2+} 反应的发生,加快了 MnO_4^- 氧化 Cl^- 的反应。其中 MnO_4^- 是作用体,Fe^{2+} 是诱导体,Cl^- 是受诱体。因此,不能在盐酸介质中用 MnO_4^- 测定 Fe^{2+}。

诱导作用和催化作用的相同在于均可大大加快反应速率;不同的是催化剂参加反应后并不改变其原来的组成和形态;但在诱导作用中,诱导体参加反应后变为其他物质。

4)氧化还原指示剂

(1)氧化还原指示剂

氧化还原指示剂是一些复杂的有机化合物,其本身就是氧化剂或还原剂,可以参与氧化还原反应,它们的氧化态和还原态具有不同的颜色。在氧化性溶液中,氧化还原指示剂显示其氧化态的颜色;在还原性溶液中,显示其还原态的颜色。在滴定到达终点时,指示剂的氧化态和还原态的相对浓度发生变化,引起溶液颜色的改变。可根据不同的氧化还原滴定反应来选择合适的指示剂,以便在化学计量点时,恰好发生颜色的变化,以指示滴定终点。常见氧化还原指示剂的颜色变化情况见表6.2。

表6.2 常见氧化还原指示剂

指示剂	颜色		指示剂溶液
	氧化态	还原态	
甲基蓝	蓝绿	无色	0.05%水溶液
二苯胺	紫	无色	0.1%浓 H_2SO_4 溶液
二苯胺磺酸钠	紫红	无色	0.05%水溶液
羊毛罂红 A	橙红	黄绿	0.1%水溶液
邻苯氨基苯甲酸	紫红	无色	0.1% Na_2CO_3 溶液
邻二氮菲亚铁	浅蓝	红	0.025 mol/L 水溶液
硝基邻二氮菲亚铁	浅蓝	紫红	0.025 mol/L 水溶液

例如,在重铬酸钾法测定 Fe^{2+} 的滴定中,常用二苯胺磺酸钠或邻二氮菲作为指示剂。选用二苯胺磺酸钠为指示剂时,滴定反应应在酸性条件下进行,并应加入 H_3PO_4 以减小终点误差,滴定过程中的颜色变化为从无色变为 Cr^{3+} 离子的浅绿色,最后在终点时突变为蓝紫色;选用邻二氮菲(邻菲啰林)为指示剂时,邻二氮菲的变色正好与化学计量点一致,终点时溶液由红色变为浅蓝色。

(2)自身指示剂

在氧化还原滴定中,利用标准溶液自身的颜色变化以指示终点的称为自身指示剂。例如,用 $KMnO_4$ 作标准溶液进行滴定时,MnO_4^- 在强酸性溶液中被还原为近乎无色的 Mn^{2+},当滴定达到化学计量点时，微过量的 MnO_4^- 使溶液呈粉红色，以指示滴定终点。故 $KMnO_4$ 是自身指示剂。

(3)特殊指示剂

有的物质本身并不参与氧化还原反应，但它能与氧化剂作用产生特殊的颜色，因而可以指示滴定终点。如在碘量法中，I_2 可以与直链淀粉形成深蓝色的复合物，当 I_2 与被滴定的还原性物质发生的反应达到完全后，稍微过量的 I_2 就与淀粉作用使溶液变成深蓝色。因此，碘量法常用可溶性淀粉作指示剂。这种本身不参与氧化还原反应，但能与标准溶液或滴定产物发生显色反应，以指明滴定终点的物质称为特殊指示剂。

6.2　氧化还原滴定方法

根据所选用的氧化剂的不同，氧化还原滴定法主要分为高锰酸钾法、重铬酸钾法和碘量法。

6.2.1　高锰酸钾法

1)基本原理

高锰酸钾是强氧化剂，它的氧化作用和溶液的酸度有关。

强酸性介质：$MnO_4^- + 8H^+ + 5e^- \xlongequal{} Mn^{2+} + 4H_2O$　　$E^\ominus = 1.51\ V$

弱酸性、中性或弱碱性介质：$MnO_4^- + 2H_2O + 3e^- \xlongequal{} MnO_2 \downarrow + 4OH^-$　　$E^\ominus = 0.59\ V$

碱性介质：$MnO_4^- + e^- \xlongequal{} MnO_4^{2-}$　　$E^\ominus = 0.56\ V$

由于 $KMnO_4$ 在强酸性介质中氧化能力强，且同时生成的还原产物 Mn^{2+} 接近无色便于滴定终点颜色的观察，而在弱酸性、中性或弱碱性介质中生成的 MnO_2 能使溶液混浊，妨碍疑点观察，所以高锰酸钾法通常在较强的酸性溶液中进行。通常选用 1 mol/L H_2SO_4 为介质，避免使用 HNO_3 和 HCl。因为盐酸有还原性，Cl^- 有干扰，HNO_3 具有氧化性；而醋酸太弱，酸度不足，容易生成 MnO_2 沉淀，都不适合高锰酸钾法滴定。

高锰酸钾法的指示剂是 $KMnO_4$ 本身，在 100 mL 水中只要加 1 滴 0.1 mol/L $KMnO_4$ 溶液就可呈现明显的紫红色，而它的还原产物 Mn^{2+} 则近无色，故高锰酸钾法不需另加指示剂。

2)高锰酸钾法的滴定方式

(1)直接滴定法

$KMnO_4$ 氧化性强，在强酸性溶液中可直接滴定一些还原性物质，如 Fe^{2+}、AsO_3^{3-}、NO_2^-、H_2O_2、$C_2O_4^{2-}$、甲醛、葡萄糖和水杨酸等。

(2)返滴定法

不能直接滴定的氧化性物质，如 MnO_2，在硫酸介质中，加入一定量过量的 $Na_2C_2O_4$ 标准溶液，作用完毕后，用 $KMnO_4$ 标准溶液滴定过量的 $C_2O_4^{2-}$。

(3)间接滴定法

一些能与氧化剂或还原剂起反应,但无氧化性或还原性的物质(如 Ca^{2+}、Ba^{2+}、Zn^{2+} 和 Cd^{2+} 等)可用此方法进行测定。如 Ca^{2+},首先将沉淀为 CaC_2O_4,再用稀硫酸将所得沉淀溶解,用 $KMnO_4$ 标准溶液滴定溶液中的 $C_2O_4^{2-}$。

3)高锰酸钾法的优点

①$KMnO_4$ 溶液呈深紫色,强酸性溶液中被还原为无色 Mn^{2+},颜色变化明显,一般不需另加指示剂。

②$KMnO_4$ 氧化能力强,可与许多还原性物质发生反应,是应用较广的氧化还原滴定法。

4)高锰酸钾法的缺点

①选择性差,标准溶液不稳定,能与水中微量的有机物,空气中的尘埃,氨等还原性物质作用析出 $MnO(OH)_2$ 沉淀,还能自行分解。一般不易获得纯品,故不能用直接法配制其标准溶液。

②$KMnO_4$ 还原为 Mn^{2+} 的反应,在常温下进行较慢。因此,在滴定较难氧化的物质(如 $Na_2C_2O_4$ 等)时,常需加热。亚铁盐、H_2O_2 等虽不必加热,但开始滴定时速度不宜过快。例如,用 $KMnO_4$ 滴定 $C_2O_4^{2-}$ 时,即使在强酸性溶液中加热的情况下,开始时反应也不会迅速进行。只有待最初加入的 1 ~ 2 滴 $KMnO_4$ 溶液的紫色褪去后,溶液中就有了 Mn^{2+},接着的反应能较快地进行。这种由于反应生成物本身引起的催化作用称为自动催化作用。

高锰酸钾标准溶液经常与 $Na_2C_2O_4$ 一起使用,用 $Na_2C_2O_4$ 进行标定。滴定时的条件如温度、酸度、滴定速度以及终点观察等方面均需注意,使用高锰酸钾法应认真注意操作要求。

6.2.2 重铬酸钾法

重铬酸钾法是以 $K_2Cr_2O_7$ 为标准溶液的氧化还原滴定法。在酸性溶液中,其半反应式为

$$Cr_2O_7^{2-} + 14H^+ + 6e^- \rightleftharpoons 2Cr^{3+} + 7H_2O \qquad E^\ominus = 1.33\ V$$

$K_2Cr_2O_7$ 也是一种较强的氧化剂,在酸性介质中,$Cr_2O_7{}^{2-}$ 被还原为 Cr^{3+},$K_2Cr_2O_7$ 的氧化能力较 $KMnO_4$ 弱,应用范围不及 $KMnO_4$ 法广泛,但与 $KMnO_4$ 法相比,$K_2Cr_2O_7$ 法具有突出的优点:

①$K_2Cr_2O_7$ 易获得 99.99% 以上的纯品,标准溶液可直接配制(在 140 ~ 150 ℃干燥后),不需再行标定。

②$K_2Cr_2O_7$ 标准溶液非常稳定,在密闭容器中可长期保存。

③室温下 $K_2Cr_2O_7$ 不与 Cl^- 作用,故可在 HCl 溶液中滴定 Fe^{2+}。但当 HCl 浓度太大或将溶液煮沸时,$K_2Cr_2O_7$ 也能部分地被 Cl^- 还原。在酸性溶液中能迅速与还原性物质进行定量反应,而其他组分无显著干扰,即反应具有良好的选择性。

重铬酸钾法的缺点:

①$K_2Cr_2O_7$ 氧化性不如 $KMnO_4$ 强,因此,应用范围较窄。

②由于橙色的 $Cr_2O_7^{2-}$ 在反应中被还原为绿色的 Cr^{3+},颜色较浅,故不能根据本身的颜色变化指示滴定终点,需另加指示剂,如二苯胺磺酸钠、邻菲啰啉等。

重铬酸钾主要用于测定铁的含量。另外,通过 $Cr_2O_7^{2-}$ 和 Fe^{2+} 的反应,还可测定其他氧化性或还原性的物质,例如,土壤中有机质的测定等。

6.2.3　碘量法

碘量法是以 I_2 的氧化性和 I^- 的还原性为基础的定量分析法,也是一种常用的氧化还原滴定分析方法。I_2 是一种较好的氧化剂,能与较强的还原剂作用;而 I^- 是中等强度的还原剂,能与许多氧化剂作用。碘量法的基本反应为

$$I_2 + 2e^- = 2I^- \qquad E^{\ominus}(I_2/I^-) = 0.534\ V$$

碘量法又分为直接碘量法和间接碘量法两种。

1)直接碘量法

直接碘量法又称碘滴定法,利用 I_2 的氧化作用来直接测定 S^{2-}、SO_3^{2-}、AsO_3^{3-}、Sn^{2+}、$S_2O_3^{2-}$ 等还原性物质含量的方法。其半反应为

$$I_2 + 2e^- = 2I^-$$

I_2 只能直接滴定较强的还原剂。

用直接碘量法来测定还原性物质时,一般应在弱碱性、中性或弱酸性溶液中进行,如测定 AsO_3^{3-} 需在弱碱性 $NaHCO_3$ 溶液中进行。

若反应在强酸性溶液中进行,则平衡向左移动,且 I^- 易被空气中的 O_2 氧化:

$$4I^- + O_2 + 4H^+ \longrightarrow 2I_2 + 2H_2O$$

如溶液的碱性太强,I_2 就会发生歧化反应:

$$3I_2 + 6OH^- = IO_3^- + 5I^- + 3H_2O$$

直接碘量法常用淀粉作指示剂。在化学计量点之前,生成的 I^- 与淀粉不显色,被测溶液保持无色。达到等量点,再滴入微量的 I_2,便立即呈现明显的蓝色,指示已达滴定终点。淀粉指示剂应使用新配制的浓度为1%的水溶液。

2)间接碘量法

间接碘量法又称滴定碘法,利用 I^- 的还原性和氧化性物质[电极电位大于 $E^{\ominus}(I_2/I^-)$]作用,将氧化性物质还原,析出相当物质的量的 I_2,然后用 $Na_2S_2O_3$ 标准溶液滴定析出的 I_2。通过 $Na_2S_2O_3$ 标准溶液消耗的量,就可计算氧化物质的含量。这种方法可以测定很多氧化性物质,如 ClO_3^-、ClO^-、CrO_4^{2-}、IO_3^-、BrO_3^-、MnO_4^-、MnO_2、AsO_4^{3-}、NO_3^-、NO_2^-、H_2O_2,以及能与 CrO_4^{2-} 生成沉淀的阳离子(如 Pb^{2+}、Ba^{2+})等,所以,间接碘量法的应用范围相当广泛。

I_2 与 $Na_2S_2O_3$ 定量地反应,生成连四硫酸钠($Na_2S_4O_6$)是间接碘量法的基本反应。

$$I_2 + 2Na_2S_2O_3 = 2NaI + Na_2S_4O_6$$

此反应需在中性或微酸性溶液中进行。因为在强酸性或碱性溶液中,会由于 $Na_2S_2O_3$ 或 I_2 的分解和副反应使氧化还原反应过程复杂化,以致无法定量计算,故应在滴定前将溶液中和成中性或弱酸性。例如,在微酸性溶液中测定 $K_2Cr_2O_7$ 含量的反应如下:

$$Cr_2O_7^{2-} + 6I^- + 14H^+ = 2Cr^{3+} + 3I_2 + 7H_2O$$

$$I_2 + 2S_2O_2^{2-} = 2I^- + S_4O_6^{2-}$$

若溶液为碱性，则存在下列反应：

$$4I_2 + S_2O_3^{2-} + 10OH^- = 8I^- + 2SO_4^{2-} + 5H_2O$$

而在强酸性溶液中，$S_2O_3^{2-}$易被分解：

$$S_2O_3^{2-} + 2H^+ = S\downarrow + SO_2 + H_2O$$

间接碘量法也用淀粉作指示剂，但指示剂不能在滴定前加入，因指示剂加得过早，会有较多的 I_2 被淀粉包合，不易与 $Na_2S_2O_3$ 立即作用，以致滴定终点不敏锐。故一般在近终点时，大部分 I_2 已被 $Na_2S_2O_3$ 还原，溶液颜色由深褐色（I_2 的颜色）转变为浅黄色，加入指示剂，根据溶液的蓝色恰好消失来确定终点的到达。

碘量法的缺点：碘具有挥发性，容易挥发而损失。酸性溶液中，I^-离子易被空气中的氧所氧化。

为此，应用碘量法应注意以下两点：

①防止碘挥发。其方法有：

a. 加入过量的 KI（比理论值大 2 ~ 3 倍），使 I_2 变成 I_3^-配离子，以增大 I_2 在水中的溶解度。

b. 反应时溶液不可加热，一般在室温下进行。

c. 待 I_2 析出完毕，应立即用 $Na_2S_2O_3$ 标准溶液快速滴定。在滴定过程中，不要剧烈摇动溶液。

②防止 I^-被空气氧化。其方法有：

a. 溶液酸度不宜过高。

b. 光照射、Cu^{2+}、NO_2^- 等能催化空气对 I^-的氧化，应避免阳光直接照射析出 I_2 的反应瓶，并预先除去干扰离子。

c. 滴定应快速进行。

6.3 氧化还原滴定的应用

6.3.1 标准溶液配制与标定

1) $KMnO_4$ 标准溶液的配制与标定

商品 $KMnO_4$ 中含有少量 MnO_2 和其他杂质，蒸馏水也常有微量的还原性物质，会缓慢地与 $KMnO_4$ 作用，酸、碱、热和光能促使 $KMnO_4$ 溶液分解。所以配制 $KMnO_4$ 标准溶液时，应做到以下 4 点：

①称取稍多于理论计算用量的固体 $KMnO_4$。

②配制的 $KMnO_4$ 溶液加热近沸 1 h，然后放置暗处 2 ~ 3 d，使各种还原性物质完全氧化。

③用微孔玻璃漏斗过滤，滤去 MnO_2 沉淀及杂质。

④过滤后的 $KMnO_4$ 溶液装于棕色瓶中，放置于暗处，待标定。

用来标定的基准物质有 $H_2C_2O_4 \cdot 2H_2O$、$Na_2C_2O_4$、$FeSO_4 \cdot 7H_2O$、$(NH_4)_2C_2O_4$、As_2O_3 及纯铁丝等。其中以 $Na_2C_2O_4$ 较为常用，因为 $Na_2C_2O_4$ 易提纯、性质稳定、不含结晶水，在 105～110 ℃下烘约 2 h，放置于干燥器中冷却至室温后即可称量使用。

用 $Na_2C_2O_4$ 标定 $KMnO_4$ 时，为使反应能定量地、较快地进行，应注意以下条件：

(1)温度

此反应在室温下速度较慢，因此常将溶液加热至 75～85 ℃时趁热滴定，滴定完毕时，溶液的温度不应低于 60 ℃，但温度也不宜过高，若高于 90 ℃，会使部分 $H_2C_2O_4$ 分解，使标定的结果偏高。

(2)酸度

应保持合适的酸度。酸度过高，会促使 $H_2C_2O_4$ 分解，酸度不足，又会使部分 MnO_4^- 被还原为 MnO_2 沉淀，一般在开始滴定时的最宜酸度为 0.5～1.0 mol/L H^+，滴定终止时，酸度为 0.2～0.5 mol/L H^+。

(3)滴定速度

最初反应速度仍然缓慢，但随着反应的进行，因生成的 Mn^{2+} 有催化作用，使反应速度大大加快，因此，开始滴定时滴定速度不能过快，即滴定速度概括为：慢，快，慢。

(4)滴定终点

滴定至溶液为粉红色并保持 30 s 不褪色就可以认为已达到滴定终点。

2) $K_2Cr_2O_7$ 标准溶液的配制

在分析天平上用差减法准确称取经烘干、冷却干燥的基准 $K_2Cr_2O_7$，用少量蒸馏水溶解后，定量移入容量瓶中定容，混匀。根据质量和体积计算配制的 $K_2Cr_2O_7$ 标准溶液的物质的量浓度。

3) $Na_2S_2O_3$ 标准溶液的配制和标定

配制 $Na_2S_2O_3$ 标准溶液时应先煮沸蒸馏水，除去水中的 CO_2 及杀灭微生物，加入少量 Na_2CO_3 使溶液呈微碱性，以防止 $Na_2S_2O_3$ 分解。日光能促使 $Na_2S_2O_3$ 分解，所以 $Na_2S_2O_3$ 溶液应储存于棕色瓶中，放置暗处，经一两周后再标定。长期保存的溶液，在使用时应重新标定。

标定 $Na_2S_2O_3$ 溶液常用 $K_2Cr_2O_7$，$KBrO_3$，KIO_3 等基准物质。

若用 $K_2Cr_2O_7$ 标准溶液标定，可根据 $K_2Cr_2O_7$ 和 $Na_2S_2O_3$ 反应的物质的量的关系：$6n(Cr_2O_7^{2-}) = n(S_2O_3^{2-})$ 计算 $Na_2S_2O_3$ 标准溶液的浓度。

4) I_2 标准溶液的配制和标定

I_2 标准溶液可用升华法制得的纯碘直接配制。但 I_2 具有挥发性和腐蚀性，不宜在天平上称量，故通常先配成近似浓度的溶液，然后进行标定。市售的 I_2 含有杂质，也采用间接法配制 I_2 标准溶液。由于碘在水中的溶解度很小，通常在配制 I_2 溶液时加入过量的 KI 以增加其溶解度，降低 I_2 的挥发性。

标定 I_2 溶液的浓度，可用升华法精制的 As_2O_3(俗称砒霜，剧毒！)作基准物质。但常用已标定好的 $Na_2S_2O_3$ 标准溶液来标定。

6.3.2 氧化还原滴定的预处理

滴定前,使待测组分转变为一定价态(氧化为高价态或还原为低价态)的步骤,称为预先氧化或预先还原处理。

【例6.3】 Sn^{4+}的测定,要找一个强还原剂来直接滴定它也是不可能的,也需进行预处理。将预Sn^{4+}还原成Sn^{2+},就可选用合适的氧化剂(如碘溶液)来滴定。

【例6.4】 测定铁矿石中总铁含量时,铁是以两种价态(Fe^{3+}、Fe^{2+})存在。若分别测定Fe^{3+}和Fe^{2+}就需要两种标准溶液。若是将Fe^{3+}预先还原成Fe^{2+},然后用$K_2Cr_2O_7$滴定,则只需滴定一次即求得总铁量。

氧化还原滴定的预处理包括预氧化处理和预还原处理两种。预氧化剂或还原剂的选择原则如下:

①反应进行完全,速率快。

②必须将欲测组分定量地氧化或者还原。

③反应具有一定的选择性。

④过量的氧化剂或还原剂易于除去(有加热分解、过滤、利用化学反应等方法)。

常用预氧化处理的方法,见表6.3;常用预还原处理的方法,见表6.4。

表6.3 常用预氧化处理的方法

氧化剂	反应条件	主要应用	除去方法
$(NH_4)_2S_2O_8$	酸性	$Mn^{2+} \rightarrow MnO_4^-$ $Cr^{3+} \rightarrow Cr_2O_7^{2-}$ $VO^{2+} \rightarrow VO_3^-$	煮沸分解
H_2O_2	碱性	$Cr^{3+} \rightarrow CrO_4^{2-}$	煮沸分解
Cl_2　Br_2	酸性或中性	$I_2 \rightarrow IO_3^-$	煮沸或通空气
$KMnO_4$	酸性 碱性	$VO^{2+} \rightarrow VO_3^-$ $Cr^{3+} \rightarrow CrO_4^{2-}$	加NO_2^-除去
$HClO_4$	酸性	$Cr^{3+} \rightarrow Cr_2O_7^{2-}$ $VO^{2+} \rightarrow VO_3^-$	稀释
KIO_4	酸性	$Mn^{2+} \rightarrow MnO_4^-$	不必除去

表6.4 常用预还原处理的方法

还原剂	反应条件	主要应用	除去方法
SO_2	中性或弱酸性	$Fe^{3+} \to Fe^{2+}$	煮沸或通 CO_2
$SnCl_2$	酸性加热	$Fe^{3+} \to Fe^{2+}$ As(Ⅴ)→As(Ⅲ) Mo(Ⅵ)→Mo(Ⅴ)	加 $HgCl_2$ 氧化
$TiCl_3$	酸性	$Fe^{3+} \to Fe^{2+}$	水稀释,Cu 催化空气氧化
Zn,Al	酸性	$Fe^{3+} \to Fe^{2+}$ Ti(Ⅳ)→Ti(Ⅲ)	过滤或加酸溶解

6.3.3 氧化还原滴定法的应用

1)高锰酸钾法的应用示例

(1)市售双氧水中 H_2O_2 含量的测定——直接法

在酸性溶液中,H_2O_2 可被 $KMnO_4$ 氧化:

$$2MnO_4^- + 5H_2O_2 + 6H^+ \longrightarrow 2Mn^{2+} + 5O_2 + 8H_2O$$

用移液管吸取市售双氧水 1.00 mL,放入 250 mL 容量瓶中稀释至刻度。准确移取稀释后的溶液 25.00 mL 于锥形瓶中,加 6 mL 3mol/L H_2SO_4,用 $KMnO_4$ 标准溶液滴定溶液呈粉红色,即为终点。H_2O_2(mg/mL)的含量可按下式计算:

$$w(H_2O_2) = \frac{\frac{5}{2} \times c(KMnO_4) \times V(KMnO_4) \times M(H_2O_2) \times 1\ 000}{1.00 \times \frac{25.00}{250.0}}$$

(2)高锰酸钾法测钙——间接法

操作过程可分为以下 3 步:

①先将试样处理成溶液,然后利用 Ca^{2+} 与 $C_2O_4^{2-}$ 反应生成 CaC_2O_4 沉淀:

$$Ca^{2+} + C_2O_4^{2-} \rightleftharpoons CaC_2O_4 \downarrow$$

②将沉淀过滤、洗涤后溶于热的稀 H_2SO_4 中:

$$CaC_2O_4 + 2H^+ \rightleftharpoons H_2C_2O_4 + Ca^{2+}$$

③用 $KMnO_4$ 标准溶液滴定生成的 $H_2C_2O_4$:

$$2MnO_4^- + 5H_2C_2O_4 + 6H^+ \rightleftharpoons 2Mn^{2+} + 10CO_2 \uparrow + 8H_2O$$

滴定到溶液呈淡粉红色时为终点。可利用下式计算钙的含量:

$$w(Ca) = \frac{\frac{5}{2} c(KMnO_4) \times V(KMnO_4) \times M(Ca)}{m_s} \times 100\%$$

(3)MnO_2 测定——返滴定法

软锰矿中 MnO_2 的测定利用 MnO_2 与 $C_2O_4^{2-}$ 在酸性溶液中的反应,其反应式如下:

$$MnO_2 + C_2O_4^{2-} + 4H^+ = Mn^{2+} + CO_2 + 2H_2O$$

加入一定量过量的 $Na_2C_2O_4$ 于磨细的矿样中,加 H_2SO_4 并加热,当样品中无棕黑色颗粒存在时,表示试样分解完全。用 $KMnO_4$ 标准溶液趁热返滴定剩余的草酸。由 $Na_2C_2O_4$ 的加入量和 $KMnO_4$ 溶液消耗量之差求出 MnO_2 的含量。

(4)部分有机物的测定

氧化有机物的反应在碱性溶液中比在酸性溶液中快,采用加入过量 $KMnO_4$ 并加热的方法可进一步加速反应。如测定甘油时,加入一定量过量的 $KMnO_4$ 标准溶液到含有试样的 2 mol/L NaOH溶液中,放置片刻,溶液中发生如下反应:

$$HOCH_2CHOH\ CH_2OH + 14MnO_4^- + 20OH^- \longrightarrow 3CO_3^{2-} + 14MnO_4^{2-} + 14\ H_2O$$

待溶液反应完全后将溶液酸化,MnO_4^{2-} 歧化成 MnO_4^- 和 MnO_2,加入过量的 $Na_2C_2O_4$ 标准溶液还原所有高价锰为 Mn^{2+}。最后再以 $KMnO_4$ 标准溶液滴定剩余的 $Na_2C_2O_4$。由两次加入的 $KMnO_4$ 量和 $Na_2C_2O_4$ 的量计算甘油的质量分数。甲醛、甲酸、酒石酸、柠檬酸、苯酚、葡萄糖等都可按此法测定。

2)重铬酸钾法的应用示例——亚铁含量测定

重铬酸钾法测定铁是测定矿石中全铁量的标准方法。亚铁盐中亚铁含量的测定可用 $K_2Cr_2O_7$ 标准溶液滴定,在酸性溶液中反应式为

$$Cr_2O_7^{2-} + 6Fe^{2+} + 14H^+ \longrightarrow 2Cr^{3+} + 6Fe^{3+} + 7H_2O$$

试样制成溶液后,加入 H_2SO_4-H_3PO_4 混合酸,以二苯胺磺酸钠为指示剂,到达滴定终点时溶液颜色由浅绿色变为紫蓝色。由于指示剂变色时只能氧化91%左右的 Fe^{2+}。因此,为了减少误差,必须在滴定前加入 H_3PO_4,与 Fe^{3+} 形成无色的 $Fe(HPO_4)_2^-$,既消除了 Fe^{3+} 的黄色对终点观察的干扰,又增大了突跃范围,有利于终点颜色的观察。

根据反应物之间物质的量的关系1分子 $K_2Cr_2O_7$ 与6分子 Fe 相当,亚铁的含量可用下式计算:

$$w(Fe) = \frac{6c(K_2Cr_2O_7) \times V(K_2Cr_2O_7) \times M(Fe)}{m_s} \times 100\%$$

3)碘量法应用示例

(1)维生素C(Vc)含量测定

维生素C(抗坏血酸)分子中含有烯二醇基($\overset{OH}{\underset{|}{}}\!\!-\overset{|}{C}=\overset{|}{C}-$ 上连 OH OH),易被 I_2 定量氧化成含二酮基的脱氢维生素C,故可用直接碘量法测定含量。

在碱性条件下有利于反应进行,但 Vc 的还原性很强,在碱性环境中易被空气中的 O_2 氧化,故滴定时加一些 HAc 使滴定在弱酸性溶液中进行,以减少 Vc 被空气氧化所造成的误差。在反应中1分子 Vc 与1分子 I_2 作用,可按下式计算 Vc 的含量。

$$w(Vc) = \frac{c(I_2)V(I_2) \times M(Vc)}{m_{试样}}$$

果蔬中的 Vc 具有还原性,能将蓝色染料2,6-二氯酚靛酚还原为无色的化合物。2,6-二氯酚靛酚具有酸碱指示剂及氧化还原指示剂的两种特性:其在碱性介质中呈深蓝色,在酸性介质

中呈浅红色（变色范围 pH =4 ~5）；而氧化态时呈深蓝色（碱介质中）或浅红色（酸介质中），还原态为无色。根据这些特性，用蓝色染料碱性的标准溶液滴定植物样品酸性浸出液中 Vc 到刚变浅红色为终点，由染料的用量即可计算 Vc 的含量。滴定终点的红色是刚过量的未被还原的（氧化型）染料溶液在酸性介质中的颜色。

通常 Vc 的浸提和滴定都是在醋酸溶液中进行的，目的是保持反应时一定的酸度，避免 Vc 在 pH 高时易被空气氧化。

（2）漂白粉中有效氯含量的测定

漂白粉主要成分是由 $Ca(ClO)_2$、$CaCl_2 \cdot Ca(OH)_2 \cdot H_2O$ 和 CaO 组成的混合物，常用化学式 Ca(ClO)Cl 表示。

漂白粉在酸的作用下可放出氯气：

$$Ca(ClO)Cl + 2H^+ \rightleftharpoons Ca^{2+} + Cl_2 + H_2O$$

放出的氯气具有漂白作用，称有效氯，以此来表示漂白粉的纯度。漂白粉中的有效氯含量常用滴定碘法进行测定，即在一定量的漂白粉中加入过量的 KI，加 H_2SO_4 酸化，有效氯与 I^- 作用析出等量的 I_2，析出的 I_2 以淀粉指示剂立即用 $Na_2S_2O_3$ 标准溶液滴定。

以上过程可以用以下反应方程表示：

$$ClO^- + Cl^- + 2H^+ \rightleftharpoons Cl_2 + H_2O$$

$$Cl_2 + 2I^- \rightleftharpoons I_2 + 2Cl^-$$

$$I_2 + 2S_2O_3^{2-} \rightleftharpoons 2I^- + S_4O_6^{2-}$$

$$w(Cl_2) = \frac{\frac{1}{2} \times c(Na_2S_2O_3) \times V(Na_2S_2O_3) \times M(Cl_2)}{m_{试样}} \times 100\%$$

（3）胆矾（$CuSO_4 \cdot 5H_2O$）中铜含量的测定

用间接碘量法可测定胆矾中铜离子的浓度。其原理为：在弱酸性介质中，Cu^{2+} 与过量的 KI 作用，生成 CuI 沉淀，同时析出 I_2。析出的 I_2 以淀粉为指示剂，用 $Na_2S_2O_3$ 标准溶液滴定。其反应如下：

$$2Cu^{2+} + 4I^- \xlongequal{} 2CuI\downarrow + I_2$$

或

$$2Cu^{2+} + 5I^- \xlongequal{} 2CuI\downarrow + I_3^-$$

$$I_2 + 2S_2O_3^{2-} \xlongequal{} 2I^- + S_4O_6^{2-}$$

I^- 不仅是还原剂，而且也是 Cu^{2+} 的沉淀剂和 I_2 的配合剂。加入适当过量的 KI，可使 Cu^{2+} 的还原趋于完全。上述反应须在弱酸性或中性介质中进行，通常控制溶液的 pH 为 3.5 ~4.0。以防止 Cu^{2+} 的水解及 I_2 的歧化。酸化时常用 H_2SO_4 或 HAc，而不用 HCl 和 HNO_3。

根据反应物物质的量的关系得：1 分子 Cu^{2+} 与 1 分子 $Na_2S_2O_3$ 相当，因此，可用下式进行计算。

$$w(Cu) = \frac{c(Na_2S_2O_3)V(Na_2S_2O_3)M(Cu)}{m_s} \times 100\%$$

CuI 的沉淀表面易吸附 I_2，使终点变色不够敏锐且产生误差。通常在接近终点时加入 KSCN（或 NH_4SCN），将 CuI 转化成溶解度更小的 CuSCN 沉淀，CuSCN 更容易吸附 SCN，从而释放出被吸附的 I_2，使滴定趋于完全。

(4)葡萄糖含量的测定

I_2 与 NaOH 作用可生成次碘酸钠(NaIO),葡萄糖($C_6H_{12}O_6$)能定量地被 NaIO 氧化成葡萄糖酸($C_6H_{12}O_7$)。在酸性条件下,未与葡萄糖作用的 NaIO 可转变成 I_2 析出,因此,只要用 $Na_2S_2O_3$ 标准溶液滴定析出的 I_2,便可计算出 $C_6H_{12}O_6$ 的含量。其反应如下:

$$I_2 + 2NaOH = NaIO + NaI + H_2O$$

$$C_6H_{12}O_6 + NaIO = C_6H_{12}O_7 + NaI$$

总反应为

$$I_2 + 2NaOH + C_6H_{12}O_6 = C_6H_{12}O_7 + NaI + H_2O$$

剩余的 NaIO 在碱性条件下发生歧化反应:

$$3NaIO = NaIO_3 + 2NaI$$

在酸性条件下:

$$NaIO_3 + 5NaI + 6HCl = 3I_2 + 6NaCl + 3H_2O$$

析出过量的 I_2 可用 $Na_2S_2O_3$ 标准溶液滴定

$$I_2 + 2Na_2S_2O_3 = Na_2S_4O_6 + 2NaI$$

由以上反应可知,1 分子葡萄糖与 1 分子 NaIO 作用,而 1 分子 I_2 产生 1 分子 NaI,也就是 1 分子葡萄糖与 1 分子 I_2 相当,也与 2 分子 $Na_2S_4O_6$ 相当。葡萄糖含量可用下式计算:

$$w(C_6H_{12}O_6) = \frac{\left[c(I_2)V(I_2) - \frac{1}{2}c(Na_2S_2O_3)V(Na_2S_2O_3)\right]M(C_6H_{12}O_6)}{m_s} \times 100\%$$

本章小结

通过本章的学习,了解沉氧化还原反应及电极电位相关初步知识。氧化还原滴定法部分讨论了 3 种常用的方法高锰酸钾、重铬酸钾、碘量法,介绍了 3 种方法的原理、滴定条件、标准溶液、常见的几个测定示例。

复习思考题

1. 氧化还原指示剂的变色原理和选择与酸碱指示剂有何异同点?
2. 什么是标准电位? 电极电位的大小有何意义?
3. 应用于氧化还原滴定法的反应具备什么条件?
4. 氧化还原滴定法根据所选作标准溶液的氧化剂的不同可分为哪几类? 这些方法的基本反应是什么?
5. 氧化还原滴定中的指示剂分为几类? 其中亚铁盐中铁含量测定中,二苯胺磺酸钠属于哪类指示剂? 在碘量法中,淀粉溶液属于哪类指示剂? 各自如何指示滴定终点?
6. 在进行氧化还原滴定之前,为什么要进行预氧化或预还原的处理? 预处理时对所用的预氧化剂或还原剂有哪些要求?
7. 比较用 $KMnO_4$ 和 $K_2Cr_2O_7$ 作滴定剂的优缺点。
8. 配制、标定和保存 I_2 标准溶液时,应注意哪些事项?

9. 在配制 I_2 溶液时，加入 KI 的作用是什么？

10. 碘量法的主要误差来源有哪些？为什么碘量法不适宜在高酸度或高碱度下进行？

11. 用碘量法滴定含 Fe^{3+} 的 H_2O_2 试液，应注意哪些问题？

12. 用 30.00 mL 某 $KMnO_4$ 标准溶液恰能氧化一定的 $KHC_2O_4 \cdot H_2O$，同样质量的又恰能与 25.20 mL 浓度为 0.201 2 mol/L 的 KOH 溶液反应。计算此 $KMnO_4$ 溶液的浓度。

13. 准确称取软锰矿试样 0.526 1 g，在酸性介质中加入 0.704 9 g 纯 $Na_2C_2O_4$。待反应完全后，过量的 $Na_2C_2O_4$ 用 0.021 60 mol/L $KMnO_4$ 标准溶液滴定，用去 30.47 mL。计算软锰矿中 MnO_2 的质量分数(%)？

14. 将 0.196 3 g 分析纯 $K_2Cr_2O_7$ 试剂溶于水，酸化后加入过量 KI，析出的 I_2 需用 33.61 mL $Na_2S_2O_3$ 溶液滴定。计算 $Na_2S_2O_3$ 溶液的浓度？

15. 将 1.025 gMnO_2 矿样溶于浓盐酸中，产生的氯气通入浓 KI 溶液后，将其体积稀释到 250.0 mL。然后取此溶液 25.00 mL，用 0.105 2 mol/L $Na_2S_2O_3$ 标准溶液滴定，需要20.02 mL。求软锰矿中 MnO_2 的质量分数(%)。

维生素 C 的发现及作用

维生素 C 又称抗坏血酸，属于水溶性维生素。维生素 C 的发现及发展经过了漫长的过程。关于坏血病的明确记载始于 13 世纪十字军东征时代，另据称，在原始社会人类的遗体上也曾发现过坏血病的遗迹。坏血病在历史上曾是严重威胁人类健康的一种疾病，过去几百年间曾在海员、探险家及军队中广泛流行，特别是在远航海员中尤为严重，故有“水手的恐怖”之称。16—18 世纪，由于缺乏维生素 C 而导致的坏血病曾夺取了几十万英国水手的生命。1747 年，英国海军军医林德总结了前人的经验，建议海军和远征船队的船员在远航时多吃些柠檬。他的建议被采纳后就未曾发生过坏血病，但当时还不知道柠檬中的什么物质对坏血病有抵抗作用。直到 20 世纪 30 年代，维生素 C 能进行人工合成以后，才引起营养界和化学家的关注。

人们在应用和研究中发现，维生素 C 是一种抗氧化剂，在生物氧化、还原过程和细胞呼吸中起着重要作用；它能参与氨基酸代谢、神经递质的合成、胶原蛋白和组织细胞间质的合成，具有降低毛细血管的通透性、刺激凝血功能、增加对感染的抵抗作用；还能够参与解毒功能，具有抗组胺及阻止致癌物质生产的作用。在临床上，维生素 C 可用于补充营养及治疗坏血病、齿龈肿胀、齿龈出血，以及用于各种急、慢性传染病或其他疾病以增加抵抗力，病后恢复期、创伤愈合期的辅助治疗，也用于过敏性疾病的辅助治疗。但近年来国内外研究发现，由于维生素 C 的用量日趋增大，产生的不良反应也越来越多。曾有专家指出“长期服用维生素 C，会给人体带来隐患。”这是因为人体具有生理调节作用，会逐渐适应高剂量的维生素 C ，一旦停用维生素 C，3 天后就可出现维生素 C 缺乏的症状，轻者引起牙龈出血，重者皮下出血甚至形成淤斑。而长期过量服用维生素 C，还会诱发胃出血、尿路结石、贫血，以及加速动脉硬化的发生等。此外，过量维生素 C 不但不能增强人体的免疫能力，反而会使其受到削弱。由于维生素 C 广泛存在于新鲜水果、蔬菜中，因此，提倡人们平时多吃蔬菜水果，就可获得足够的维生素 C。

实训 6.1　高锰酸钾法测定过氧化氢的含量

【实验目的】

1. 掌握高锰酸钾标准溶液的配制及标定。

2. 学习高锰酸钾法直接测定过氧化氢含量的原理及方法。

3. 进一步了解自身指示剂的特点，掌握滴定终点的判断。

【实验原理】

高锰酸钾是常用的氧化剂，氧化性强，尤其在强酸性溶液中，氧化能力更强，同时，由于高锰酸钾溶液呈深紫色，在水中着色能力较强，浓度很小时即可观察到明显的粉红色，所以滴定终点不必另加入指示剂，稍过量的高锰酸钾即呈粉红色，可指示滴定终点的到达。高锰酸钾不稳定，易分解；氧化性强，易与水中的有机物、空气中的尘埃以及氨等还原性物质作用，不易得到很纯的试剂，所以须用间接法配制标准溶液。一般在制备高锰酸钾标准溶液时，需加热沸腾约 1 h 以上，以充分氧化水中的有机杂质，并静置 2 ~ 3 d，再除去生成的沉淀，同时保存在棕色小口瓶中，避免光照，以保持溶液浓度相对稳定，不致迅速氧化。标定高锰酸钾溶液的基准物质有 $H_2C_2O_4 \cdot 2H_2O$、$Na_2C_2O_4$、As_2O_3、$FeSO_4 \cdot 7H_2O$、$Fe(NH_4)_2(SO_4)_2 \cdot 6H_2O$ 和纯铁丝等。由于前两者较易纯化，故在标定高锰酸钾时经常使用。用 $Na_2C_2O_4$ 标定预先配好的高锰酸钾溶液，二者反应方程式如下：

$$2KMnO_4 + 5Na_2C_2O_4 + 8H_2SO_4 = K_2SO_4 + 2MnSO_4 + 5Na_2SO_4 + 10CO_2 + 8H_2O$$

直接称取一定质量的 $Na_2C_2O_4$，用少量蒸馏水溶解后，用待标定的高锰酸钾溶液滴定至终点，计算高锰酸钾溶液的准确浓度，其计算公式为

$$c(KMnO_4) = \frac{2 \times m(Na_2C_2O_4)}{5 \times V(KMnO_4) \times M(Na_2C_2O_4)}$$

式中　$V(KMnO_4)$——标准溶液（$KMnO_4$）的体积，L；

$c(KMnO_4)$——标准溶液（$KMnO_4$）的浓度，mol/L；

$M(Na_2C_2O_4)$——$Na_2C_2O_4$ 的摩尔质量，g/mol；

$m(Na_2C_2O_4)$——所称试剂质量，g。

过氧化氢在工业、生物、医药等方面有广泛的应用，常常需要测定其含量。市售双氧水中 H_2O_2 的含量约 30%，测定时需要稀释。过氧化氢既有氧化性又有还原性，在酸性介质中和室温条件下能被高锰酸钾定量氧化生成游离的氧和水，其反应方程式为

$$2KMnO_4 + 5H_2O_2 + 3H_2SO_4 = K_2SO_4 + 2MnSO_4 + 5O_2\uparrow + 8H_2O$$

室温时，开始缓慢，随着 Mn^{2+} 的生成而反应加快。H_2O_2 加热时易分解，因此，滴定时通常加入 Mn^{2+} 作催化剂。

【实验仪器及试剂】

1. 仪器：分析天平、称量瓶、酸式滴定管、锥形瓶、量筒、烧杯、移液管。

2. 试剂：0.02 mol/L $KMnO_4$、草酸钠（分析纯）、3 mol/L H_2SO_4 溶液、H_2O_2 试样（市售 H_2O_2 溶液含量约 30%①）。

【实验步骤】

1）0.020 mol/L $KMnO_4$ 标准溶液配制

称取 3.3 g 高锰酸钾，置于大烧杯中，加入 1 L 蒸馏水，搅拌使之溶解，盖上表面皿，加热沸腾 1 ~2 h，及时补充损失的水，冷却后置于棕色瓶中，放在暗处静置 2 ~ 3 d 后，过滤后滤液保存于棕色瓶，待标定。

2）0.02 mol/L 高锰酸钾溶液的标定

称取 0.15 ~0.18 g 预先已干燥过的分析纯草酸钠 3 份，分别置于锥形瓶中，各加入 30 mL 蒸馏水和 10 mL、3 mol/L H_2SO_4，使草酸钠溶解，慢慢加热，直到有蒸汽冒出（为 75 ~85℃）。趁热用待标定的 $KMnO_4$ 溶液进行滴定，开始时，速度一定要慢②，滴入第 1 滴溶液后，不断摇动锥形瓶，使溶液充分混合反应，当紫红色褪去后再滴入第 2 滴。因为当溶液中有 Mn^{2+} 产生后，反应速度会加快，滴定速度也可随之加快，但仍需按照滴定规则进行。临近终点时，紫红色褪去很慢，此时，应减慢滴定速度，同时充分摇匀，以防滴过了终点。最后滴加半滴 $KMnO_4$ 溶液摇匀后 30 s 内不褪色即为达到终点，记下消耗 $KMnO_4$ 溶液体积。平行测定 3 次，计算 $KMnO_4$溶液的准确浓度。

3）样品的测定

用移液管移取③ H_2O_2 试样溶液 5.0 mL，置于 250 mL 容量瓶中，加蒸馏水稀释至刻度，充分摇匀备用。用移液管移取稀释过的 H_2O_2 25.00 mL 于 250 mL 锥形瓶中，加入 3 mol/L H_2SO_4 5 mL，加 20 ~30 mL 水稀释，用 $KMnO_4$ 标准溶液滴定到溶液呈微红色，30 s 不褪色即为滴定终点，记录消耗 $KMnO_4$ 标准溶液的体积。平行测定 3 次，计算试样中 H_2O_2 的质量浓度（g/L）和相对平均偏差。

$$H_2O_2(\mathrm{mg/L}) = \frac{\frac{5}{2}c(KMnO_4) \times V(KMnO_4) \times M(H_2O_2) \times 1\,000 \times 250/25}{5.0/1\,000}$$

式中 $V(KMnO_4)$——标准溶液（$KMnO_4$）的体积，L；

$c(KMnO_4)$——标准溶液（$KMnO_4$）的浓度，mol/L；

$M(H_2O_2)$——H_2O_2 摩尔质量，g/mol。

【思考题】

1. 本次实验的滴定速度为什么是先慢、再快、后又慢的变化过程？

---

①滴定终了时，溶液温度不应低于 55 ℃，否则因反应速度较慢会影响终点观察的准确性。操作过程中加热可使反应速度增快，但不可热至沸腾，否则会引起 $Na_2C_2O_4$ 分解。

②滴定开始时反应进行得很慢，加入 $KMnO_4$ 不能立即褪色，但一经反应生成 Mn^{2+} 后，Mn^{2+} 对反应有催化作用，反应就加快了。为了更好的观察终点的颜色变化，临近终点时，应减慢滴定。

③H_2O_2 试样若系工业产品，常加有乙酰苯胺或脲素等有机化合物作稳定剂，它们也有还原性，滴定时也将被 $KMnO_4$ 氧化，会造成测定误差，用高锰酸钾法测定不合适。此时应用采用碘量法或硫酸铈法进行测定。学生讲清楚双氧水的移取及移液管的操作技能. 不可用嘴吸的方法移取 H_2O_2；不要将过氧化氢和高锰酸钾溶液洒在衣服和手上。

2. 为什么用 H_2SO_4 溶液调节酸度？可否采用 HNO_3、HCl 和 HAc？为什么？

3. 用 $Na_2C_2O_4$ 标定高锰酸钾溶液浓度时，酸度过高或过低有无影响？溶液温度过高或过低有什么影响？

4. 盛过高锰酸钾溶液的容器，常常有不易洗去的棕色物质，这是什么？怎样洗去？

5. 实验中测定 H_2O_2时为什么将市售 H_2O_2（溶液含量约 30%）稀释后再测定？

6. 除高锰酸钾法还有哪些方法可以测定过氧化氢含量？

实训 6.2　重铬酸钾法测定亚铁离子

【实验目的】

1. 练习直接法配制标准溶液。

2. 掌握重铬酸钾测定亚铁离子的原理及方法，了解重铬酸钾法的应用。

3. 进一步熟练滴定操作技术。

【实验原理】

重铬酸钾法是用重铬酸钾作为氧化剂，配成标准溶液来测定还原性物质的一种氧化还原滴定方法。重铬酸钾易提纯、性质稳定，可用直接法配制标准溶液，所以应用较方便。但由于其氧化性不如高锰酸钾强，因此在应用上受到一定限制。

在酸性溶液中重铬酸钾氧化还原性物质时，本身被还原成绿色的 Cr^{3+}，因此应用时，往往在酸性介质中进行，且必须借助指示剂指示终点。

硫酸亚铁样品由于具有较强的还原性，在存放过程中其亚铁离子往往易被空气中的氧氧化成铁离子而带黄棕色，使亚铁离子的含量发生变化，采用重铬酸钾法可以测定硫酸亚铁样品中 Fe^{2+} 的含量。两者发生的反应如下：

$$6Fe^{2+} + Cr_2O_7^{2-} + 14H^+ \xlongequal{} 6Fe^{3+} + 2Cr^{3+} + 7H_2O$$

因为滴定过程中有 Fe^{3+} 生成，应加入 H_3PO_4 使其与 Fe^{3+} 形成 $[Fe(HPO_4)]^-$ 配位离子，降低溶液中的 Fe^{3+} 的浓度，增大滴定突跃范围，使指示剂变色明显，减小终点误差。

本实验采取准确称取一定量硫酸亚铁样品，溶解，以氧化还原指示剂二苯胺磺酸钠，用重铬酸钾标准溶液滴定至终点，根据下式计算 Fe^{2+} 含量（以质量分数计）：

$$w(Fe^{2+}) = \frac{6 \times c(K_2Cr_2O_7) \times V(K_2Cr_2O_7) \times M(Fe^{2+}) \times 250/25}{m(FeSO_4)} \times 100\%$$

式中　$V(K_2Cr_2O_7)$——标准溶液（$K_2Cr_2O_7$）的体积，L；

$c(K_2Cr_2O_7)$——标准溶液（$K_2Cr_2O_7$）的浓度，mol/L；

$M(Fe^{2+})$——Fe^{2+} 的摩尔质量，g/mol；

$m(FeSO_4)$——所称样品质量，g。

【实验仪器及试剂】

1. 仪器：烧杯、容量瓶、分析天平、移液管、酸式滴定管。

2. 试剂：重铬酸钾（分析纯）、硫酸亚铁样品、3 mol/L H_2SO_4、85% H_3PO_4、二苯胺磺酸钠指示剂(0.5%水溶液)等。

【实验步骤】

1)0.010 mol/L **重铬酸钾标准溶液的配制**

用分析天平准确称取重铬酸钾约0.75 g(保留4位有效数字),置于小烧杯中,加少量蒸馏水溶解后定量转入250 mL容量瓶中,洗涤、定容,摇匀,计算准确浓度,备用。

$$c(K_2Cr_2O_7)=\frac{m(K_2Cr_2O_7)}{V(K_2Cr_2O_7)\times M(K_2Cr_2O_7)}$$

2)**试样溶液的准备**

准确称取约1.6 g(保留4位有效数字)硫酸亚铁($FeSO_4 \cdot 7H_2O$)样品一份,置于小烧杯中,加入3 mol/L H_2SO_4 10 mL以防水解,再加蒸馏水少量,稍加热使之溶解,然后定量转入100 mL容量瓶中定容,充分摇匀备用。

3)**测定**

用25 mL移液管准确吸取硫酸亚铁试样溶液25.00 mL于烧杯中,加蒸馏水50 mL,以及3 mol/L H_2SO_4 10 mL,再加二苯胺磺酸钠指示剂2~3滴(加指示剂前后溶液均为无色,需特别注意),用重铬酸钾标准溶液滴定,至溶液出现较深绿色时,加入85% H_3PO_4 5 mL,继续滴定至溶液恰呈紫色或紫蓝色即为终点。记录消耗$K_2Cr_2O_7$标准溶液的体积。平行滴定3次。计算试样中Fe^{2+}含量(以质量分数计)。

【思考题】

1.配制硫酸亚铁溶液时,为什么要加硫酸?

2.本实验滴定在烧杯中进行时,能否边滴边摇动烧杯以混匀溶液?为什么?

3.重铬酸钾法测定亚铁时,加入H_2SO_4-H_3PO_4的作用是什么?

实验6.3 水果或Vc药片中Vc含量的测定

【实验目的】

1.掌握用直接碘量法测定水果或药片中维生素C含量的原理及方法。

2.掌握碘标准溶液的配制和标定方法。

3.了解测定Vc为什么在HAc介质中进行。

【实验原理】

维生素C又称抗坏血酸,属于水溶性维生素,分子式为$C_6H_8O_6$。通常用于防治坏血病及各种慢性传染病的辅助治疗,维生素C广泛存在于许多新鲜水果和蔬菜中,而市售的维生素药片同时会含淀粉等添加剂。但维生素C分子中的烯二醇基具有较强的还原性能被I_2定量氧化成二酮基,反应进行得很完全,可用于测定含量。其反应式为

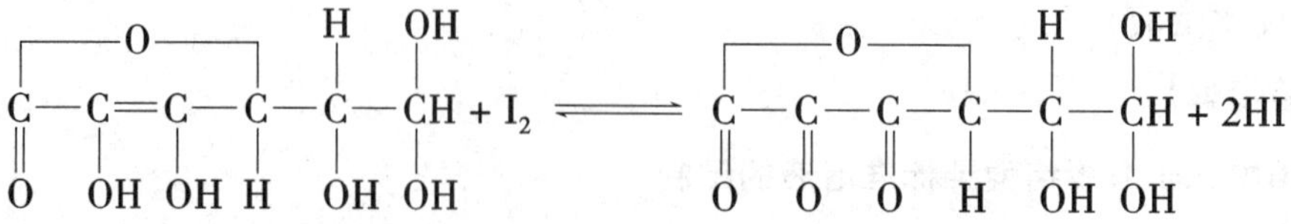

$$\text{C(=O)}-\text{C(OH)}=\text{C(OH)}-\text{CH}(-\text{O}-)-\text{CH(OH)}-\text{CH}_2\text{OH} + I_2 \rightleftharpoons \text{C(=O)}-\text{C(=O)}-\text{C(=O)}-\text{CH}(-\text{O}-)-\text{CH(OH)}-\text{CH}_2\text{OH} + 2HI$$

维生素 C 的还原性较强,易被空气氧化,特别在碱性溶液中更易被氧化,因此测定时加入 HAc 使溶液呈弱酸性,减少副反应,避免引起实验误差。

【实验仪器及试剂】

1. 仪器:酸式滴定管、碱式滴定管、锥形瓶、吸量管、移液管、分析天平。

2. 试剂:0.10 mol/L I_2 溶液、0.10 mol/L $Na_2S_2O_3$ 标准溶液、2.0 mol/L HAc 溶液、0.5% 淀粉指示剂溶液、维生素药片。

【实验步骤】

1)0.10 mol/L I_2 **标准溶液的配制**

称取 6.3 g 固体 I_2,另称取 12.5 g 固体 KI,混合研磨①,溶解于 100 mL 蒸馏水中,转入棕色试剂瓶,加水稀释至 250 mL,贴标签,待标定。

2)0.10 mol/L I_2 **标准溶液的标定**②

用移液管移取已标定过的 0.10 mol/L $Na_2S_2O_3$ 标准溶液 25.00 mL 于 250 mL 锥形瓶中,加入 2 mL 淀粉溶液,用配制的 I_2 溶液滴定至出现微蓝色即为终点,记录消耗的 I_2 溶液体积数,平行测定 3 次,计算 I_2 溶液的准确浓度。

$$c(I_2) = \frac{c(Na_2S_2O_3) \times V(Na_2S_2O_3)}{2V(I_2)}$$

3)**样品的测定**

将维生素 C 药片用研钵研成粉末,用电子天平准确称取 0.2 ~ 0.3 g 维生素粉末 3 份,分别于 250 mL 锥形瓶中,加入新煮过的冷蒸馏水 100 mL 和 2.0 mol/L HAc 1 mL 溶液混合溶解,加入 2 mL 淀粉溶液,迅速用 I_2 标准溶液滴定出现微蓝色为止即为终点,记录消耗的 I_2 标准溶液体积数,平行测定 3 次,计算关系式为

$$w(\text{Vc}) = \frac{c(I_2) \times V(I_2) \times M(C_6H_8O_6)}{m_s} \times 100\%$$

式中 $c(I_2)$——标准溶液的浓度,mol/L;

$V(I_2)$——标准溶液的体积,L;

$M(C_6H_8O_6)$——摩尔质量,g/mol;

m_s——Vc 样品质量,g。

---

①I_2 在水中溶解度很小(0.02 g/100 mL),但在 I^- 大量存在时,I_2 与 I^- 形成 I_3^- 配位离子,增大了 I_2 的溶解度又降低了 I_2 的挥发性。因此 I_2 必须在 KI 浓溶液中溶解后才可稀释。

②在强碱性中 I_2 会发生歧化反应;在强酸性中 $Na_2S_2O_3$ 会发生分解,且 KI 也会被空气氧化成 I_2,故 I_2 标定在 pH 约为 8 的溶液中进行,一般在 $NaHCO_3$ 溶液中进行。

【思考题】

1. 为什么维生素 C 含量的测定可用直接碘量法?

2. 维生素 C 试样溶解时为什么要用新煮过的冷蒸馏水?

3. 维生素 C 的含量测定为什么要在 HAc 溶液中进行?

4. 分析实验误差产生的原因主要有哪些?

实验 6.4　胆矾中硫酸铜含量的测定

【实验目的】

1. 掌握用间接碘法测定铜盐含量的原理及方法。

2. 学习终点的判断和观察。

【实验原理】

在 pH =3 ~4 的酸性溶液中 Cu^{2+} 与过量的 I^- 作用生成不溶性的 CuI 沉淀并定量析出 I_2:

$$2Cu^{2+} + 4I^- = 2CuI\downarrow + I_2$$

生成 I_2 的量,决定于试样中 Cu^{2+} 的含量,生成的 I_2 以淀粉为指示剂,用 $Na_2S_2O_3$ 标准溶液滴定,滴定至溶液的蓝色刚好消失即为终点。

$$I_2 + 2S_2O_3^{2-} = 2I^- + S_4O_6^{2-}$$

由于 CuI 沉淀表面吸附 I_2,故分析结果偏低,为了减少 CuI 沉淀对 I_2 的吸附,可在大部分 I_2 被 $Na_2S_2O_3$ 溶液滴定后,再加入 KCN 或 KSCN,使 CuI 沉淀转化为更难溶的 CuSCN 沉淀。

$$CuI + SCN^- = CuSCN\downarrow + I^-$$

CuSCN 吸附 I_2 的倾向较小,因而可以提高测定结果的准确度。

【实验仪器及试剂】

1. 仪器:酸式滴定管、碱式滴定管、锥形瓶、吸量管、移液管。

2. 试剂:1 mol/L 硫酸溶液、10% KSCN 溶液、10% KI 溶液、0.5% 的淀粉溶液、碳酸钠、重铬酸钾、0.1 mol/L $Na_2S_2O_3$ 标准溶液、胆矾。

【实验步骤】

1)0.1 mol/L $Na_2S_2O_3$ **溶液的配制**

在 500 mL 新煮沸并冷却的蒸馏水①中加入 0.1 g 的 Na_2CO_3,待其在水中溶解后,加入 6.3 g的 $Na_2S_2O_3 \cdot 5H_2O$ 充分混合溶解,倒入棕色试剂瓶中,置于阴凉处 1 ~2 周后再标定。

---

①由于 $Na_2S_2O_3$ 遇酸会分解生成硫,配制时水中含有较多 CO_2 也会使配得的 $Na_2S_2O_3$ 溶液变浑浊;水中有微生物也能慢慢分解 $Na_2S_2O_3$,因此配制 $Na_2S_2O_3$ 溶液用新煮且冷却的蒸馏水,并加入少量 $NaHCO_3$,抑制微生物的生长,防止 $Na_2S_2O_3$ 分解。

2)0.1 mol/L $Na_2S_2O_3$ 溶液的标定[①]

准确称取 $K_2Cr_2O_7$ 基准物质 0.12～0.13 g 3 份，分别于锥形瓶中。取其中 1 份加 30 mL 蒸馏水使之溶解，加入 6 mol/L HCl 和 2 g KI 固体，溶解混匀加盖，于暗处放置 5 min 后，加蒸馏水30 mL，立即用待标定的 $Na_2S_2O_3$溶液滴定至黄绿色，加入 2 mL 淀粉溶液，继续滴定至亮绿色，即为终点，重复标定另外两份，计算 $Na_2S_2O_3$ 溶液的准确浓度。根据反应

$$Cr_2O_7^{2-} + 6I^- + 14H^+ = 2Cr^{3+} + 3I_2 + 7H_2O$$

$$I_2 + 2S_2O_3^{2-} = 2I^- + S_4O_6^{2-}$$

可以看出 1 mol $Cr_2O_7^{2-}$ 相当于 6 mol $S_2O_3^{2-}$。

$$c(Na_2S_2O_3) = \frac{6m(K_2Cr_2O_7)}{V(Na_2S_2O_3)M(K_2Cr_2O_7)}$$

式中 $c(Na_2S_2O_3)$——标准溶液的浓度，mol/L；
$V(Na_2S_2O_3)$——标准溶液的体积，L；
$M(K_2Cr_2O_7)$——$K_2Cr_2O_7$ 摩尔质量，g/mol；
$m(K_2Cr_2O_7)$——样品质量，g。

3)铜盐含量的测定

准确称取胆矾试样 0.5～0.6 g 3 份，分别置于锥形瓶中，加 3 mL mol/L H_2SO_4 溶液和 100 mL蒸馏水使其溶解，加入10% KI 溶液 10 mL，立即用0.1 mol/L $Na_2S_2O_3$ 标准溶液滴定至浅黄色，然后加入 2 mL 淀粉作指示剂，继续滴定至浅蓝色。再加 10% KSCN 10 mL，摇匀后溶液的蓝色加深，再继续用 $Na_2S_2O_3$ 标准溶液滴定至蓝色刚好消失为终点。平行测定 3 次。按下式计算：

$$w(CuSO_4 \cdot 5H_2O) = \frac{c(Na_2S_2O_3) \times V(Na_2S_2O_3) \times M(CuSO_4 \cdot 5H_2O)}{m_s} \times 100\%$$

式中 $c(Na_2S_2O_3)$——标准溶液的浓度，mol/L；
$V(Na_2S_2O_3)$——标准溶液的体积，L；
$M(CuSO_4 \cdot 5H_2O)$——摩尔质量，g/mol；
m_s——样品质量，g。

【思考题】

1. 配制、标定、保存 $Na_2S_2O_3$ 溶液应注意哪些问题？为什么？
2. 测定硫酸铜时为什么要在弱酸性溶液中进行？酸度太大或太小对测定有何影响？
3. 测定硫酸铜时为什么不能过早地加入淀粉溶液？

①在强碱性中 I_2 会发生歧化反应，而且 I_2 与 $Na_2S_2O_3$ 也会发生副反应；在酸性中 $Na_2S_2O_3$ 会发生分解，故 I_2 与 $Na_2S_2O_3$ 反应只能在中性或弱酸性中进行。

第7章　配位滴定法

【学习目标】

1. 掌握配位滴定法的基本原理。
2. 掌握指示剂的使用条件及注意事项。

【技能目标】

1. 掌握单一金属离子的滴定条件。
2. 了解提高配位滴定选择性的常用方法。
3. 熟悉 EDTA 滴定法的应用。

配位滴定法，也称为络合滴定法，是以配位反应为基础的滴定方法。虽然配位反应在化学反应中非常普遍，但在1945年氨羧配体应用以前，配位滴定法的应用却非常有限，这是由于：无机配合物的稳定性不能满足滴定反应的要求，且往往存在着逐级配位的现象，各级稳定常数之间的差别又很小，造成滴定终点难以准确判断，滴定误差较大。但是，自从氨羧配体应用于配位滴定分析后，配位滴定法得到了迅速的发展。

配位化合物简称配合物，也称络合物，是一类特点多样、组成复杂、应用广泛的化合物。从18世纪初期起，化学家们相继制备出许多复杂无机化合物，如 $CuSO_4 \cdot 4NH_3$、$4KCN \cdot 4Fe(CN)_2$等，人们发现用经典的化学键理论上无法解释这些化合物，后来研究学者们由此类复杂的无机化合物入手发现了配位化合物的相关理论。其实，自然界中绝大多数无机化合物（包括盐的水合晶体如 $CuSO_4 \cdot 5H_2O$ 等）都是以配位化合物的形式存在的。

金属有机配位化合物是配位化合物中最为重要的一类，在生物体内，金属元素就以金属有机配合物的形式存在，例如，镁的配合物就是植物中叶绿素的存在形式，植物的光合作用靠它来完成，又如铁的配合物是动物血液中血红蛋白的主要存在形式，它能够起到运输氧气的作用；此外，动物体内的各种酶几乎都是以金属配合物形式存在的。随着配位化学的发展，人们巧妙利用配合物的各种不同特性，将其广泛地应用于分析化学、生物化学、电化学、催化动力学等领域。与此同时，配位化学和配合物在科学研究和生产实践中也发挥着越来越重要的作用，例如，金属的分离和提取、工业分析、电镀、医药工业、催化、印染工业、环保、化学纤维工业以及生命科学、人体健康等，无一不与配位化合物有关。逐渐形成了一门独立的分支学科——配位化学，并越来越引起人们的重视。

7.1 概　述

7.1.1 配位化合物的定义

配位化合物含有复杂的配位单元，是一类复杂的化合物。配位单元由中心离子（或原子）与一定数目的分子或离子以配合键结合而成，例如，在硫酸铜溶液与氨水反应，随着氨水的加入，开始有蓝色 $Cu_2(OH)_2SO_4$ 沉淀生成，当继续加入氨水直至过量时，蓝色沉淀逐渐溶解，最终变成深蓝色溶液，总反应为

$$CuSO_4 + 4NH_3 \rightleftharpoons [Cu(NH_3)_4]SO_4\text{（深蓝色）}$$

此时除了 SO_4^{2-} 和 $[Cu(NH_3)_4]^{2+}$ 外，几乎在溶液中检查不出 Cu^{2+} 的存在。再如，在 $HgCl_2$ 与 KI 反应，随着 KI 溶液的加入，开始形成橘黄色 HgI_2 沉淀，当继续加 KI 直至过量时，橘黄色沉淀逐渐溶解，最终变成无色溶液。反应式为

$$HgCl_2 + 2KI \rightleftharpoons HgI_2\downarrow + 2KCl$$

$$HgI_2 + 2KI \rightleftharpoons K_2[HgI_4]$$

上述两个例子中，像 $[Cu(NH_3)_4]SO_4$ 和 $K_2[HgI_4]$ 这类较复杂的化合物就是配合物。

配合物可以看成由一个中心离子（或原子）和几个配体（阴离子或分子）以配位键相结合形成复杂离子（或分子），其中将这种复杂离子称为配离子，由配离子组成的化合物成为配合物，通常也可将配离子称为配合物。

配合物的形成和结构无法用经典的价键理论来解释，其具有自身的规律性。大多数配离子既存在于水溶液中，也能存在于晶体中。如明矾 $[KAl(SO_4)_2 \cdot 12H_2O]$ 是一种分子间化合物，但在其晶体中仅含有 K^+、Al^{3+}、SO_4^{2-} 和 H_2O 等简单离子和分子，并不存在配离子，因此，其并不是配位化合物。将其溶于水，其性质犹如简单的 K_2SO_4 和 $Al_2(SO_4)_3$ 的混合水溶液，因此人们又称明矾为复盐，需要注意的是，复盐不是配位化合物。

7.1.2 配位化合物的组成

由配离子形成的配合物由外界和内界两部分组成，内界由中心原子和配体组成，为配合物的特征部分，不在内界的其他离子构成外界。

以 $[Cu(NH_3)_4]SO_4$ 为例，Cu^{2+} 占据中心位置，称为中心离子（或形成体）；中心离子 Cu^{2+} 的周围，与 4 个 NH_3 分子以配位键结合，这些 NH_3 分子称为配体；中心离子与配体构成配合物的内界（配离子），在表示时通常把内界写在括号内；SO_4^{2-} 被称为外界，内界与外界之间是离子键，在水中全部离解。

现以 $[Cu(NH_3)_4]SO_4$ 和 $K_3[Fe(CN)_6]$ 为例，以图 7.1 表示配合物的组成。

1）形成体（中心离子）

配合物的核心一般是阳离子或电中性原子，又可称为形成体。其中，绝大多数为金属阳离

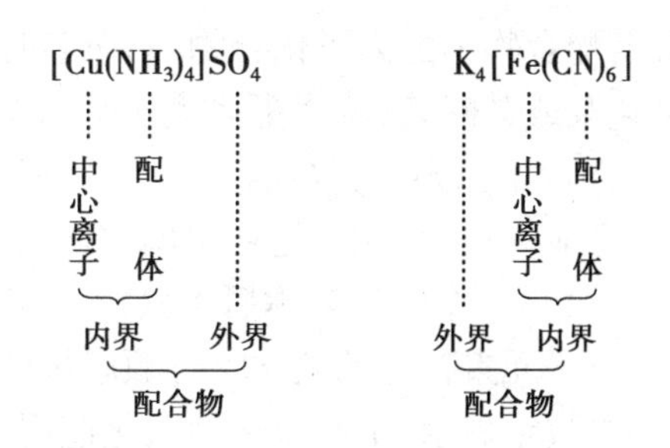

图 7.1　配合物的组成

子，特别是过渡金属离子，如 Cr^{3+}、Cu^{2+}、Fe^{3+} 等，这些金属阳离子必须具有空轨道，可接受配体给予的孤对电子。也有少数配合物的形成体是电中性原子，而不是金属阳离子，如 $[Ni(CO)_4]$ 中的 Ni 原子。

2）配位体和配位离子

在配合物中，配(位)体即能提供孤对电子的阴离子或中性分子，如 OH^-、SCN^-、CN^-、H_2O、NH_3 等。配位体中具有孤对电子并能够与中心离子形成配位键的原子称为配位原子。配位原子一般为非金属元素的原子，且其电负性一般都较大，如 F、O、S、N、Cl、Br、I、P、C 等。

按照一个配位体中所含配位原子的数目不同，可将配位体分为单齿配体和多齿配体，单齿配体如 OH^-、CN^-、SCN^-、NH_3 等，而多齿配体为含有两个或两个以上的配位原子，并且这些配位原子同时与一个中心离子形成配位键的配体，如 $C_2O_4^{2-}$、氨基乙酸(NH_2CH_2COOH)、乙二胺($NH_2C_2H_4$，缩写为 en)等。当形成配合物时，多齿配体中的配位原子同时与一个中心离子结合，形成的配合物常称螯合物。

3）配位数

配合物的配位数，即为直接与中心离子形成配位键的配位原子总数目。对于简单的配合物来说，其配体一般为单基配体，那么中心离子配位数就是内界中配体的总数目。例如，配合物 $[Co(NH_3)_6]^{3+}$，中心离子 Co^{3+} 与 6 个 NH_3 分子中的 N 原子配位，其配位数为 6；在配合物 $[Zn(en)_2]SO_4$ 中，中心离子 Zn^{2+} 与 2 个乙二胺分子结合，而每个乙二胺分子中有 2 个 N 原子配位；故 Zn^{2+} 的配位数为 4。因此，应注意配位数与配位体数的区别，在配合物中，中心离子的配位数可以是 1～12，但是最常见的配位数是 6 和 4。

中心离子配位数的大小与多种因素有关，既取决于中心离子和配体的性质(它们的电荷、半径、中心离子的电子层构型等)，也与形成配合物时的外界条件(如浓度、温度等)有关。如想获得较高配位数的配合物，可采取增大配体的浓度，降低反应的温度等手段。

4）配离子的电荷数

中心离子和配体电荷的代数和即为配离子的电荷数。以 $[Cu(en)_2]^{2+}$ 为例，配体都是中性分子，所以配离子的电荷等于中心离子的电荷，配离子的电荷数为 +2。而在 $[Fe(CN)_6]^{3-}$ 中，中心离子 Fe^{3+} 的电荷为 +3，6 个 CN^- 的电荷为 -6，故配离子的电荷数为其代数和，即为 -3。

7.1.3　配位化合物的命名

配位化合物组成复杂，须按统一的命名规则实行命名，根据 1979 年中国化学会无机专业委员会制定的汉语命名原则，若配合物为配离子化合物，则命名时阴离子在前，阳离子在后；若为配阳离子化合物，则称为某化某或某酸某；若为配阴离子化合物，则在配阴离子与外界阳离子之间用“酸”字连接。配体按照以下原则进行命名：

①配体名称列在中心原子之前。在配体中，先列出阴离子，后列出中性分子的名称，不同配体之间以中圆点“·”分开，在最后一个配体名称后缀以“合”字。

②同类配体的名称按配位原子元素符号的英文字母顺序排列。

③配位体个数用二、三、四等数字表示，中心原子的氧化值用带括号的罗马数字表示。

下面列举一些配合物命名的实例：

(1)含配阳离子的配合物

$[Cu(NH_3)_4]SO_4$　　硫酸四氨合铜(Ⅱ)

$[Co(NH_3)_5(H_2O)]Cl_3$　　三氯化五氨·水合钴(Ⅲ)

$[Co(NH_3)_6]Br_3$　　三溴化六氨合钴(Ⅲ)

$[CrCl_2(H_2O)_4]Cl$　　一氯化二氯·四水合钴(Ⅲ)

(2)含配阴离子的配合物

$K_3[Fe(CN)_6]$　　六氰合铁(Ⅲ)酸钾

$K[Fe(CN)_6]$　　六氰合铁(Ⅱ)酸钾

$NH_4[Cr(SCN)_4\cdot(NH_3)_2]$　　四硫氰·二氨合铬(Ⅲ)酸铵

$K[PtCl_5(NH_3)]$　　五氯·一氨合铂(Ⅳ)酸钾

(3)非电解质配合物

$[Fe(CO)_5]$　　五羰基合铁

$[Co(NO_2)_3(NH_3)_3]$　　三硝基·三氨合钴(Ⅲ)

$[PtCl_4(NH_3)_2]$　　四氯·二氨合铂(Ⅳ)

(4)除系统命名法外，有些配合物至今还沿用习惯命名

$K_4[Fe(CN)_6]$　　黄血盐

$K_3[Fe(CN)_6]$　　赤血盐

$[Ag(NH_3)_2]^+$　　银氨离子

7.1.4 螯合物

1)螯合物的概念

螯合物是一类由中心离子和多基配体形成的具有环状结构的配合物，又称内配合物。例如，多基配体乙二胺中有两个N原子可作为配位原子，而Cu^{2+}的配位数通常为4，因此，当其与Cu^{2+}配位时，由两个乙二胺分子(共有4个氮原子作为配位原子)与1个Cu^{2+}的配位，形成具有环状结构的螯合物$[Cu(en)_2]^{2+}$，如图7.2所示。

在$[Cu(en)_2]^{2+}$螯合物中，共有两个五元环，每个五元环皆有两个碳原子、两个氮原子和一个中心离子构成，大多数螯合物均由五原子环或六原子环组成。

2)螯合剂

螯合剂即为含有多基配体，且能和中心离子形成螯合物的配位剂，常见的螯合剂是含有

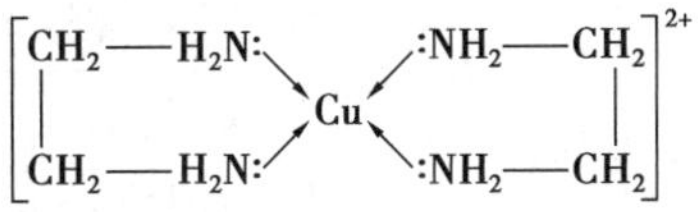

$$\left[\begin{array}{l} CH_2—H_2N: \searrow \quad \swarrow :NH_2—CH_2 \\ | \qquad\qquad\quad Cu \qquad\qquad\quad | \\ CH_2—H_2N: \nearrow \quad \nwarrow :NH_2—CH_2 \end{array}\right]^{2+}$$

图 7.2　环状结构的螯合物$[Cu(en)_2]^{2+}$

N、O、S、P 等配位原子的有机化合物。

螯合剂必须包括两个或两个以上能够给出孤对电子的配位原子，此外，其还具有如下特点：螯合剂中的配位原子必须处于适当的位置，配位原子之间一般间隔 2 个或 3 个其他原子，以便形成五原子环或六原子环。

一个螯合剂提供的配位原子可以是相同的也可以是不同的，例如，乙二胺中的配位原子为两个相同的氮原子，而氨基乙酸（NH_2CH_2COOH）中的配位原子为不同的氮原子和氧原子。

3）螯合物的性质

与非螯合型配合物相比，具有相同配位原子的金属螯合物表现出特殊的稳定性。这种特殊的稳定性是由于金属螯合物的环状结构而造成的，通常把这种由于螯合环的特殊结构而提高螯合物稳定性的效应称为螯合效应。例如，配位原子、中心离子和配位数都相同的两种配离子$[Cu(NH_3)_4]^{2+}$和$[Cu(en)_2]^{2+}$，其稳定常数分别为 2.08×10^{13} 和 1.0×10^{20}，后一种配离子具有螯合环结构，因此稳定性较高。此外，对于一种配体与中心离子形成的螯合物来说，一般五元环、六元环最稳定，即它们的稳定性与环的大小和多少有关，此外，其环数目越多越稳定，如 Ca^{2+} 与 EDTA 形成的螯合物中有 5 个五元环结构，因此较稳定。

7.1.5　EDTA 及其化合物特性

1）乙二胺四乙酸及其二钠盐

乙二胺四乙酸是白色晶体，无毒，不吸潮，难溶于水（在 22 ℃时，每 100 mL 水中能溶解 0.02 g），难溶于醚和一般有机溶剂，易溶于氨水和 NaOH 溶液，生成相应的盐溶液。它是一种四元酸，习惯上常用 H_4Y 表示，在水溶液中，乙二胺四乙酸具有双偶极离子结构：

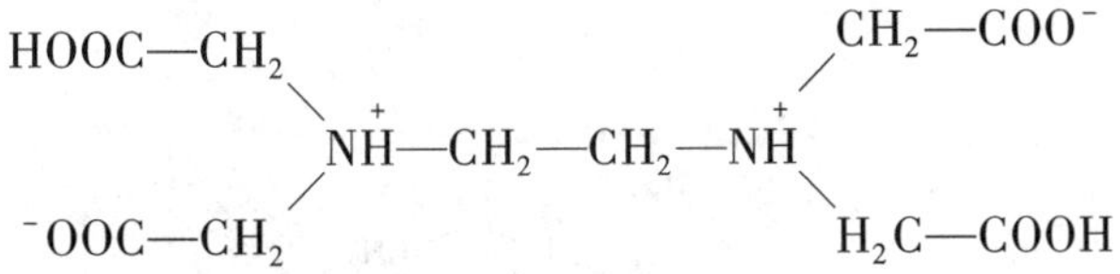

$$\begin{array}{ccccc} HOOC—CH_2 & & & & CH_2—COO^- \\ & \searrow & & \nearrow & \\ & \overset{+}{N}H—CH_2—CH_2—\overset{+}{N}H & & & \\ & \nearrow & & \searrow & \\ {}^-OOC—CH_2 & & & & H_2C—COOH \end{array}$$

当 H_4Y 溶解于酸度很高的溶液中，它的两个羧基可再接受 H^+ 而形成 H_6Y^{2+}，这样 EDTA 就相当于六元酸，有六级离解平衡。

$$H_6Y^{2+} \rightleftharpoons H^+ + H_5Y^+ \qquad K_{a1} = \frac{[H^+][H_5Y^+]}{[H_6Y^{2+}]} = 1.26\times10^{-1} = 10^{-0.90}$$

$$H_5Y^+ \rightleftharpoons H^+ + H_4Y \qquad K_{a2} = \frac{[H^+][H_4Y]}{[H_5Y^+]} = 2.51\times10^{-2} = 10^{-1.60}$$

$$H_4Y \rightleftharpoons H^+ + H_3Y^- \qquad K_{a3} = \frac{[H^+][H_3Y^-]}{[H_4Y]} = 1.00\times10^{-2} = 10^{-2.00}$$

$$H_3Y^- \rightleftharpoons H^+ + H_2Y^{2-} \qquad K_{a4} = \frac{[H^+][H_2Y^{2-}]}{[H_3Y^-]} = 2.16 \times 10^{-3} = 10^{-2.67}$$

$$H_2Y^{3-} \rightleftharpoons H^+ + HY^{3-} \qquad K_{a5} = \frac{[H^+][HY^{3-}]}{[H_2Y^{2-}]} = 6.92 \times 10^{7} = 10^{6.16}$$

$$HY^{3-} \rightleftharpoons H^+ + Y^{4-} \qquad K_{a6} = \frac{[H^+][Y^{4-}]}{[HY^{3-}]} = 5.50 \times 10^{-11} = 10^{-10.26}$$

可见在任何水溶液中,EDTA 的存在形式有以下 7 种,即 H_6Y^{2+}、H_5Y^+、H_4Y、H_3Y^-、H_2Y^{2-}、HY^{3-}和 Y^{4-}。各种存在形式在不同 pH 条件下所占有的分布分数也是不同的。根据计算,可以绘制不同 pH 时 EDTA 溶液中各种存在形式的分布曲线,如图 7.3 所示。

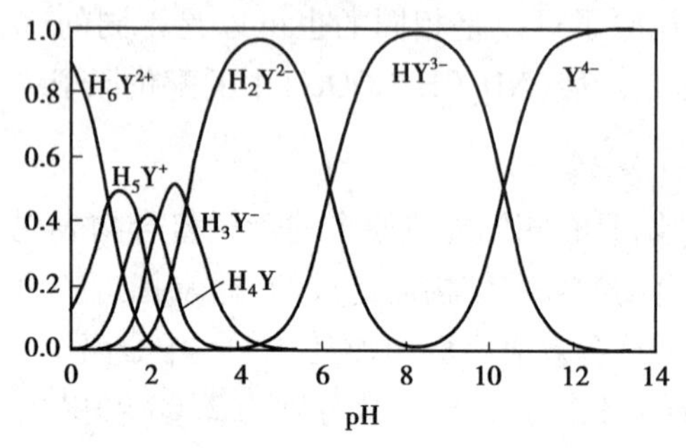

图 7.3 EDTA 各种存在形式的分布图

从图 7.3 中可知,在不同 pH 条件下,各种存在形式的浓度是不相同的。酸度越高,$[Y^{4-}]$越小;酸度越低,$[Y^{4-}]$越大。在 $pH<1$ 的强酸性溶液中,EDTA 主要以 H_6Y^{2+}形式存在;在 pH 值为 1~1.6 的溶液中,主要以 H_5Y^+形式存在;在 pH 值为 1.6~2 的溶液中,主要以 H_4Y 的形式存在;在 pH 值为 2~2.67 的溶液中,主要以 H_3Y^-形式存在;在 pH 值为 2.67~6.16 的溶液中,主要以 H_2Y^{2-}形式存在;在 pH 值很大(≥12)时才几乎以 Y^{4-}的形式存在。

2)EDTA 与金属离子的配合物

EDTA 分子具有 6 个配位原子,包括均有孤对电子的 2 个氨氮原子和 4 个羧酸原子。因此,EDTA 与绝大多数的金属离子均能形成多个五元环,例如,EDTA 与 Ca^{2+}的配合物结构如图 7.4 所示。

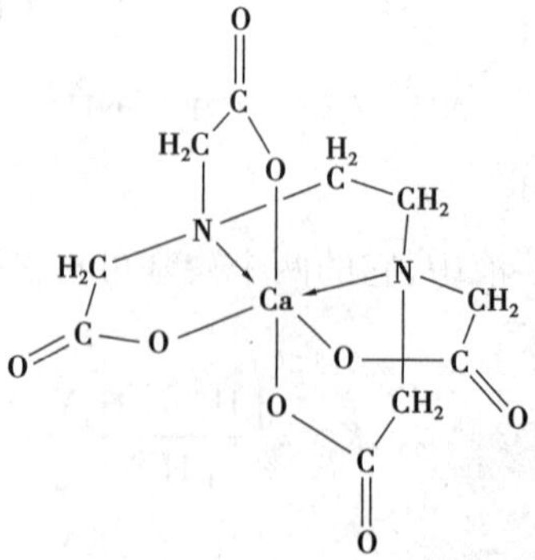

图 7.4 EDTA 与 Ca^{2+}的配合物结构示意图

从图 7.4 可知，EDTA 与金属离子形成 5 个五元环，其中，4 个 （M 与 O—C—C—N 成环）五元环及 1 个（M 与 N—C—C—N 成环）五元环，具有这类环状结构的螯合物是很稳定的。

除了极少数的金属离子（如钼（Ⅵ）和锆（Ⅳ）等）之外，多数金属离子的配位数不超过 6，所以 EDTA 与大多数金属离子可形成 1∶1型的配合物。

无色的金属离子与 EDTA 配位时，则形成无色的螯合物，有色的金属离子与 EDTA 配位时，一般形成颜色更深的螯合物。例如，CoY^{2-} 紫红色，MnY^{2-} 紫红色，NiY^{2-} 蓝色，CrY^{-} 深紫色，CuY^{2-} 深蓝色，FeY^{-} 黄色。

综上所述，EDTA 与金属离子形成的螯合物具有以下特点：计量关系简单，一般不存在逐级配位现象；配合物十分稳定，且水溶性极好，使配位滴定可以在水溶液中进行。这些特点使 EDTA 滴定剂完全符合分析测定的要求，而被广泛使用。

7.1.6　金属指示剂

配位滴定指示终点的方法很多，使用金属指示剂确定终点是配位滴定指示终点的重要方法。与酸碱滴定法中的指示剂通过指示溶液中 H^+ 的浓度变化以确定终点相似，金属指示剂是通过指示溶液中金属离子浓度的变化以确定终点。

1）金属指示剂的作用原理

金属指示剂能与金属离子形成与本身颜色显著不同的络合物而指示滴定终点，其本质是一种有机配位剂。由于它能够指示出溶液中金属离子浓度的变化情况，故也称为金属离子指示剂，简称金属指示剂。现以铬黑 T（以 In 表示）为例说明金属指示剂的作用原理。

铬黑 T 在 pH = 8 ~ 11 时呈蓝色，它能与 Ca^{2+}、Mg^{2+}、Zn^{2+} 等金属离子形成比较稳定的配合物，该配合物呈酒红色，反应式为

$$\text{In(蓝色)} + \text{M} \rightleftharpoons \text{MIn(红色)}$$

如果用 EDTA 滴定这些金属离子，加入铬黑 T 指示剂，滴定前它与少部分金属离子配位形成酒红色的配合物 MIn，而绝大部分的金属离子依然处于游离状态。随着 EDTA 的滴入，游离金属离子逐步被配位形成 MY 配合物，直至游离态的金属离子完全形成 MY 配合物。随着 EDTA 的进一步滴入，已经没有游离的金属离子可利用，但是，由于 EDTA 与金属离子配合物的条件稳定常数大于铬黑 T 与金属离子配合物的条件稳定常数，因此稍过量的 EDTA 会夺取指示剂配合物 MIn 中的金属离子 M，游离出来的指示剂使红色溶液突然转变为蓝色，指示出滴定终点的到达，反应式为

$$\text{MIn(红色)} + \text{Y} \rightleftharpoons \text{MY} + \text{In(蓝色)}$$

许多金属指示剂在不同的 pH 范围内会呈现不同的颜色。例如，铬黑 T 指示剂就是一种三元弱酸，它在 pH < 6 时呈现红色，pH > 12 时呈现橙色。显然，在 pH < 6 或者 pH > 12 时，游离铬黑 T 的颜色与配合物 MIn 的颜色没有显著区别，只有在 pH 为 8 ~ 11 的酸度条件下进行滴定，到终点时才会发生由红色到蓝色的颜色突变。因此，选用指示剂，必须注意选择合适的 pH 范围。

2）金属指示剂必须具备的条件

从上述铬黑T的例子可以看出，金属指示剂必须具备以下条件：

①在滴定的pH范围内，游离指示剂In本身的颜色与其金属离子配合物MIn的颜色应有显著区别。这样，终点时的颜色变化才明显。

②金属离子与指示剂所形成的有色配合物应足够稳定，在金属离子浓度很小时，仍能呈现明显的颜色，如果它们的稳定性差而离解程度大，则在到达计量点前，就会显示出指示剂本身的颜色，使终点提前出现，颜色变化也不敏锐。

③MIn络合物的稳定性应小于MY络合物的稳定性，二者稳定常数应相差在100倍以上，即$\lg K'_{MY}-\lg K'_{MIn}>2$，这样才能使EDTA滴定到计量点时，将指示剂从MIn络合物中取代出来。

④指示剂应具有一定的选择性，即在一定的条件下，只对其中一种（或某几种）离子发生显色反应。同时，指示剂的颜色反应最好也应具有一定的广泛性，便于连续滴定多种金属离子。

此外，金属指示剂应比较稳定，便于储存和使用。

3）使用指示剂时可能出现的问题

（1）指示剂的封闭现象

当指示剂配合物MIn比EDTA配合物MY稳定时，不能指示滴定终点，金属指示剂始终以MIn的形式存在，溶液一直呈现MIn的颜色，即使到了化学计量点也不变色，这种现象称为指示剂的封闭现象。例如，在pH值为10时，以铬黑T为指示剂滴定Ca^{2+}、Mg^{2+}含量时，Al^{3+}、Cu^{2+}、Fe^{3+}、Co^{2+}、Ni^{2+}等会封闭铬黑T，致使终点无法确定。解决封闭现象的办法是加入掩蔽剂，使干扰离子与掩蔽剂先生成稳定的配合物，从而不再与指示剂作用。例如，可加入三乙醇胺消除Al^{3+}对铬黑T的封闭作用；Cu^{2+}、Co^{2+}、Ni^{2+}可用KCN掩蔽；Fe^{3+}则可以在用抗坏血酸还原后加KCN以$Fe(CN)_4^{2-}$形式掩蔽。

（2）指示剂的僵化现象

有些金属离子和指示剂的配合物在水中溶解度太小，使得滴定剂Y与金属指示剂配合物MIn置换缓慢，终点的颜色变化不明显，终点拖长，这种现象称为指示剂僵化。对于指示剂僵化现象可加入适当的有机溶剂或加热的办法解决。例如，用PAN作指示剂时，可加入少量的甲醇或乙醇，也可将溶液适当加热以增大其溶解度，从而加快置换速度，使指示剂的变色敏锐一些。

（3）指示剂的氧化变质现象

由于金属指示剂多为具有双键的有机化合物，易被阳光、氧化剂、空气所分解，部分指示剂在水溶液中不稳定，日久会变质，如铬黑T、钙指示剂的水溶液均易氧化变质，故常配成固体混合物或加入具有还原性的物质来配成溶液，例如，铬黑T和钙指示剂常用固体NaCl或KCl作稀释剂配制。

4）常用金属指示剂

（1）铬黑T（EBT）

在溶液中，铬黑T存在如下平衡：

$$H_2In^{-}(紫红) \rightleftharpoons HIn^{2-}(蓝) \rightleftharpoons In^{3-}(橙)$$

因此，在 pH >11.6 时铬黑 T 在水溶液中呈橙色，在 pH <6.3 时铬黑 T 在水溶液中呈紫红色，而铬黑 T 与二价离子形成的配合物颜色为红色或紫红色，因此只有在 pH 为 7 ~ 11 范围内使用，指示剂才有明显的颜色，实验表明使用铬黑 T 最适宜的酸度是 pH 为 9 ~ 10.5。

虽然铬黑 T 的固体比较稳定，但是由于聚合反应的缘故，铬黑 T 水溶液仅能保存几天。铬黑 T 发生聚合后，就不能再与金属离子显色。在 pH <6.5 的溶液中聚合反应更为严重，为了防止聚合反应的发生，一般可加入三乙醇胺。

在弱碱性溶液中滴定 Zn^{2+}、Mg^{2+}、Pb^{2+} 等离子，常用铬黑 T 作为指示剂。

(2)二甲酚橙(XO)

二甲酚橙为一种多元酸，当 pH 为 0 ~ 6.0 时，二甲酚橙呈黄色，而它与金属离子形成的配合物为红色，由于其变色明显，因此是在酸性溶液中滴定许多离子的理想指示剂，常用于钪、铟、钇、铋、锆、铪、钍、铅、锌、镉的直接滴定法中。

但需要注意的是，镍、钴、铝、铜、镓等离子会封闭二甲酚橙，此时应采用返滴定法，即在 pH 为 5.0 ~ 5.5(六亚甲基四胺缓冲溶液)时，首先加入过量的 EDTA 溶液，再用铅或锌标准溶液进行返滴定。Fe^{3+} 在 pH 为 2 ~ 3 时，以硝酸铋返滴定测定。

(3)PAN

PAN 与 Cu^{2+} 的显色反应非常灵敏，但与其他金属离子(如 Ni^{2+}、Pb^{2+}、Bi^{3+}、Co^{2+}、Zn^{2+}、Ca^{2+} 等)显色灵敏度低或反应较慢，所以测定这些金属离子时，经常利用 Cu-PAN 作间接指示剂。Cu-PAN 指示剂是 CuY 和少量 PAN 的混合液。将此液加入含有被测金属离子 M 的试液中时，发生如下置换反应：

$$CuY(黄) + PAN + M \rightleftharpoons MY(紫红) + Cu\text{-}PAN$$

此时 Cu-PAN 溶液呈现紫红色，随着 EDTA 的加入，EDTA 与 M 发生反应，在到达化学计量点附近时，EDTA 将夺取 Cu-PAN 中的 Cu^{2+}，与 Cu^{2+} 配合，从而使 PAN 游离出来：

$$Cu\text{-}PAN(紫红) + Y \rightleftharpoons CuY(黄) + PAN$$

此时，溶液由紫色变为黄色，到达指示终点，由于滴定前加入的 CuY 与最后生成的 CuY 是等量的，故加入的 CuY 对测定结果不会造成影响。

在对多种离子进行连续滴定时，若采用多种指示剂，则可能会发生颜色干扰，对于这种情况，可采用 Cu-PAN 作为指示剂，利用其在很宽的 pH 值范围(pH 为 1.9 ~ 12.2)内均可使用的特点，实现在同一溶液中对多种离子连续指示终点。

类似 Cu-PAN 这样的间接指示剂，还有 Mg-EBT 等。

(4)其他指示剂

除上述指示剂外，还有磺基水杨酸、钙指示剂(NN)等其他常用指示剂。在 pH =2 时，磺基水杨酸(无色)能与 Fe^{3+} 形成紫色配合物，因此，磺基水杨酸可用作滴定 Fe^{3+} 的指示剂。在 pH =12.5 时，钙指示剂(蓝色)与 Ca^{2+} 形成紫红色配合物，因此，钙指示剂可用作滴定 Ca^{2+} 的指示剂。

常用金属指示剂的适用 pH 范围、可直接滴定的金属离子和颜色变化及注意事项于表 7.1 中。

表 7.1 常用的金属指示剂

指示剂	适用的 pH 范围	颜色变化		直接滴定的离子	注意事项
		In	MIn		
铬黑 T（简称 BT 或 EBT）	8 ~ 10	蓝	红	pH = 10；Mg^{2+}、Zn^{2+}、Cd^{2+}、Pb^{2+}、Mn^{2+}	Fe^{3+}、Al^{3+}、Cu^{2+}、Ni^{2+} 等封闭 EBT
酸性铬兰 K	8 ~ 13	蓝	红	pH = 10；Mg^{2+}、Zn^{2+} pH = 13；Ca^{2+}	
二甲酚橙（简称 XO）	<6	亮黄	红	pH < 1；ZrO^{2+} pH = 1 ~ 3；Bi^{3+}、Th^{4+} pH = 5 ~ 6；Ti^{3+}、Zn^{2+}、Pb^{2+}、Cd^{2+}、Hg^{2+}	Fe^{3+}、Al^{3+}、Ti^{4+}、Ni^{2+} 等封闭 XO
钙指示剂（简称 NN）	12 ~ 13	蓝	红	pH = 12 ~ 13；Ca^{2+}	Fe^{3+}、Al^{3+}、Ti^{4+}、Ni^{2+}、Mn^{2+}、Cu^{2+} 等封闭 NN
PAN	2 ~ 12	黄	紫红	pH = 2 ~ 3；Ti^{4+}、Bi^{3+} pH = 4 ~ 5；Cu^{2+}、Ni^{2+}、Pb^{2+}、Cd^{2+}、Zn^{2+}	MIn 在水中溶解度小、滴定时须加热

7.1.7 提高配位滴定选择性的方法

当滴定单独一种金属离子时，满足 $\lg(cK^{\ominus}_{MY}) \geqslant 6$ 的条件就可以准确滴定，误差不超过 0.1%。但是当被滴定溶液中存在多种金属离子时，由于 EDTA 能和许多金属离子分别形成配合物，因而在滴定时可能彼此干扰。如何提高选择性，避免干扰，分别滴定某一种或某几种离子，是配位滴定中要解决的重要问题。

当溶液中有两种以上金属离子（M 和 N）共存时，如不考虑羟基配位效应和辅助配位效应等因素，干扰的情况与 $K^{\ominus\prime}_{MY}$ 和 $K^{\ominus\prime}_{NY}$ 以及浓度有关。如果待测离子的浓度越大，干扰离子的浓度就越小；待测离子配合物的 $K^{\ominus\prime}_{MY}$ 越大，干扰离子配合物的 $K^{\ominus\prime}_{NY}$ 就越小，则滴定 M 时，N 的干扰就越小。一般情况下要求：

$$\frac{c_M K^{\ominus\prime}_{MY}}{c_N K^{\ominus\prime}_{NY}} \geqslant 10^5 \qquad \lg(c_M K^{\ominus\prime}_{MY}) - \lg(c_N K^{\ominus\prime}_{NY}) > 5$$

这就是说，在混合离子的滴定中，要准确滴定 M，又要 N 不干扰滴定结果，就必须满足上式和 $\lg(cK^{\ominus\prime}_{MY}) \geqslant 6$ 的要求。

可采用以下 4 种方法提高配位滴定的选择性。

1）控制溶液的酸度进行分步滴定

不同金属离子和 EDTA 形成配合物的稳定常数不相同，因此，在滴定时所允许的最小 pH 值也不同。若溶液中同时存在两种及以上的离子，而它们与 EDTA 形成配合物的稳定常数差别又足够大，则控制溶液的酸度，使其只满足某一离子允许的最小 pH 值，但此时就只能有一种离子与 EDTA 形成稳定的配合物，而其他离子与 EDTA 不发生配位反应，这样就可以避免干扰。

例如，当溶液中 Bi^{3+}、Pb^{2+} 浓度皆为 10^{-2} mol/L 时，要选择滴定 Bi^{3+}。可知 $\lg K^{\ominus}_{BiY} = 27.94$，$\lg K^{\ominus}_{PbY} = 18.04$。根据式 $\lg(c_M K^{\ominus\prime}_{MY}) - \lg(c_N K^{\ominus\prime}_{NY}) \geqslant 5$，$\Delta \lg K^{\ominus} = 27.94 - 18.04 = 9.9 > 5$，

故可以选择滴定 Bi^{3+} 而 Pb^{2+} 不干扰。根据式 $\lg \alpha_{Y(H)} \leqslant \lg K_{MY}^{\ominus} - 8$ 可确定滴定允许的最小 pH 值。此例中$[Bi^{3+}] = 0.01$ mol/L,则可由 EDTA 的酸效应曲线直接查到滴定 Bi^{3+} 时允许的最小 pH 值,约为0.7,即要求 pH≥0.7 时滴定 Bi^{3+}。但滴定时 pH 不能太大,在 pH≈2 时,Bi^{3+} 将开始水解析出沉淀,考虑 Bi^{3+} 的水解,应在 pH<2 的溶液中滴定。因此,滴定 Bi^{3+}、Pb^{2+} 溶液中的 Bi^{3+} 时,适宜酸度范围 pH 应为0.7~2。通常在 pH≈1 时滴定,以保证滴定时没有铋的水解产物析出,此时 Pb^{2+} 不会与 EDTA 配位。

当溶液中有两种以上金属离子共存时,能否通过控制溶液酸度分步滴定,应首先考虑配合物稳定常数最大的两种离子。例如,溶液中含有 Fe^{3+}、Al^{3+}、Ca^{2+} 和 Mg^{2+},如何判断能否通过控制溶液酸度分步滴定 Fe^{3+} 和 Al^{3+}?

可知 $\lg K_{FeY}^{\ominus} = 25.1$,$\lg K_{AlY}^{\ominus} = 16.1$,$\lg K_{CaY}^{\ominus} = 10.69$,$\lg K_{MgY}^{\ominus} = 8.69$。滴定 Fe^{3+} 时,最可能发生干扰的是 Al^{3+}。假定它们的浓度皆为 10^{-2} mol/L,则根据式 $\lg(c_M K_{MY}^{\ominus\prime}) - \lg(c_N K_{NY}^{\ominus\prime}) \geqslant 5$,$\Delta\lg K^{\ominus} = 25.1 - 16.1 = 9.0 > 5$,滴定 Fe^{3+} 时共存的 Al^{3+} 没有干扰。另外,滴定 Fe^{3+} 允许的最小 pH 约为1,即要求在 pH≥1 时滴定 Fe^{3+},但考虑 Fe^{3+} 的水解,滴定 Fe^{3+} 的适宜 pH 范围应为1~2.2,此时 Al^{3+} 无干扰。

另外,还应注意所选用指示剂的使用范围是否与滴定的适宜范围相兼容。例如,滴定 Fe^{3+} 时,用磺基水杨酸作指示剂,在 pH 为1.5~2.2 时,它与 Fe^{3+} 形成的配合物呈现红色。若控制在这个 pH 范围,用 EDTA 直接滴定 Fe^{3+} 离子,终点由红色变亮黄色,Al^{3+}、Ca^{2+} 和 Mg^{2+} 不干扰。

完成 Fe^{3+} 滴定的溶液,可将 pH 值调节到3。加入过量的 EDTA,再加6次甲基四胺缓冲溶液,控制 pH 值为4~6,煮沸使 Al^{3+} 与 EDTA 配位完全,然后用 PAN 作指示剂,用 Cu^{2+} 标准溶液回滴过量的 EDTA,可测出 Al^{3+} 的含量。

2)使用掩蔽剂的选择性滴定

若被测金属离子的配合物与干扰离子的配合物的稳定性相近,甚至 $\lg K_{MY}^{\ominus}$ 比 $\lg K_{NY}^{\ominus}$ 小,就不能用控制酸度的方法分步滴定 M。此时就应采用掩蔽法,掩蔽法即加入一种试剂与干扰离子 N 反应,降低溶液中的[N],从而使 N 对 M 的干扰作用也减小以致消除。掩蔽法只有在干扰离子的存在量不大时可以使用,若干扰离子的量为待测离子的100倍,使用掩蔽方法就很难得到满意的结果。

常用的掩蔽法包括配位掩蔽法、氧化还原掩蔽法和沉淀掩蔽法等,其中配位掩蔽法用得最多。

(1)配位掩蔽法

配位掩蔽法利用干扰离子与掩蔽剂形成稳定配合物以消除干扰离子的作用。例如,在测定水的硬度时,需要用 EDTA 滴定水中的 Ca^{2+}、Mg^{2+},但是 Fe^{3+}、Al^{3+} 等离子的存在对测定有干扰。此时,可加入三乙醇胺,则 Fe^{3+}、Al^{3+} 等离子与三乙醇胺形成更稳定的配合物,即被三乙醇胺所掩蔽而不发生干扰。

利用配位掩蔽法必须具备以下条件:干扰离子与 EDTA 形成的配合物应远不如干扰离子与掩蔽剂形成的配合物稳定,这样才能发挥掩蔽作用;掩蔽剂与干扰离子形成的配合物应为无色或浅色,不影响终点判断;掩蔽剂不与待测离子配位,即使形成配合物,其稳定性也应远小于待测离子与 EDTA 配合物的稳定性,在滴定时,才能被 EDTA 置换;使用掩蔽剂的适宜 pH 范围应与 EDTA 滴定时所需要的 pH 范围相匹配。

(2)氧化还原掩蔽法

还可通过加入氧化还原剂,改变干扰离子的价态,使其无法形成配合物或对滴定不再产生干扰,这种方法称为氧化还原掩蔽法。例如,EDTA 滴定 Bi^{3+}、Zr^{4+}、Th^{4+} 时,溶液中的 Fe^{3+} 就会对结果产生干扰。此时可加入抗坏血酸或羟氨将 Fe^{3+} 还原成 Fe^{2+}。由于 Fe^{2+}-EDTA 配合物的稳定常数($\lg K^{\ominus}_{FeY^{2-}}=14.3$),比 Fe^{3+}-EDTA 的稳定常数($\lg K^{\ominus}_{FeY^{-}}=25.1$)小得多,因而能避免干扰。

常用的还原剂有抗坏血酸、羟氨、半胱氨酸等,其中有些还原剂同时又是配位剂。可利用高价态干扰离子与 EDTA 的配合物的稳定常数比低价态干扰离子与 EDTA 的配合物的小,可以预先将低价干扰离子(如 Cr^{3+}、VO^{2+} 等离子)氧化成高价酸根(如 $Cr_2O_7^{2-}$、VO_3^{2-} 等)来消除干扰。

(3)沉淀掩蔽法

沉淀掩蔽法加入沉淀剂,选择性的将干扰离子沉淀下来,并在沉淀的存在下直接进行配位滴定,从而避免干扰。例如,溶液中有 Ca^{2+}、Mg^{2+} 两种离子共存,那么可加入 NaOH 溶液,使 Mg^{2+} 生成 $Mg(OH)_2$ 沉淀,从而消除 Mg^{2+} 离子对 Ca^{2+} 滴定结果的干扰,此时采用钙指示剂就可以用 EDTA 来滴定溶液中的 Ca^{2+}。

采用沉淀掩蔽法必须具备以下条件:生成沉淀的溶解度要小,否则掩蔽效果不好;生成的沉淀应是无色或浅色致密的,最好是晶形沉淀,吸附作用很小,否则,由于颜色深、体积大、吸附待测离子或吸附指示剂而影响终点的观察和测定结果。因此,在实际应用中,沉淀掩蔽法的使用具有一定的局限性。常用的掩蔽剂见表 7.2,常用的沉淀掩蔽剂见表 7.3。

表 7.2 一些常用的掩蔽剂

名 称	pH 范围	被掩蔽的离子	备 注
KCN	pH>8	Co^{2+}、Ni^{2+}、Cu^{2+}、Zn^{2+}、Hg^{2+}、Cd^{2+}、Ag^{+}、Tl^{+} 及铂族元素	
NH_4F	pH=4~6 pH=10	Al^{3+}、Ti^{4+}、Sn^{4+}、Zr^{4+}、W^{6+} 等;Mg^{2+}、Ca^{2+}、Sr^{2+}、Ba^{2+} 及稀土元素	用 NH_4F 比 NaF 好,优点是加入后溶液 pH 变化不大
三乙醇胺(TEA)	pH=10 pH=11~12	Al^{3+}、Ti^{4+}、Sn^{4+}、Fe^{3+} 及少量 Mn^{2+}	与 KCN 并用,可提高掩蔽效果
二巯基丙醇	pH=10	Hg^{2+}、Cd^{2+}、Zn^{2+}、Bi^{3+}、Pb^{2+}、Ag^{+}、Sn^{4+} 及少量 Co^{2+}、Cu^{2+}、Fe^{3+}	
铜试剂(DDTC)	pH=10	能与 Cu^{2+}、Hg^{2+}、Cd^{2+}、Bi^{3+} 生成沉淀	

表 7.3 一些常用的沉淀掩蔽剂

名 称	被掩蔽的离子	被测定的离子	pH 范围	指示剂
NH_4F	Ca^{2+}、Sr^{2+}、Ba^{2+}、Mg^{2+}、Ti^{4+} 及稀土	Zn^{2+}、Cd^{2+}、Mn^{2+}	10	铬黑 T
NH_4F	Ca^{2+}、Sr^{2+}、Ba^{2+}、Mg^{2+}、Ti^{4+} 及稀土	Cu^{2+}、Co^{2+}、Ni^{2+}	10	紫脲酸铵
K_2CrO_4	Ba^{2+}	Sr^{2+}	10	Mg-EDTA
Na_2S	微量重金属	Mg^{2+}、Ca^{2+}	10	铬黑 T
H_2SO_4	Pb^{2+}	Bi^{3+}	1	二甲酚橙
$K_4[Fe(CN)_6]$	微量 Zn^{2+}	Pb^{2+}	5~6	二甲酚橙

屏蔽之后的金属离子也可以再次解蔽出来,即在金属离子配合物溶液中加入解蔽剂,将已与 EDTA 或掩蔽剂配位的金属离子释放出来,再进行滴定。例如,用配位滴定法测定铜合金中的 Zn^{2+} 和 Pb^{2+},试液调节至碱性后,加入 KCN 掩蔽 Cu^{2+} 和 Zn^{2+},此时 Pb^{2+} 不被 KCN 掩蔽,故可在 pH = 10 以铬黑 T 为指示剂,用 EDTA 标准溶液进行滴定,在滴定 Pb^{2+} 后的溶液中,加入甲醛破坏$[Zn(CN)_4]^{2-}$,将被 CN^- 配位的 Zn^{2+} 释放出来,再用 EDTA 继续滴定。

在实际分析中,用一种掩蔽剂往往不能得到令人满意的结果,当有多种离子共存时,可将几种沉淀剂或掩蔽剂联合使用,这样才能获得较好的选择性。但同样需要注意的是,如果共存干扰离子的量太多,使用掩蔽法也得不到满意的结果。

3)其他滴定剂

为了提高配位滴定的选择性,可利用配位剂与待测金属离子形成稳定性不同的特点,选择不同配位剂进行滴定。

例如,EDTA 与 Ca^{2+}、Mg^{2+} 形成的配合物的稳定性相差不多,而 EGTA 与 Ca^{2+}、Mg^{2+} 形成的配合物的稳定性相差较大,故可以在 Ca^{2+}、Mg^{2+} 共存时,用 EGTA 直接滴定 Ca^{2+}。

EDTP 与 Cu^{2+} 的配合物较稳定,而与 Zn^{2+}、Cd^{2+} 及 Mg^{2+} 等离子的配合物稳定性就差得多,所以在 Zn^{2+}、Cd^{2+}、Mn^{2+} 及 Mg^{2+} 离子存在下可以利用 EDTP 直接滴定 Cu^{2+}。

4)化学分离法

在利用酸效应分别滴定、掩蔽干扰离子、应用其他滴定剂都有困难时,只有进行分离。分离的方法很多,尽管分离方法十分麻烦,但在某些情况下还是不可避免的。

7.2　应　用

在配位滴定的应用过程中,可以通过采用不同的滴定方式,来提高配位滴定的选择性,扩大配位滴定的适用范围。滴定方式可分为以下 4 种类型。

1)直接滴定法

作为配位滴定中最基本的方法,直接滴定法是将待测物质经过预处理制成溶液后,调节酸度,加入指示剂、适当的辅助配体及掩蔽剂,直接用 EDTA 标准溶液进行滴定,然后根据所消耗的 EDTA 标准溶液的体积和浓度,计算试液中待测组分的含量。

直接滴定法可用于:

pH = 1 时,滴定 Zr^{4+};

pH = 2 ~ 3 时,滴定 Fe^{3+}、Bi^{3+}、Th^{4+}、Hg^{2+};

pH = 5 ~ 6 时,滴定 Zn^{2+}、Cu^{2+}、Pb^{2+}、Cd^{2+} 及稀土元素;

pH = 10 时,滴定 Ni^{2+}、Mg^{2+}、Zn^{2+}、Co^{2+}、Cd^{2+};

pH = 12 时,滴定 Ca^{2+} 等。

2)返滴定法

返滴定法适用于以下情况:被测离子与 EDTA 配位缓慢;被测离子与 EDTA 在滴定的 pH 下发生水解;被测离子对指示剂起封闭作用;无合适的指示剂。返滴定法即先加入已知过量的

EDTA 标准溶液,使之与被测离子配位,再用另一种金属离子的标准溶液滴定剩余的 EDTA,由两种标准溶液所消耗的物质的量之差,即加入 EDTA 标准溶液的总量与剩余 EDTA 标准溶液的量之差,可计算出被测金属离子的含量。

例如,Al^{3+} 与 EDTA 配位缓慢,对二甲酚橙等指示剂也有封闭作用,又较易被水解,因此一般采用返滴定法。先向试液中加入过量的 EDTA 标准溶液,加热煮沸使 Al^{3+} 与 EDTA 配位完全,冷却后调节 pH 为 5 ~6,加入二甲酚橙,用 Zn^{2+} 标准溶液滴定剩余的 EDTA,再通过 EDTA 标准溶液总量与剩余 EDTA 标准溶液量之差计算出 Al^{3+} 的浓度。

3)置换滴定法

置换滴定法即利用置换反应,从配合物中置换出等物质的量的另一种金属离子或 EDTA,然后对置换出的金属离子或 EDTA 的量进行滴定。如测定锡青铜中的锡时,可向试液中加入过量的 EDTA,Sn^{4+} 与共存的 Pb^{2+}、Zn^{2+}、Cu^{2+} 等一起与 EDTA 配位,用 Zn^{2+} 标准溶液去除过量的 EDTA,加入 NH_4F,F^- 将 SnY 中的 Y 置换出来,再用 Zn^{2+} 标准溶液滴定置换出来的 Y,即可求得 Sn 的含量。

4)间接滴定法

有些金属离子和 EDTA 形成的配合物不稳定或不能与 EDTA 配位,如 Li^+、Na^+、K^+、Rb^+、Cs^+,一般采用间接滴定法。例如,可通过醋酸铀酰锌来测定 Na^+,生成醋酸铀酰锌钠沉淀,将沉淀过滤、洗涤、溶解后,以 EDTA 滴定 Zn^{2+} 而定量。又如 PO_4^{3-} 的测定,在一定条件下,可将 PO_4^{3-} 沉淀为 $MgNH_4PO_4$ 然后过滤,溶解沉淀,调节溶液的 pH = 10,铬黑 T 作指示剂,以 EDTA 标准溶液滴定与 PO_4^{3-} 等物质的量的 Mg^{2+},由 Mg^{2+} 的物质的量间接算出 PO_4^{3-} 的含量。

7.2.1 EDTA 配制与标定

乙二胺四乙酸难溶于水,但是乙二胺四乙酸二钠盐(简称 EDTA)是白色粉末,易溶于水,在实际工作中,一般采用 EDTA 配制标准溶液。经提纯后的 EDTA 可作基准物质,直接配制标准溶液,但提纯方法较复杂。配溶液时,若蒸馏水的质量不高则会引入杂质,因此实验室中一般采用间接法配制标准溶液。

1)EDTA 标准溶液(0.05 mol/L)的配制

EDTA 标准溶液的常用浓度为 0.01 ~0.05 mol/L,对这种标准溶液进行配置时,首先称取一定量(按所需浓度和体积计算)EDTA[$Na_2H_2Y \cdot 2H_2O$,$M(Na_2H_2Y \cdot 2H_2O)$ = 372.2 g/mol],然后用适量蒸馏水溶解(必要时可加热)后稀释至所需体积,再储存于聚乙烯瓶或硬质玻璃瓶中,等待进一步标定。

正常的 EDTA 二钠盐溶液 pH 值应为 4.8,但是由于市售的 EDTA 试剂纯度不足,造成溶液的实际 pH 常常低于 4,此时如果室温较低,则易析出乙二胺四乙酸,该物质难溶于水使溶液变混浊,并且会造成溶液浓度的变化。因此配制溶液时,需要用 pH 试纸检查,若溶液 pH 较低,需要加入少量 0.1 mol/L NaOH 溶液,使溶液的 pH 为 5 ~6.5 直至变清为止。

蒸馏水质量的高低对于 EDTA 标准溶液的配置也十分重要,若使用的蒸馏水中含有 Fe^{3+}、Al^{3+}、Cu^{2+} 等杂质离子,则会造成指示剂封闭,影响准确判断滴定终点。若蒸馏水中含有 Ca^{2+}、Mg^{2+}、Pb^{2+} 等,则在滴定中会消耗一定量的 EDTA,使滴定结果不准确。因此在配位滴定中，所用的蒸馏水一定要保证质量，最好能够采用二次蒸馏水或去离子水来配制溶液。

配置好的EDTA标准溶液若储存在软质玻璃瓶中，EDTA会不断地与玻璃中的Ca^{2+}、Mg^{2+}等离子形成配合物，使EDTA标准溶液的浓度不断降低。因此，配制好的EDTA溶液应储存在聚乙烯塑料瓶或硬质玻璃瓶中。

2）标定

可采用纯Zn、Cu、Bi及纯$CaCO_3$、ZnO和$MgSO_4 \cdot 7H_2O$等基准物质标定EDTA溶液，见表7.4。这里介绍用ZnO基准物质的标定方法。

表7.4　标定EDTA常用的基准试剂和滴定条件

基准试剂	滴定条件		终点颜色
	pH值（缓冲溶液）	指示剂	
铜片	4.3（HAc-NaAc缓冲溶液）	PAN	红变黄
铅	10（NH_3-NH_4Cl缓冲溶液）	EBT	红变蓝
	5~6（六亚甲基四胺）	XO	红变黄
锌片	10（NH_3-NH_4Cl缓冲溶液）	EBT	红变蓝
	5~6（六亚甲基四胺）	XO	红变黄
碳酸钙	12.5~12.9（KOH）	甲基百里酚蓝	蓝变灰
	≥12.5	NN	酒红变蓝
氧化镁	10（NH_3-NH_4Cl缓冲溶液）	EBT、K-B	红变蓝

精密称取于800 ℃灼烧至恒重的ZnO基准物0.12 g，加稀盐酸3 mL使其溶解，再加纯化水25 mL、pH=10的氨-氯化铵缓冲液10 mL、少量铬黑T指示剂，然后用待标定的EDTA标准溶液滴定，颜色由紫红色变为纯蓝色即判定为终点。根据EDTA标准溶液的消耗量与氧化锌的取用量，计算EDTA的浓度。

在上述操作过程中需要注意的是，标定条件与测定条件应尽可能一致，如选用待测元素的纯金属或化合物作为基准物质，在与测定条件相似的情况下标定，则可基本消除系统误差；这是因为不同的金属离子与EDTA反应，在过量EDTA存在下，控制酸度并加热，使误差抵消。溶解所用纯化水，应不含有几种主要离子，如Al^{3+}、Fe^{3+}、Ca^{2+}、Cu^{2+}、Mg^{2+}、Pb^{2+}等，最好采用二次蒸馏水或去离子水。一旦由水中引入的杂质（Ca^{2+}、Pb^{2+}），则会在不同的条件下产生不同的影响。例如，在碱性溶液中滴定时，Ca^{2+}、Pb^{2+}两者均会与EDTA配位；在酸性溶液中滴定时，则只有Pb^{2+}与EDTA配位；在强酸溶液中滴定时，则Ca^{2+}、Pb^{2+}两者均不与EDTA配位。这也说明了若在相同酸度下标定和测定，由水引入的杂质影响就可以被抵消。

7.2.2　测定示例

1）水的总硬度测定

水的总硬度是一个古老的概念，最初是指水沉淀肥皂的能力。使肥皂沉淀的主要原因是水中存在钙、镁离子。水中钙、镁的碳酸盐、硫酸盐、氯化物等会导致工业用水形成锅垢。水中钙、镁盐等的含量用硬度表示，计算硬度的主要指标是其中 Ca^{2+} 和 Mg^{2+} 的含量。水的总硬度包括暂时硬度和永久硬度。在水中以碳酸盐及酸式碳酸盐形式存在的钙、镁盐，加热能被分解、析出沉淀而除去，这类盐所形成的硬度称为暂时硬度；而钙、镁的硫酸盐或氯化物等所形成的硬度称为永久硬度。

工业用水的重要指标是硬度，例如锅炉给水，经常要进行硬度分析，可以为水处理提供依据。测定水的总硬度就是测定水中的 Ca^{2+} 和 Mg^{2+} 的总含量，一般采用配位滴定法测定，即在 pH = 10 的氨性缓冲溶液中，以铬黑 T 作指示剂，用 EDTA 标准溶液直接滴定，直至溶液由酒红色转变为纯蓝色为终点。滴定时，水中存在 Cu^{2+}、Pb^{2+} 等重金属离子可用 KCN、Na_2S 来掩蔽，Fe^{3+} 和 Al^{3+} 等少量干扰离子可用三乙醇胺掩蔽。

测定结果的钙、镁离子总含量常以碳酸钙的量来计算水的硬度。各国对水的硬度表示方法不同，我国通常以含 $CaCO_3$ 的质量浓度来表示硬度，单位为 mg/L。也有用含 $CaCO_3$ 的物质的量浓度来表示，单位为 mol/L。国家标准规定饮用水硬度以 $CaCO_3$ 计，不能超过 450 mg/L。

2）药用硫酸锌的测定

在分析天平上，用减重称量法称取硫酸锌样品约 0.3 g 3 份，分别置于 250 mL 锥形瓶中，加纯化水 30 mL 溶解后，加 HAc-NH_4Ac 缓冲溶液（pH≈6）10 mL 与二甲酚橙指示剂两滴，用 EDTA 滴定液（0.05 mol/L）滴定至溶液由红色转变为黄色，即为终点，记录所消耗 EDTA 滴定液的体积。

$$w(ZnSO_4 \cdot 7H_2O) = \frac{c(EDTA) \times V(EDTA) \times \dfrac{M(ZnSO_4 \cdot 7H_2O)}{1\ 000}}{m_s} \times 100\%$$

式中，$M(ZnSO_4 \cdot 7H_2O) = 287.56$ g/mol。

3）铝盐的测定

由于铝盐与 EDTA 配位速度很慢，本身易水解，并对指示剂（二甲酚橙）产生封闭作用，不能直接滴定，用返滴定法进行含量测定。

取明矾 2 g，精密称定，加适量的纯化水使其溶解，定量转移至 250 mL 容量瓶中，用纯化水稀释至刻度，摇匀，紧密移取该溶液 25.00 mL 置锥形瓶中，调节溶液的 pH = 3.5，再加入 0.05 mol/L准确过量的 EDTA 标准溶液 25.00 mL，煮沸，冷却。再加入适量的纯化水和 HAc-NaAc 缓冲溶液调节 pH = 5.5，以二甲酚橙作指示剂，用 Zn^{2+} 标准溶液滴定至溶液由黄色恰变为紫红色即达到终点，根据所消耗锌标准溶液的体积，计算样品中的 Al 含量。

滴定过程中的反应：

滴定之前：　$Al^{3+} + Y(过量) \rightleftharpoons AlY + Y(剩余)$

开始滴定：　$Y(剩余) + Zn^{2+} \xlongequal{} ZnY$

终点指示：　$Zn^{2+} + In(黄) \xlongequal{} ZnIn(红)$

计算公式如下：

$$w(Al) = \frac{[(cV)_Y - (cV)_{Zn}] \times M(Al)}{m_s \times \dfrac{25.00}{250.0}} \times 100\%$$

4）中药明矾的含量测定

中药明矾主要含 $KAl(SO_4)_2 \cdot 12H_2O$，一般测定其组成中铝的含量，再换算成硫酸铝钾含量。取明矾约 0.25 g，精密称定，置于 250 mL 锥形瓶中，加水 25 mL 使之溶解，准确加入 0.05 mol/L EDTA 标准溶液 25.00 mL，在沸水浴中加热 10 min，冷却至室温，加水 50 mL，乌洛托品 5 g 及 2 滴二甲酚橙指示剂，用 0.05 mol/L $ZnSO_4$ 标准溶液滴定至溶液由黄色变为橙色，即达到终点。

$$w(\text{明矾}) = \frac{[(cV)_{EDTA} - (cV)_{ZnSO_4}] \times \dfrac{M(KAl(SO_4)_2 \cdot 12H_2O)}{1\,000}}{s} \times 100\%$$

式中　s——试样的质量，g；

$(cV)_{EDTA}$——加入 EDTA 物质的量，mol；

$(cV)_{ZnSO_4}$——加入 $ZnSO_4$ 物质的量，mol；

$M(KAl(SO_4)_2 \cdot 12H_2O)$——474.4 g/mol。

5）EDTA 在其他方面的应用

EDTA 除了能用于测定许多金属含量外，在其他许多方面的作用也很大，如 EDTA 二钠盐在彩色冲洗中，作为软水剂，还能与铜离子作用生成螯合物，从而可以消除铜离子和铁离子对彩色显影液保存时的破坏作用，也防止灰雾的形成；EDTA 能与细菌生长所必需的某些金属离子配合，所以又有抑制细菌生长的作用；EDTA 可作掩蔽剂，在各种分离、测定方法中，掩蔽干扰离子；EDTA 的钙盐是排除人体内铀、钍、钌等放射性元素的高效解毒剂，也是铅中毒的解毒剂，因为 $[Pb\text{-}EDTA]^{2-}$ 比 $[Ca\text{-}EDTA]^{2-}$ 中 Ca^{2+} 被 Pb^{2+} 取代而成为无毒的可溶性配合物，经肾脏排出体外。

另外，血站或医院的血库保存血液，常加入少量 EDTA 二钠盐与血液中游离的 Ca^{2+}、Mg^{2+} 络合，可防止血液凝固，由此可见，EDTA 无论在生产、生活、医疗、科技及实验等诸方面均有不可比拟的作用。

本章小结

本章学习了配位滴定法的基础知识，介绍了 EDTA 及其化合物的性质，学习了配位滴定法的原理，包括滴定曲线、金属指示剂等，熟悉了配位滴定法的应用，提高配位滴定选择性的方法有控制酸度进行分步滴定，配位掩蔽法、氧化还原掩蔽法和沉淀掩蔽法等，配位滴定法的应用有直接滴定、返滴定、置换滴定和间接滴定，并举例展示相关测定项目。

一、选择题

1. 下列叙述中错误的是(　　)。

A. 配合物必定是含有配离子的化合物

B. 配位键由配体提供孤对电子，形成体接受孤对电子而形成

C. 配合物的内界常比外界更不易解离

D. 配位键与共价键没有本质区别

2. 在 pH =5.7 时,EDTA 的存在型体为(　　)。

A. H_6Y^{2+}　　B. H_3Y^-　　C. H_2Y^{2-}　　D. Y^{4-}

3. 用 EDTA 测定 Al^{3+} 混合溶液中的 Zn^{2+},为了消除 Al^{3+} 的干扰可采用的方法是(　　)。

A. 加入 NH_4F,配位掩蔽 Al^{3+}　　B. 加入 NaOH,将 Al^{3+} 沉淀除去

C. 加入三乙醇胺,配位掩蔽 Al^{3+}　　D. 控制溶液的酸度

4. 用 EDTA 滴定 Bi^{3+} 时,为了消除 Fe^{3+} 的干扰,常采用的掩蔽剂是(　　)。

A. 抗坏血酸　　B. KCN　　C. 草酸　　D. 三乙醇胺

5. 为了测定水中 Ca^{2+}、Mg^{2+} 的含量,可用以消除少量 Fe^{3+}、Al^{3+} 干扰的方法是(　　)。

A. 于 pH =10 的氨性溶液中直接加入三乙醇胺

B. 于酸性溶液中加入 KCN,然后调制 pH =10

C. 于酸性溶液中加入三乙醇胺,然后调制 pH =10 的氨性溶液

D. 加入三乙醇胺时,不需要考虑溶液的酸碱性

6. 欲用 EDTA 测定样品溶液中的 SO_4^{2-},则宜采用(　　)。

A. 直接滴定法　　B. 返滴定法　　C. 置换滴定法　　D. 间接滴定法

二、问答题

1. 金属指示剂的作用原理是什么? 它应具备哪些条件?

2. 试比较酸碱滴定和配位滴定,说明他们的相同点和不同点。

3. 配位滴定的酸度条件如何选择? 主要从哪些方面考虑?

4. EDTA 和金属离子形成配合物有哪些特点?

5. 明矾含量的测定为什么用返滴定法?

6. 分别含有 0.02 mol/L 的 Zn^{2+}、Cu^{2+}、Cd^{2+}、Sn^{2+}、Ca^{2+} 的 5 种溶液,在 pH =3.5 时,哪些可以用 EDTA 准确滴定? 哪些不能被 EDTA 准确滴定? 为什么?

7. 用纯 $CaCO_3$ 标定 EDTA 溶液。称取 0.100 5 g 纯 $CaCO_3$,溶解后用容量瓶配成 100.00 mL 溶液,吸取 25.00 mL,在 pH =12 时,用钙指示剂指示终点,用待标定的 EDTA 溶液滴定,用去 24.50 mL。计算 EDTA 溶液的物质的量浓度。

8. 测定有机试样的含磷量,称取试样 0.108 4 g,处理成试液,并将其中的磷氧化成 ${PO_4}^{3-}$,加入其他试剂使之 $MgNH_4PO_4$ 沉淀。沉淀经过滤洗涤后,再溶解于盐酸中并用 NH_3-NH_4Cl 缓冲溶液调节 pH =10,以铬黑 T 为指示剂,许用 0.010 04 mol/L 的 EDTA 21.04 mL 滴定至终点,计算试样中磷的质量分数。

9. 欲测定某试液中 Fe^{3+} 和 Fe^{2+} 的含量。吸取 25.00 mL 该试液,在 pH =2 时用浓度为 0.015 00 mol/L的 EDTA 滴定,耗用 15.40 mL,调节 pH =6,继续滴定,又消耗 14.10 mL,计算其中 Fe^{3+} 和 Fe^{2+} 的浓度(以 mg/L 表示)。

10. 在 pH =10 的氨缓冲溶液中,滴定 100.0 mL 含 Ca^{2+} 和 Mg^{2+} 的水样,消耗 0.010 16 mol/L EDTA 标准溶液 15.28 mL;另取 100.0 mL 水样,用 NaOH 处理,使 Mg^{2+} 生成 $Mg(OH)_2$ 沉淀,滴定时消耗 EDTA 标准溶液 10.4 mL,计算水样中 $CaCO_3$ 和 $MgCO_3$ 的含量(以 mg/mL 表示)。

11. 称取铝盐试样 1.250 g,溶解后加 0.050 00 mol/L EDTA 溶液 25.00 mL,在适当条件下

反应，调节溶液 pH 为 5～6，以二甲酚橙为指示剂，用 0.020 00 mol/L Zn^{2+} 标准溶液回滴过量 EDTA，耗用 Zn^{2+} 溶液 21.50 mL，计算铝盐中铝的质量分数。

12. 用配位滴定法测定氯化锌的含量。称取 0.250 0 g 试样，溶于水后稀释到 250.0 mL，称取 25.00 mL，在 pH＝5～6 时，用二甲酚橙作指示剂，用 0.010 2 mol/L EDTA 标准溶液滴定，用去 17.61 mL。计算试样中 $ZnCl_2$ 的质量分数。

实训 7.1 水硬度的测定

【实验目的】

1. 掌握 EDTA 标准溶液的配制和标定原理及方法。
2. 认识水硬度的测定意义和水硬度常用表示方法。
3. 掌握 EDTA 法测定水中 Ca^{2+}、Mg^{2+} 含量的原理及方法。
4. 掌握铬黑 T 指示剂、钙指示剂的使用条件。

【实验原理】

EDTA（$Na_2H_2Y \cdot 2H_2O$）标准溶液可用直接法配制，也可先配制粗略浓度，再用金属 Zn、ZnO、$CaCO_3$ 或 $MgSO_4 \cdot 7H_2O$ 等基准物质来标定。用碳酸钙标定时，以钙指示剂，在 pH＝12 的缓冲溶液中进行，滴定到溶液由酒红色刚变为纯蓝色为终点。记下消耗 EDTA 的体积，计算 EDTA 溶液的准确浓度。

$$c(\text{EDTA}) = \frac{m(\text{CaCO}_3)}{M(\text{CaCO}_3) \cdot V(\text{EDTA})}$$

式中 $V(\text{EDTA})$——标准溶液（EDTA）的体积，L；

$c(\text{EDTA})$——标准溶液（EDTA）的浓度，mol/L；

$M(\text{CaCO}_3)$——$CaCO_3$ 摩尔质量；

$m(\text{CaCO}_3)$——所称 $CaCO_3$ 质量，g。

一般将含有较多量钙、镁盐类的水称为硬水，水的硬度是将水中 Ca^{2+}、Mg^{2+} 的总量折合成 CaO 或 $CaCO_3$ 来计算。每升水中含 1 mg CaO 称 1°，每升水含 10 mg CaO 称一个德国度（°）。水的硬度用德国度（°）作标准来划分时，一般把小于 4°的水称很软水，4°～8°的水称软水，8°～16°的水称中硬水，16°～32°的水称硬水，大于 32°的水称很硬水。

水中 Ca^{2+}、Mg^{2+} 总量的测定。滴定前调节溶液 pH＝10，加少量铬黑 T 指示剂，它与水中 Ca^{2+}、Mg^{2+} 生成 $MgIn^-$（酒红色），其反应为

$$Ca^{2+} + HIn^{2-}（蓝色）\!=\!=\!= CAln^{2-}（酒红色）+ H^+$$

$$Mg^{2+} + HIn^{2-}（蓝色）\!=\!=\!= MgIn^{2-}（酒红色）+ H^+$$

滴定过程中，EDTA 与溶液中游离的 Ca^{2+}、Mg^{2+} 生成较稳定的 CaY^{2-} 和 MgY^{2-}，其反应为

$$Ca^{2+} + 2HY^{3-} \!=\!=\!= CaY^{2-} + 2H^+$$

$$Mg^{2+} + 2HY^{3-} \!=\!=\!= MgY^{2-} + 2H^+$$

到达化学计量点时，其反应为

$$MgIn^{-}(酒红色) + HY^{3-} \longrightarrow MgY^{2-}(无色) + HIn^{2-}(蓝色)$$

使溶液由酒红色变为蓝色，即为终点，测得水中的 Ca^{2+}、Mg^{2+} 总和即为总硬度。由于滴定过程中有大量 H^{+} 放出，故滴定在 pH = 10 的缓冲溶液中进行。

测定 Ca^{2+} 时，调整 pH≥12，此时

$$Mg^{2+} + 2OH^{-} \longrightarrow Mg(OH)_2 \downarrow$$

以钙试剂作指示剂，用EDTA标准溶液滴定，单独滴的是 Ca^{2+}。钙指示剂呈蓝色，滴定前它与溶液中的 Ca^{2+} 生成 $CAln^{2-}$ 呈酒红色。滴定过程中，随着 EDTA 的滴入，EDTA 首先与游离的 Ca^{2+} 生成 CaY^{2-}，其反应为

$$Ca^{2+} + Y^{4-} \longrightarrow CaY^{2-}$$

终点时，再夺走 $CAln^{2-}$ 中的 Ca^{2+}，使溶液由酒红色变为蓝色，即为终点。其反应为

$$CAln^{2-} + Y^{4-} \longrightarrow CaY^{2-} + In^{4-}$$

【实验仪器及试剂】

1. 仪器：酸式滴定管、移液管、锥形瓶、容量瓶、细口瓶、量筒。

2. 试剂：EDTA 二钠盐、碳酸钙、20% NaOH、1∶1的 HCl、钙指示剂、pH = 10 的 $NH_3 \cdot H_2O$-NH_4Cl 氨性缓冲溶液、铬黑 T 指示剂。

【实验步骤】

1）0.02 mol/L EDTA 标准溶液的配制和标定

称取分析纯 EDTA 二钠盐 2 g，溶于 150～200 mL 温水中，必要时过滤，冷却后，用蒸馏水稀释至 250 mL，摇匀，保存于细口瓶中，待标定。

准确称取基准无物质碳酸钙 0.5～0.6 g，置于 250 mL 烧杯中，加 1∶1 HCl 5 mL，盖好表面皿，必要时微微加热，使碳酸钙完全溶解。用水冲洗表面皿及烧杯内壁，然后将溶液移入 250 mL 容量瓶中，再加水至刻度，摇匀。

用 25 mL 移液管吸此标准溶液 25.00 mL 置于 250 mL 锥形瓶中，加入 25 mL 蒸馏水，加入 20% NaOH 10 mL 溶液，调至 pH = 12 以上，加少许（约 0.1 g）钙指示剂，用待标定的 EDTA 溶液滴定至溶液由酒红色变为纯蓝色，即为滴定终点。记录 EDTA 所用体积 V mL。平行滴定 3 次。计算 EDTA 溶液的物质的量浓度。

2）水的总硬度的测定

用移液管吸取水样 50.00 mL① 于 250 mL 锥形瓶中，②加 5 mL pH = 10 的氨性缓冲溶液，再加少许（约 0.1 g）铬黑 T 指示剂③，用 EDTA 标准溶液滴定至由酒红色刚变为纯蓝色，即为终点。记录消耗 EDTA 标准溶液的体积 V_1。平行测定 3 次。

---

①如果水样的硬度大于 25°时，应减少测定时水样的用量。硬水不适宜作工业用水，会造成燃料浪费和管道堵塞，甚至引起事故。水的硬度大于 25°时，也不适宜生活用水。

②测定工业水硬度之前要适当进行处理，如水样呈现酸性或碱性，要预先中和；水样含有机物，颜色较深，要加入盐酸及硫酸铵加热脱色；水样浑浊，要先进行过滤；水样含 CO_3^{2-} 较多，要加酸煮沸，除去 CO_2 后来滴定。测定工业水的硬度时，如果含少量 Fe^{3+}、Al^{3+} 等干扰离子，可用三乙醇胺加以掩蔽；如含 Al^{3+} 较高，则需加入酒石酸钾钠加以掩蔽；如含 Cu^{2+}、Ni^{2+}、Ni^{2+} 等干扰离子，则需在碱性溶液中加 KCN 加以掩蔽。

③当水样中 Mg^{2+} 含量较低时，铬黑 T 终点变色不够敏锐，可加入一定量 Mg-EDTA 混合液，以增加溶液中 Mg^{2+} 的含量，使终点变色敏锐。

3）钙、镁硬度的测定

另取水样50.00 mL于250 mL锥形瓶中，加20% NaOH 5 mL溶液摇匀，调至pH=12以上，加少许（约0.1 g）钙指示剂，用EDTA标准溶液滴定至酒红色变为纯蓝色，即为终点。记录消耗EDTA标准溶液的体积V_2。平行测定3次。

按下式分别计算水的总硬度、钙、镁含量：

$$总硬度(°)=\frac{c(\mathrm{EDTA})\times V_1\times M(\mathrm{CaO})\times 1\,000}{10\times 50.00/1\,000}$$

$$\mathrm{Ca(mg/L)}=\frac{c(\mathrm{EDTA})\times V_2\times M(\mathrm{Ca})\times 1\,000}{50.00/1\,000}$$

$$\mathrm{Mg(mg/L)}=\frac{c(\mathrm{EDTA})\times (V_1-V_2)\times M(\mathrm{Mg})\times 1\,000}{50.00/1\,000}$$

式中　c(EDTA)——EDTA的浓度，mol/L；

V_1——用铬黑T到达终点时消耗EDTA的体积，L；

V_2——用钙指示剂终点时消耗EDTA的体积，L；

M(Ca)——Ca的摩尔质量；

M(Mg)——Mg的摩尔质量；

M(CaO)——CaO的摩尔质量。

【思考题】

1. 什么是金属指示剂？有哪些特点？钙指示剂和铬黑T指示剂适用的pH值范围分别是多少？

2. 分析纯EDTA二钠盐含有二分子结晶水，如失去部分结晶水后，能否用直接配制法配制？能否用间接配制法配制？

3. 为什么滴定Ca^{2+}、Mg^{2+}总量时要控制溶液pH=10？滴定Ca^{2+}时要控制pH=12？

4. 水中若有Fe^{3+}、Al^{3+}等离子，为何干扰测定？应如何消除？

5. 实验中为什么用铬黑T指示剂或钙指示剂？能用二甲酚橙指示剂吗？为什么？

实训7.2　药用硫酸锌的测定

【实验目的】

1. 掌握配位滴定法测定硫酸锌的原理、操作及计算。

2. 了解EDTA测定锌盐的特点及用二甲酚橙指示剂判断终点的方法。

【实验原理】

硫酸锌在临床上作为补锌剂、收敛剂和防腐剂，有多种制品、规格、剂型，如眼药、口服液等。近年来发现口服硫酸锌具有新的用途，如治疗下肢溃烂，褥疮，营养不良，促进伤口愈合，痤疮，异食癖，类风湿性关节炎，消化性溃疡等。

将试样硫酸锌溶解于乙酸中，以六次甲基四胺调节溶液pH为5~6，以二甲酚橙为指示剂,用乙二胺四乙酸二钠标准溶液滴定,由紫色变为亮黄色为终点。

开始: $Zn^{2+} + XO(黄色) \rightleftharpoons Zn\text{-}XO$

滴定中: $Zn^{2+} + H_2Y^{2-} \rightleftharpoons ZnY^{2-} + 2H^+$

终点: $Zn\text{-}XO(紫色) + H_2Y^{2-}(过量) \rightleftharpoons ZnY^{2-} + XO(黄色)$

【实验仪器及试剂】

1. 仪器:酸式滴定管、移液管、锥形瓶、容量瓶、烧杯。

2. 试剂:0.02 mol/L EDTA标准溶液、200 g/L六次甲基四胺溶液、乙酸(1份乙酸+16份水)、0.2% 二甲酚橙溶液、硫酸锌试样。

【实验步骤】

分析天平上准确称取0.1 g试样($ZnSO_4 \cdot H_2O$),准确小数点后4位,置于200 mL锥形瓶中,加3 mL(1+16)的乙酸溶液使其溶解,加30 mL水和2滴二甲酚橙指示剂,然后滴加6次甲基四胺溶液,至溶液呈稳定的紫红色后,再继续过量加入5 mL,溶液 $pH<6$。然后用乙二胺四乙酸二钠标准溶液来滴定,滴定至溶液由紫红色变为亮黄色时,即为终点,记录消耗EDTA标准溶液的体积 V。平行测定3次。

结果计算:可以用不同形式表示:

①七水硫酸锌($ZnSO_4 \cdot 7H_2O$)百分含量计算:

$$w(ZnSO_4 \cdot 7H_2O) = \frac{c \cdot V \times 0.287\ 5}{m_s} \times 100\%$$

②一水硫酸锌($ZnSO_4 \cdot H_2O$)百分含量计算:

$$w(ZnSO_4 \cdot H_2O) = \frac{c \cdot V \times 0.179}{m_s} \times 100\%$$

③硫酸锌以锌计百分含量计算:

$$w(ZnSO_4) = \frac{c \cdot V \times 0.065\ 38}{m_s} \times 100\%$$

式中 c——乙二胺四乙酸二钠标准溶液浓度,mol/L;

V——消耗乙二胺四乙酸二钠标准溶液体积,mL;

m_s——试样质量,g;

0.287 5——每mmol硫酸锌($ZnSO_4 \cdot 7H_2O$)克数;

0.179——每mmol硫酸锌($ZnSO_4 \cdot H_2O$)克数;

0.065 38——每mmol锌(Zn)克数。

【思考题】

1. EDTA测定锌含量的pH值为多少?用什么试剂控制酸度?可用何种指示剂?能用铬黑T作指示剂吗?

2. 本实验滴定方法属于直接、间接、置换还是返滴定法?

实训 7.3 明矾含量的测定

【实验目的】

1. 掌握配位滴定法中返滴定的原理、操作及计算。

2. 了解 EDTA 测定铝盐的特点及掌握用二甲酚橙指示剂判断终点的方法。

【实验原理】

中药明矾和部分食品(如油条)会含有 $KAl(SO_4)_2 \cdot 12H_2O$,但近年来医学研究发现,吃进人体的 Al 对人体健康危害很大,能引起痴呆、骨痛、贫血、甲状腺功能降低、胃液分泌减少等多种疾病;摄入过量的 Al 还会影响人体对磷的吸收和能量代谢,降低生物酶的活性;Al 不仅能引起神经细胞的死亡,还能损害心脏;Al 进入人体后,可形成牢固的、难以消化的配位化合物,使其毒性增加。因此,人们应该警惕从药物食物中摄入过量的铝。

一般可以通过配位滴定法测定铝的含量,也可再换算成硫酸铝钾。Al^{3+} 能与 EDTA 形成比较稳定的配合物,但反应较慢,因此采用剩余量返滴定法,即准确加入过量的 EDTA 标准溶液,加热使反应完全:

$$Al^{3+} + H_2Y^{2-}(\text{过量}) = AlY^- + 2H^+$$

然后再用 Zn^{2+} 标准溶液滴定剩余过量的 EDTA,以二甲酚橙为指示剂,在 $pH < 6.3$ 的条件下滴定,溶液由黄色变为红紫色即为终点。反应如下:

$$H_2Y^{2-}(\text{剩余量}) + Zn^{2+} = ZnY^{2-} + 2H^+$$

$$Zn^{2+} + XO(\text{黄色}) = Zn\text{-}XO(\text{红紫色})$$

【实验仪器及试剂】

1. 仪器:酸式滴定管、移液管、锥形瓶、容量瓶、烧杯。

2. 试剂:0.02 mol/L EDTA 标准溶液、0.02 mol/L $ZnSO_4$ 标准溶液、0.2% 二甲酚橙溶液、乌洛托品、中药明矾试样。

【实验步骤】

1)0.02 mol/L EDTA 标准溶液的配制与标定

见实训 7.1。

2)0.02 mol/L $ZnSO_4$ 标准溶液配制

准确称取基准物质金属 Zn 0.3 ~0.4 g,置于 250 mL 烧杯中,盖好表面皿,然后逐滴加入 1:1的 HCl 10 mL,必要时可微热使之溶解完全,冷却,定量转入 250 mL 容量瓶中,加蒸馏水稀释至刻度,摇匀,待用。

3)测定

分析天平准确称取中药明矾 1.4 g,置于烧杯中,用适量的蒸馏水溶解①,定量转移到

①样品溶于水后,会缓慢水解呈浑浊,在加入过量 EDTA 溶液后,即可溶解,故不影响测定。

100 mL容量瓶中，加蒸馏水稀释至刻度，摇匀。用移液管吸取25.00 mL于250 mL锥形瓶中，准确加入EDTA标准溶液25.00 mL，在沸水浴中加热10 min①，冷至室温，加水100 mL，乌洛托品5 g②及2滴二甲酚橙指示剂③，用0.02 mol/L $ZnSO_4$标准溶液滴定至溶液由黄色变为橙色即终点，记下消耗$ZnSO_4$体积数。平行测定3次。

明矾含量计算公式如下：

$$w(KAl(SO_4)_2)=\frac{[c(EDTA)\times V(EDTA)-c(ZnSO_4)\times V(ZnSO_4)]\times M[KAl(SO_4)_2]\times 100/25}{m_s}\times 100\%$$

式中 $c(EDTA)$——EDTA溶液的浓度，mol/L；

$V(EDTA)$——EDTA溶液的体积，L；

$c(ZnSO_4)$——$ZnSO_4$溶液的浓度，mol/L；

$V(ZnSO_4)$——$ZnSO_4$溶液的体积，L；

$M[KAl(SO_4)_2]$——摩尔质量，g/mol；

m_s——试样质量，g。

【思考题】

EDTA测定铝盐含量的最低pH值为多少？还可用哪些试剂控制酸度？能用铬黑T作指示剂吗？

---

①加热为了促使Al^{3+}与EDTAD配位反应加快，一般在沸水浴中加热3 min反应程度可达99%，为了使其反应更完全，多加热一会。

②在溶液中加入乌洛托品控制溶液酸度pH为5~6，因pH<4时，配合不完全；pH>7时，生成$Al(OH)_3$沉淀。

③在pH<6时，游离的二甲酚橙呈现黄色，滴定至终点时，微过量的Zn^{2+}与部分二甲酚橙配合成红紫色，黄色与红紫色组成橙色。

第8章　沉淀滴定法

【学习目标】

1. 了解沉淀溶解平衡、溶度积相关知识。
2. 掌握沉淀滴定法的莫尔法、佛尔哈德法和法扬斯法。

【技能目标】

1. 熟练掌握莫尔法、佛尔哈德法的滴定操作及计算方法。
2. 掌握生物制品中氯离子的测定方法。

8.1　沉淀溶解平衡

8.1.1　溶度积常数

在一定条件下，将难溶电解质加入水中时，就发生溶解和沉淀两个过程。当溶解和沉淀速率相等时，便建立了一种动态平衡即沉淀溶解平衡。如 AgCl 在 H_2O 中有如下平衡：

$$AgCl(s) \rightleftharpoons Ag^+(aq) + Cl^-(aq) \qquad K = [Ag^+][Cl^-]$$

K 是平衡常数。由于左侧是固体物质，不写入平衡常数的表达式。所以沉淀溶解平衡的平衡常数 K 称为溶度积常数，简称溶度积记作 K_{sp}。

一般沉淀反应：

$$A_nB_m(s) \rightleftharpoons nA^{m+}(aq) + mB^{n-}(aq) \qquad K_{sp} = [A^{m+}]^n[B^{n-}]^m$$

溶度积常数的意义：一定温度下，难溶强电解质饱和溶液中离子浓度的系数次方之积为一常数。K_{sp} 越大则难溶电解质在溶液中溶解趋势越大，反之越小。

K_{sp} 只与温度有关。温度一定，值一定，不论含不含其他离子。溶度积为一常数，在数据表中可查得。

8.1.2 溶度积原理

沉淀溶解平衡时：溶度积 $K_{sp}=[A^{m+}]^n[B^{n-}]^m$

非平衡态时：离子积 $J=\{c(A^{m+})\}^n\{c(B^{n-})\}^m$ 任意时刻离子浓度的系数次方的乘积。

$J<K_{sp}$，不饱和溶液，无沉淀析出。若原来有沉淀存在，则沉淀溶解，直至饱和为止。

$J=K_{sp}$，饱和溶液，处于平衡。

$J>K_{sp}$，过饱和溶液，沉淀析出，直至饱和为止。

【例8.1】 等体积的0.2 mol/L的 $Pb(NO_3)_2$ 和0.2 mol/L KI水溶液混合是否会产生 PbI_2 沉淀？（$K_{sp}=1.4\times10^{-8}$）

解 $PbI_2(s) \rightleftharpoons Pb^{2+}(aq)+2I^-(aq)$

$J=c(Pb^{2+})c(I^-)^2=0.1\times(0.1)^2=1\times10^{-3}$

因为 $J\gg K_{sp}$

所以会产生 PbI_2 沉淀。

8.1.3 溶度积与溶解度的关系

1）溶解度 S

溶解度是指在一定温度下饱和溶液的浓度。在有关溶度积的计算中，离子浓度必须是物质的量浓度，其单位为mol/L，而溶解度的单位往往是g/100 g水。因此，计算时要先将难溶电解质的溶解度 S 的单位换算为mol/L。

$n:m$ 型： $A_nB_m(s) \rightleftharpoons nA^{m+}(aq)+mB^{n-}(aq)$

$S \quad\quad nS \quad\quad mS$

$$K_{sp}=[nS]^n[mS]^m=n^n m^m S^{n+m}$$

①1∶1型：$K_{sp}=S\times S=S^2$，如AgCl、$CaCO_3$；

②1∶2或2∶1型：$K_{sp}=(2S)^2\times S=4S^3$，如 $Mg(OH)_2$、Ag_2CrO_4；

③1∶3或3∶1型：$K_{sp}=(3S)^3\times S=27S^4$，如 $Fe(OH)_3$、Ag_3PO_4；

④2∶3或3∶2型：$K_{sp}=(3S)^3\times(2S)^2=108S^5$，如 Bi_2S_3、$Ca_3(PO_4)_2$。

【例8.2】 已知 $BaSO_4$ 在25 ℃的水中溶解度为 2.42×10^{-4} g，求 K_{sp} = ?

解 因为 $BaSO_4$ 饱和溶液很稀，所以100 g水看作是100 mL溶液。

$$S=2.42\times10^{-4}/233.4/0.1=1.04\times10^{-5}(mol/L)$$

$$K_{sp}=S^2=1.08\times10^{-10}$$

【例8.3】 25 ℃,已知 $K_{sp}(Ag_2CrO_4)=1.1\times10^{-12}$,求同温下 $S(Ag_2CrO_4)/(g\cdot L^{-1})$。

解 $Ag_2CrO_4 \rightleftharpoons 2Ag^+(aq)+CrO_4^{2-}(aq)$

$$K_{sp}=[Ag+]^2[CrO_4^{2-}]$$

$$1.1\times10^{-12}=4x^3 \qquad x=6.5\times10^{-5}(mol/L)$$

因为 $M(Ag_2CrO_4)=331.7(g/mol)$,所以 $S=6.5\times10^{-5}\times331.7=2.2\times10^{-2}(g/L)$

2)区别

①同种类型的难溶电解质:在一定温度下,K_{sp}越大则溶解度越大。

不同类型:则不能用 K_{sp}的大小来比较溶解度的大小,必须经过换算才能得出结论。

②溶解度与溶液中存在的离子有关,K_{sp}却不变。

8.1.4 影响沉淀溶解平衡的因素

依据化学平衡原理,对已经建立的化学平衡改变条件平衡会发生移动,影响沉淀溶解平衡的因素除了温度、溶剂、颗粒大小外还有:

1)同离子效应

在难溶电解质的溶液中加入含有相同离子的强电解质,使难溶电解质的溶解度 S 减小的作用。如 AgCl 在 0.01 mol/L HCl 中的溶解度比纯水中的溶解度要小。

2)盐效应

在难溶电解质饱和溶液中,加入不含共同离子的易溶强电解质而使难溶电解质的溶解度增大的作用。如给 AgCl 加入 KNO_3时,因其中正负离子 K^+ 和 NO_3^- 分别对 Cl^- 和 Ag^+ 有牵制作用,使它们不易结合生成 AgCl。

当然外加强电解质浓度和离子电荷越大,盐效应越显著;通常忽略同离子效应也伴有盐效应,若加入过多,溶解度反而增大。

3)酸效应

通过控制溶液 pH 值可使某些难溶的氢氧化物和弱酸盐沉淀或溶解。如 Fe^{3+} 离子开始沉淀和完全沉淀的 pH 值分别是 2.2 和 3.2。

8.1.5 沉淀的生成和沉淀的溶解

1)沉淀生成的必要条件

在难溶电解质溶液中 $J>K_{sp}$。

即欲使某物质析出沉淀,必须使其离子积大于溶度积,即增大离子浓度可使反应向着生成沉淀的方向转化。

2)沉淀的溶解

必须减小该难溶盐饱和溶液中某一离子的浓度,以使 $J<K_{sp}$。减小离子浓度的办法有:

(1)生成弱电解质

$$
\begin{array}{rl}
Mg(OH)_2(s) \rightleftharpoons Mg^{2+} + & 2OH^- \\
& + \\
HCl \longrightarrow 2Cl^- + & 2H^+ \\
& \Downarrow \\
& 2H_2O
\end{array}
$$

由于加入 H^+ 使 OH^- 和 H^+ 结合成弱电解质水，溶液中的 OH^- 离子的浓度降低使平衡向着溶解方向移动，从而使沉淀溶解。

(2)氧化还原反应

$$3CuS(s) \rightleftharpoons 3Cu^{2+} + 3S^{2-}$$

$$3S^{2-} + 2NO_3^- + 8H^+ \xlongequal{} 3S(s) + 2NO(g) + 2H_2O$$

总反应：

$$3CuS(s) + 2NO_3^- + 8H^+ \xlongequal{} 3Cu^{2+} + 3S(s) + 2NO(g) + 4H_2O$$

(3)生成配合物

$$AgCl(s) \xlongequal{} Ag^+(aq) + Cl-(aq)$$

$$Ag^+(aq) + 2NH_3(aq) \xlongequal{} Ag(NH_3)_2^+(aq)$$

8.2 沉淀滴定法

沉淀滴定法是以沉淀反应为基础的一类滴定分析方法。许多化学反应能生成沉淀，但适用于沉淀滴定的反应必须具备：

①反应进行的完全，反应速率快，不容易形成过饱和溶液。

②生成的沉淀组成恒定，溶解度小。

③在沉淀过程中不易发生共沉淀现象，吸附的杂质少。

④有较简单的方法确定滴定终点。

能同时具备这些条件，可直接用于沉淀滴定法的反应并不多。最常用的是生成难溶性银盐的反应。例如：

$$Ag^+ + X^- \xlongequal{} AgX\downarrow \quad (Cl^-、Br^-、I^-)$$

$$Ag^+ + SCN^- \xlongequal{} AgSCN\downarrow$$

像这种以生成难溶性银盐反应为基础的沉淀滴定法称为银量法。银量法可以测定 Cl^-、Br^-、I^-、SCN^-、CN^-、Ag^+、Hg^{2+} 等离子，常用于农业、化工、冶金、食品加工、环境中的三废处理等部门的检测工作。此外，某些汞盐（如 HgS）、铅盐（如 $PbSO_4$）、钡盐（如 $BaSO_4$）、锌盐（如 $K_2Zn_3[Fe(CN)_6]_2$）、钍盐（如 ThF_4）和一些有机沉淀剂参加的反应，也可用于沉淀滴定分析，但应用重要性不及银量法。

银量法按指示剂的不同分为：莫尔法（Mohr）、佛尔哈德法（Volhard）和法扬斯法（Fajans）3种，这些都是按创立者的名字命名的。

8.2.1 莫尔法

1)原理

莫尔法是以铬酸钾 K_2CrO_4 为指示剂,在中性或弱碱性溶液中用 $AgNO_3$ 标准溶液直接测定 Cl^- 或 Br^- 等离子。

滴定原理是依据生成的沉淀 AgCl 与 Ag_2CrO_4 溶解度和颜色的显著不同。

滴定反应:$Ag^+ + Cl^- \xlongequal{} AgCl\downarrow$(白色)　　　$K_{sp}=1.8\times10^{-10}$

指示反应:$2Ag^+ + CrO_4^{2-} \xlongequal{} Ag_2CrO_4\downarrow$(砖红色)　　$K_{sp}=2.0\times10^{-12}$

由于 AgCl 的溶解度小于 Ag_2CrO_4 的溶解度,且溶液中 ${CrO_4}^{2-}$ 浓度较小,故在含有 Cl^- 和 CrO_4^{2-} 的溶液中,用 $AgNO_3$ 标准溶液直接滴定时,根据分步沉淀的原理,首先发生滴定反应析出 AgCl 白色沉淀,溶液中的 Cl^- 会越来越少,到达化学计量点时,稍稍过量的 Ag^+ 就会与 CrO_4^{2-} 反应,产生砖红色的 Ag_2CrO_4 沉淀从而指示滴定终点。

2)莫尔法滴定条件

(1)指示剂的用量

指示剂 K_2CrO_4 的浓度必须适中。若溶液中 CrO_4^{2-} 浓度过高,由于 CrO_4^{2-} 溶液本身的橘黄色,使溶液颜色过深,终点出现过早,影响终点的观察;若溶液中 CrO_4^{2-} 浓度过低,终点出现过迟,也会影响滴定的准确度。根据溶度积计算,化学计量点时刚好生成 Ag_2CrO_4 沉淀所需 CrO_4^{2-} 的浓度为 5.8×10^{-2} mol/L。实际滴定时,由于 K_2CrO_4 溶液本身呈黄色,浓度太浓,颜色太深影响终点观察。实践证明,滴定溶液中的 CrO_4^{2-} 浓度应略低于理论值,一般采用 K_2CrO_4 的浓度约为 5×10^{-3} mol/L。

(2)溶液的酸度

滴定应在中性或弱碱性溶液中进行。因为溶液酸性太强 CrO_4^{2-} 与 H^+ 发生反应:

$$2H^+ + 2CrO_4^{2-} \rightleftharpoons Cr_2O_7^{2-} + H_2O$$

从而降低了 CrO_4^{2-} 浓度,影响 Ag_2CrO_4 沉淀生成,降低了指示剂的灵敏度,出现终点滞后,故滴定时溶液的 pH 值不能小于 6.5。

如果溶液的碱性太强,Ag^+ 将以 Ag_2O 沉淀析出,故滴定时溶液的 pH 值不能大于 10.5。

$$2Ag^+ + 2OH^- \rightleftharpoons 2AgOH\downarrow \rightarrow Ag_2O\downarrow + H_2O$$

通常莫尔法测定要求的酸度条件是 pH 为 6.5~10.5。若溶液碱性过强,可先用稀 HNO_3 中和至甲基红变橙色,再滴加稀 NaOH 至橙色变为黄色;若溶液酸性太强,则用 $NaHCO_3$、$CaCO_3$ 或硼砂中和。若溶液中 NH_3 的浓度较大(即大于 0.15 mol/L)时,则在滴定前须除去,以防生成 $[Ag(NH_3)_2]^+$,使 AgCl 溶解。当试剂中有铵盐存在时,溶液的酸度范围更窄,pH 值为 6.5~7.2。

(3)莫尔法的适宜范围

莫尔法主要适宜于 Cl^- 和 Br^- 的测定,但不能测定 I^- 和 SCN^-。前两种离子生成的银盐沉淀对于 Cl^-、Br^- 的吸附可通过滴定过程中剧烈摇动而解吸,从而减小误差;但后两种离子生成的银盐沉淀对 I^-、SCN^- 有强烈吸附,振摇也不易解吸,会引入较大误差。

(4)莫尔法测定方法

莫尔法测定 Ag^+ 时，不能用 NaCl 标准溶液直接滴定，必须采用返滴定法。因为试液加入指示剂 CrO_4^{2-} 后即与 Ag^+ 先生成 Ag_2CrO_4 沉淀，且沉淀很难转化成 AgCl 沉淀而从砖红色转变为黄色，容易滴过终点，影响滴定结果。若要测定 Ag^+，可先加过量的 NaCl 溶液，再用 $AgNO_3$ 返滴定过量的 Cl^-。

(5)莫尔法的选择性较差

凡能与 Ag^+ 作用的阴离子，如 PO_4^{3-}、SO_3^{2-}、AsO_4^{3-}、S^{2-}、$C_2O_4^{2-}$、CO_3^{2-} 等；凡能与 CrO_4^{2-} 生成沉淀的离子，如 Ba^{2+}、Pb^{2+}、Hg^{2+} 等；有色离子，如 MnO_4^-、Fe^{3+}、Cu^{2+}、Ni^{2+}、Co^{2+} 等；在中性或弱碱性溶液中能发生水解的离子，如 Fe^{3+}、Al^{3+}、Bi^{3+}、Sn^{4+} 等。以上离子都干扰测定，滴定前应预先分离除去。

8.2.2 佛尔哈德法

佛尔哈德法是以铁铵矾 $NH_4Fe(SO_4)_2 \cdot 12H_2O$ 为指示剂，在酸性条件下，用 KSCN、NaSCN或 NH_4SCN 标准溶液滴定。本方法可分为直接滴定法和返滴定法。

1)直接滴定法

在含 Ag^+ 的硝酸溶液中，以铁铵矾 $NH_4Fe(SO_4)_2$ 为指示剂，用 KSCN、NaSCN 或 NH_4SCN 标准溶液直接滴定溶液中的 Ag^+，先出现白色沉淀 AgSCN，到达化学计量点时，稍过量的 SCN^- 就与 Fe^{3+} 作用生成红色的 $FeSCN^{2+}$，从而指示滴定终点。

滴定反应：　　$Ag^+ + SCN^- = AgSCN\downarrow$（白色）

指示反应：　　$Fe^{3+} + SCN^- = FeSCN^{2+}$（红色）

注意：控制指示剂的用量 $[Fe^{3+}]=0.015$ mol/L。滴定应在硝酸溶液中进行，一般控制溶液酸度在 0.1～1 mol/L。若酸度太低，Fe^{3+} 就会水解形成颜色较深的 $Fe(OH)_3$ 或 $Fe(H_2O)OH^{2+}$，影响终点的观察。直接滴定 Ag^+ 时，为防止 AgSCN 对 Ag^+ 的吸附，临近终点时必须剧烈摇动。此方法也可测定 Hg^{2+} 等。

2)返滴定法

在含 X^- 或 SCN^- 的硝酸溶液中先加入一定过量的 $AgNO_3$ 标准溶液，使卤离子或硫氰根离子定量生成银盐沉淀后，再以铁铵矾为指示剂，用 SCN^- 标准溶液返滴定剩余的 Ag^+。

$X^- + Ag^+$（已知过量）$= AgX$

滴定反应：　　Ag^+（剩余）$+ SCN^- = AgSCN\downarrow$

指示反应：　　$Fe^{3+} + SCN^- = FeSCN^{2+}$

注意：

①应用返滴定法测定 Cl^- 时，由于 AgCl 的溶解度比 AgSCN 大，当剩余 Ag^+ 被滴定完毕后，过量的 SCN^- 将与 AgCl 发生沉淀转化反应：

$$AgCl\downarrow + SCN^- = AgSCN\downarrow + Cl^-$$

为解决这一问题采用在形成 AgCl 沉淀之后加入少量有机溶剂，如硝基苯、苯、四氯化碳等，用力振摇使 AgCl 沉淀表面覆盖一层有机溶剂而与外部溶液隔开，以防止转化反应进行；也

可以采用加入 $AgNO_3$ 标准溶液后，立即加热煮沸使 AgCl 凝聚，以减少对 Ag^+ 的吸附，过滤并洗涤沉淀，再用 SCN^- 标准溶液返滴滤液中剩余的 Ag^+。

②应用此法测定 Br^-、I^- 时，由于 AgBr、AgI 的溶解度比 AgSCN 小，不会发生沉淀转化反应，滴定终点明显。但测定 I^- 时，指示剂必须在加入过量 $AgNO_3$ 溶液后才能加入，否则发生下述反应而造成误差：

$$2I^- + 2Fe^{3+} = I_2 + 2Fe^{2+}$$

③返滴定的优点是在酸性条件下进行，一些弱酸根离子（如 PO_4^{3-}、AsO_4^{3-} 和 CrO_4^{2-} 等）不会干扰测定。但强氧化剂、氮的低价氧化物及铜盐、汞盐等能与 SCN^- 作用，干扰测定，必须预先除去。

8.2.3　法扬司法

1）原理

法扬司法是以吸附指示剂确定终点的银量法。吸附指示剂是一类有色有机化合物，当它被沉淀表面吸附后，会发生结构的改变而引起颜色变化，从而指示滴定终点。例如，用 $AgNO_3$ 标准溶液滴定 Cl^- 时，可用荧光黄（以 HFIn 表示）作指示剂，它是一种弱酸在水溶液中离解为黄绿色的阴离子：

$$HFIn \rightleftharpoons H^+ + Fin^- \text{（黄绿色）}$$

在化学计量点前，溶液中的 Cl^- 剩余，滴定反应产物 AgCl 沉淀胶粒优先吸附 Cl^- 而带负电荷：

$$AgCl + Cl^- \rightleftharpoons AgCl \cdot Cl^-$$

由于静电排斥作用，FIn^- 不被沉淀吸附留在溶液中而显现黄绿色。化学计量点后 Ag^+ 过量，AgCl 沉淀胶粒将吸附 Ag^+：

$$AgCl + Ag^+ \rightleftharpoons AgCl \cdot Ag^+$$

因此 AgCl 沉淀带正电荷，因静电引力而吸附指示剂的阴离子 FIn^-，溶液由黄绿色变为粉红色，从而指示终点。

$$AgCl \cdot Ag^+ + Fin^- \rightleftharpoons AgCl \cdot Ag^+ \cdot FIn^- \text{（粉红色）}$$

2）滴定注意的条件

①因为吸附指示剂的颜色变化发生在沉淀表面，为了吸附更多的指示剂使终点变化明显，故常在滴定时加入糊精或淀粉等胶体保护剂以增加表面积。

②应控制适当的酸度，才可以保证指示剂解离出足够的阴离子而显色。酸度的高低又与指示剂酸性的强弱即解离常数有关。例如，荧光黄的 $K_a = 10^{-7}$，应在 pH 为 7～10 使用；二氯荧光黄的 $K_a = 10^{-4}$，应在 pH 为 4～10 使用。

③避免在强光照射下滴定，因卤化银沉淀对光敏感，会分解成灰黑色的金属银而影响终点观察。

④沉淀对指示剂的吸附能力应略小于对被测离子的吸附能力，否则指示剂将在化学计量点前变色。用 $AgNO_3$ 滴定 Cl^- 时应选用荧光黄为指示剂而不选曙红滴定，滴定 Br^-、I^-、SCN^- 时则选用曙红。

常用吸附指示剂见表8.1。

表8.1 常用吸附指示剂

指示剂	被测离子	滴定剂	滴定条件
荧光黄	Cl^-、Br^-、I^-	$AgNO_3$	pH =7 ~ 10
二氯荧光黄	Cl^-、Br^-、I^-	$AgNO_3$	pH =4 ~ 10
曙红	Br^-、I^-、SCN^-	$AgNO_3$	pH =2 ~ 10
罗丹明6G	Ag^+	NaBr	0.3 mol/L HNO_3 溶液中

8.2.4 沉淀滴定法的应用

1)标准溶液的配制与标定

银量法中常用的是 $AgNO_3$ 和 NH_4SCN 溶液。

(1) $AgNO_3$ 标准溶液

$AgNO_3$ 可以制得很纯,故可用干燥后的基准物质 $AgNO_3$ 直接配制。一般的 $AgNO_3$ 往往含有杂质,所以还应进行间接配制,即先称取一定的 $AgNO_3$ 固体,用蒸馏水溶解后,定容于容量瓶中,摇匀,置于暗处或转移到棕色瓶中,以减缓因见光而分解的作用;用 NaCl 基准物质标定,计算 $AgNO_3$ 溶液的准确浓度。

必须注意的是:配制 $AgNO_3$ 溶液的蒸馏水不能含有 Cl^-。基准物质 NaCl 在用前要在坩埚中加热至 500 ~ 600 ℃,直到没有了爆炸声为止,然后放在干燥器内冷却备用。

(2) NH_4SCN 标准溶液

NH_4SCN 试剂一般含有杂质,易潮解,不能直接配制标准溶液,需标定。可以取一定量已经标定好的 $AgNO_3$ 标准溶液,用配制的 NH_4SCN 溶液直接滴定,计算 NH_4SCN 溶液的准确浓度。

2)沉淀滴定法的应用示例

(1)生理盐水、天然水或食品中 Cl^- 的测定

天然水、生理盐水和腌制食品都含 Cl^-,其含量的测定一般用莫尔法测定。若被测溶液中含有 PO_4^{3-}、SO_3^{2-}、CO_3^{2-}、S^{2-} 等,则采用佛尔哈德法。

(2)药品和化肥残留氯含量的测定

对于含氯化肥可直接溶解测定,但含氯农药多为有机物,其中卤素一般为共价键结合,须经过适当的处理使其转化为卤离子后才能用银量法测定。例如,"六六六"(六氯环己烷),须将试样与 KOH 乙醇溶液一起加热回流,使有机氯转化为 Cl^- 而进入溶液:

$$C_6H_6Cl_6 + 3OH^- \longrightarrow C_6H_3Cl_3 + 3Cl^- + 3H_2O$$

溶液冷却后,加入硝酸调至酸性,用佛尔哈德法(间接法)测定 Cl^-。

(3)银合金中银的测定

取一定的合金样品用硝酸溶液溶解,加热煮沸除去氮的低价氧化物,避免与 SCN^- 作用,

用佛尔哈德法(直接法)测定 Ag^+。

(4)血清中氯化物的测定

取血清试样加入10%钨酸钠溶液和0.30 mol/L的硫酸溶液,此时:

$$Na_2WO_4 + H_2SO_4 \rightleftharpoons H_2WO_4 + Na_2SO_4$$

钨酸能使蛋白质分子的三级结构中的氢键断裂,即蛋白质变性而产生蛋白质沉淀。充分混合后,放置15 min,过滤得到澄清的无蛋白质的滤液,加 HNO_3 调至酸性,用佛尔哈德法测定血清中 Cl^- 的含量。

(5)盐酸甲基苄肼片含量的测定

盐酸甲基苄肼为N-异丙基-对(2-甲基肼基)-甲苯甲酰胺的盐酸盐,其含量用佛尔哈德法(间接法)测定。滴定反应为

$$\left[\ (CH_3)_2CHNHC(=O)\text{—}C_6H_4\text{—}CH_2NHNHCH_3\ \right]\cdot HCl$$

$$Cl^- + Ag^+(过量) \longrightarrow AgCl\downarrow(白色)$$

滴定反应　$Ag^+(剩余) + SCN^- \longrightarrow AgSCN\downarrow(白色)$

指示反应　$Fe^{3+} + SCN^- \longrightarrow FeSCN^{2+}(淡红色)$

取样品药片10片除去肠溶衣后,准确称量后,研细,加适量蒸馏水溶解,加硝酸溶液,准确加一定量硝酸银标准溶液,再加少量硝基苯,强力振摇后,以铁铵矾为指示剂,用硫氰酸铵标准溶液滴定至淡红色。

本章小结

通过本章学习了解沉淀溶解平衡和沉淀滴定法的相关知识。淀溶解平衡部分讨论了溶度积常数的意义、表达式,溶度积原理,溶度积与溶解度的关系,影响沉淀溶解平衡的因素,沉淀生成与溶解的条件。沉淀滴定法部分讨论了以生成难容性银盐的滴定法——银量法,即根据确定终点所用指示剂的不同分为莫尔法(铬酸钾指示剂)、佛尔哈德法(铁铵钒指示剂)、法扬司法(吸附指示剂),介绍了3种方法的原理、滴定条件、标准溶液、测定对象。

复习思考题

1. 莫尔法指示剂作用的原理是什么?莫尔法可以测定哪些物质?

2. 莫尔法分析过程中的注意事项是什么?

3. 使用吸附指示剂应注意哪些问题?

4. 称取基准NaCl 0.156 8 g,加水溶解,以 K_2CrO_4 为指示剂,用 $AgNO_3$ 标准溶液滴定,化学计量点时消耗 $AgNO_3$ 溶液22.50 mL,计算 $AgNO_3$ 溶液的浓度。

5. 称取KCl和KBr的混合物0.350 8 g,加水溶解,用0.117 4 mol/L $AgNO_3$ 标准溶液滴定,化学计量点时消耗 $AgNO_3$ 溶液25.20 mL,计算混合物中KCl和KBr的质量分数。

6. 称取纯试样 KIO_x 0.550 0 g，经还原为碘化物后，以 0.101 0 mol/L $AgNO_3$ 标准溶液滴定，化学计量点时消耗 $AgNO_3$ 溶液 22.36 mL。求该盐的化学式。

7. 将 40.00 mL 0.102 0 mol/L $AgNO_3$ 标准溶液加到 25.00 mL $BaCl_2$ 溶液中，剩余的 $AgNO_3$ 溶液，需用 20.00 mL 0.100 0 mol/L NH_4SCN 溶液返滴定，问 25.00 mL $BaCl_2$ 溶液中含 $BaCl_2$ 的质量为多少？

实训 8.1 药物或食品中氯化钠的测定

【实验目的】

1. 学会硝酸银标准溶液的配制与标定。
2. 学会银量法测定氯化钠的原理及方法。
3. 掌握莫尔法终点的判断和在实际中的应用。

【实验原理】

某些药物或食物制品中氯化物的 Cl^- 含量测定，通常可以在中性或弱碱性溶液（pH 为 6.5 ~ 10.5）中，以铬酸钾为指示剂，用硝酸银标准溶液测定。

滴定反应 $Ag^+ + Cl^- = AgCl\downarrow$（白色）

指示剂反应 $2Ag^+ + CrO_4^{2-} = Ag_2CrO_4\downarrow$（砖红色）

由于 AgCl 的溶解度小于 Ag_2CrO_4 的溶解度。所以滴定过程中 AgCl 先沉淀出来，当 AgCl 定量沉淀完全后，微过量的 $AgNO_3$ 溶液便与 CrO_4^{2-} 生成砖红色 Ag_2CrO_4，指示滴定终点的到达。

【实验仪器及试剂】

1. 仪器：坩埚、干燥器、组织捣碎机、烧杯、滤纸、容量瓶、锥形瓶、滴定管。
2. 试剂：$AgNO_3$ 固体（A. R）、NaCl（A. R）、5% K_2CrO_4 溶液、NaOH 溶液、罐头食品。

【实验步骤】

1）0.1 mol/L $AgNO_3$ 标准溶液的配制

准确称取约 4.3 g $AgNO_3$ 固体，用蒸馏水溶解①，于 250 mL 容量瓶中定容，摇匀，置于暗处或转移到棕色瓶中，以减缓因见光而分解的作用，待标定。

2）0.1 mol/L $AgNO_3$ 标准溶液的标定②

基准物质 NaCl 固体置于坩埚中，加热至 500 ~ 600 ℃后取出，冷却，再放置于干燥器中备用。准确称取 0.15 ~ 0.18 g NaCl 固体 3 份，分别置于锥形瓶中，加 50 mL 蒸馏水使其溶解。

---

①配制 0.1 mol/L $AgNO_3$ 标准溶液的水应无氯离子，否则配制的溶液出现白色沉淀，不能使用。

②如果 pH > 10.5，产生 Ag_2O 沉淀，pH < 6.5 时，则大部分 CrO_4^{2-} 转变成 $Cr_2O_7^{2-}$，使终点推迟出现。如果有铵盐存在，为了避免产生 $Ag(NH_3)_2^+$，滴定时溶液的 pH 应控制在 6.5 ~ 7 的范围内，当 NH_4^+ 的浓度大于 0.1 mol/L 时，便不能用莫尔法进行测定。

加 1 mL 5% K_2CrO_4 溶液,在充分摇动下,用 $AgNO_3$ 标准溶液滴至出现稳定的砖红色(约 1min 不褪色)。记录所消耗 $AgNO_3$ 溶液的用量 V(mL)。平行测定 3 次。根据下列公式计算 $AgNO_3$ 溶液的准确浓度。

$$c(AgNO_3)=\frac{m(NaCl)}{M(NaCl)\cdot V(AgNO_3)}$$

式中 $c(AgNO_3)$——标准溶液的浓度,mol/L;
$m(NaCl)$——所称 NaCl 的质量,g;
$M(NaCl)$——NaCl 的摩尔质量,58.5 g/L;
V——$AgNO_3$ 标准溶液消耗的体积,L。

3)食品中食盐的测定①

(1)果蔬类罐头

将食品固体与其液体成比例混合称取 250 g,放在捣碎机中捣碎,置于 500 mL 烧杯中备用。将已粉碎的样品准确称取 20 g(精确至 0.001 g),用蒸馏水将试样移入 250 mL 容量瓶中,混合后,加蒸馏水至刻度,摇匀,用干燥滤纸过滤,将滤液过滤到干燥的烧杯中。再用移液管吸取 50.00 mL 试液,加酚酞指示剂 2~3 滴,用 NaOH 溶液中和至淡红色,加入铬酸钾溶液 1 mL,用 $AgNO_3$ 标准溶液滴定至砖红色,记录消耗 $AgNO_3$ 标准溶液体积为 V_1。

(2)肉类罐头

由于这类罐头颜色较深,用 $AgNO_3$ 滴定时不易观察,所以试液制备与方法①不同。取已捣碎均匀的样品 10 g(精确至 0.01 g)置入坩埚,在水浴上干燥(小心炭化)至坩埚内容物用玻棒易压碎为止,用蒸馏水溶解后移入 250 mL 容量瓶中,加蒸馏水至刻度、摇匀,用干燥滤纸过滤,将滤液过滤到干燥的烧杯中。再用移液管吸取 50.00 mL 滤液,按以上方法测定。记录消耗 $AgNO_3$ 标准溶液体积为 V_1。

(3)空白试验

用移液管吸取 50.00 mL 蒸馏水,加入 5% K_2CrO_4 指示剂 1 mL,用 $AgNO_3$ 标准液滴定至砖红色,记录消耗 $AgNO_3$ 溶液体积为 V_2。

(4)计算关系式

$$w(\text{食盐 NaCl})=\frac{c(AgNO_3)\times(V_1-V_2)\times M(NaCl)\times 250/50}{m_s}\times 100\%$$

式中 $c(AgNO_3)$——$AgNO_3$ 标准溶液的浓度,mol/L;
V_1——测定时消耗 $AgNO_3$ 标准溶液的体积,L;
V_2——空白试验时消耗 $AgNO_3$ 标准溶液的体积,L;
m_s——取用的罐头样品质量即 20 g 或 10 g。

【思考题】

1.配制 $AgNO_3$ 前应检查什么?如何检查?按指示终点的方法不同,标定 $AgNO_3$ 溶液有哪几种方法?几种方法的滴定条件有何不同?

---

①如果测定天然水中的氯离子含量,可将 0.1 mol/L $AgNO_3$ 标准溶液稀释 10 倍,取水样 50 mL 进行测定。

2. 本实验测定时溶液的酸度应控制在什么范围为宜？为什么？
3. 滴定过程中为什么要不断摇动溶液？
4. 测定 NaCl 含量采用沉淀滴定法，还可用哪些指示剂？

实训 8.2　药物中 HgO 含量的测定

【实验目的】

1. 学会硫氰化铵标准溶液的配制与标定。
2. 掌握佛尔哈德法终点的判断及应用。

【实验原理】

红粉的主要成分是氧化汞 HgO，其含量的测定可以用佛尔哈德法直接滴定，先加入稀硝酸溶解试样并转化硝酸汞，在酸性条件下以铁铵矾为指示剂，用硫氰化铵标准溶液滴定至血红色终点。反应如下：

滴定时　　$Hg^{2+} + 2SCN^{-} \longrightarrow Hg(SCN)_2 \downarrow$（白色）

化学计量点时　　$SCN^{-} + Fe^{3+} \longrightarrow Fe(SCN)^{2+}$（血红色）

【实验仪器及试剂】

1. 仪器：滴定管、锥形瓶、移液管、分析天平、容量瓶。
2. 试剂：0.10 mol/L $AgNO_3$ 标准溶液、0.10 mol/L 硫氰化铵 NH_4SCN 标准溶液、6 mol/L 硝酸、铁铵矾指示剂。

【实验步骤】

1）0.10 mol/L $AgNO_3$ 标准溶液的配制和标定

具体见实训 8.1。

2）0.1 mol/L NH_4SCN 标准溶液配制和标定①

（1）配制

称取硫氰化铵 NH_4SCN 2 g 置于烧杯中，加入 100 mL 蒸馏水使其溶解，然后转移至 250 mL容量瓶，洗涤、定容至刻度，混匀。

（2）标定

准确吸取 0.10 mol/L $AgNO_3$ 标准溶液 25.00 mL 于锥形瓶中，加蒸馏水 30 mL，加 5 mL 6 mol/L HNO_3溶液与 2 mL 铁铵矾指示剂，用配制的 NH_4SCN 溶液滴定至溶液呈现血红色即为终点，记下所消耗 NH_4SCN 溶液的体积数，平行测定 3 次，计算 NH_4SCN 溶液的准确浓度。

$$c(NH_4SCN) = \frac{c(AgNO_3) \times V(AgNO_3)}{V(NH_4SCN)}$$

①标定 0.1 mol/L 的 NH_4SCN 溶液时必须强烈振摇，因为析出的 AgSCN 沉淀强烈吸附 Ag^{+}，如不充分振摇，则终点将会提前。

3)测定

准确称取1.1 g的红粉(保留小数点后4位),于烧杯中,加入6 mol/L HNO_3溶液①20 mL溶解完全,定量转移至100 mL容量瓶中,用蒸馏水稀释至刻度,摇匀。再用移液管吸取25.00 mL于250 mL锥形瓶中,加入铁铵矾指示剂2 mL,用NH_4SCN标准溶液滴定至血红色即为终点,记下所消耗NH_4SCN的体积数,平行测定3次,计算试样中红粉的含量。

$$红粉(\%)=\frac{c(NH_4SCN)\times V(NH_4SCN)\times M(HgO)\times 100/25}{m_s}\times 100\%$$

式中　$c(NH_4SCN)$——标准溶液的浓度,mol/L;

$V(NH_4SCN)$——标准溶液的体积,L;

$M(HgO)$——HgO摩尔质量,216.59 g/mol;

m_s——试样质量,g。

【思考题】

1.加入硝酸的作用是什么?

2.佛尔哈德法中,能否用$Fe(NO_3)_3$或$FeCl_3$作指示剂?

实训8.3　药片中钙含量的测定

【实验目的】

1.学会用所学知识综合解决实际问题的方法,提高分析、解决问题的能力。

2.进一步熟练滴定分析方法及操作技术。

【实验原理】

医药钙片中的钙通常以葡萄糖酸钙或磷酸氢钙的形式存在,它们均较难溶于水。测定其含量时,先将试样加稀硫酸或稀盐酸溶解制成溶液。

$$[CH_2OH(CHOH)_4COO]_2Ca+2H^+ = 2CH_2OH(CHOH)_4COOH+Ca^{2+}$$

$$CaHPO_4+H^+ = Ca^{2+}+H_2PO_4^-$$

1)氧化还原滴定法

利用加入$Na_2C_2O_4$使Ca^{2+}与$C_2O_4^{2-}$生成CaC_2O_4沉淀,反应完全。然后将沉淀过滤,洗涤后溶于稀H_2SO_4中:

$$CaC_2O_4+2H^+ = Ca^{2+}+H_2C_2O_4$$

最后,再用$KMnO_4$标准溶液滴定生成的$H_2C_2O_4$:

$$2MnO_4^-+5C_2O_4^{2-}+16H^+ = 2Mn^{2+}+10CO_2\uparrow+8H_2O$$

滴定到溶液呈淡粉红色即为终点。

①加入HNO_3是为了阻止Fe^{3+}的水解,所用HNO_3不应含有氮的低价氧化物,因为它能与SCN^-、Fe^{3+}反应生成红色物质(如NOSCN、$Fe(NO)^{3+}$)影响终点观察。用新煮沸冷的6 mol/L HNO_3即可。

在常温下反应速度缓慢，为了加快反应速度，滴定一般在75～85 ℃进行。根据下列关系式计算：

$$w(\mathrm{Ca})=\frac{\frac{5}{2}\times c(\mathrm{KMnO_4})\times V(\mathrm{KMnO_4})\times M(\mathrm{Ca})}{m_s}\times 100\%$$

式中　$c(KMnO_4)$——$KMnO_4$ 标准溶液的浓度，mol/L；

$V(KMnO_4)$——$KMnO_4$ 标准溶液的体积，L；

$M(Ca)$——Ca的摩尔质量，40 g/mol；

m_s——试样的质量，g。

2）配位滴定法（EDTA法）

具体原理方法与详见实训7.1。

【实验仪器及试剂】

1. 仪器：酸式滴定管、容量瓶、锥形瓶、烧杯、漏斗、移液管、电炉、酒精灯。
2. 试剂：1 mol/L HCl、糖钙片、滤纸、0.5 mol/L $Na_2C_2O_4$ 溶液、0.02 mol/L $KMnO_4$ 标准溶液（配制方法见实训6.1）、0.01 mol/L H_2SO_4 溶液、pH＝10缓冲溶液、0.01 mol/ L EDTA标准溶液（配制方法见实训7.1）、铬黑T指示剂。

【实验步骤】

1）钙片的溶解

准确称取医药用的钙片约20 g，研细放入烧杯中，加入大约10 mL的蒸馏水，然后逐滴加入约5 mL 1 mol/L的HCl，边加边搅拌直至溶解，若溶解较慢，可适当加热，加水定容于250 mL容量瓶中。

2）用氧化还原法的间接滴定法测定

准确移取25.00 mL上述钙试液于烧杯中，逐滴加入0.5 mol/L $Na_2C_2O_4$ 溶液使 Ca^{2+} 生成 CaC_2O_4 沉淀，检查沉淀是否完全，然后过滤并洗涤沉淀，再将沉淀溶于约0.01 mol/L H_2SO_4 中，加热至85 ℃后用0.02 mol/L的 $KMnO_4$ 标准溶液滴定至溶液呈淡粉红色即为终点，记录消耗 $KMnO_4$ 标准溶液的体积 V，平行测定3次。计算药片中钙的含量。

3）用配位滴定法的直接滴定法测定

用移液管准确量取25.00 mL试液于锥形瓶中，加5 mL pH＝10的缓冲溶液，加入少许铬黑T（约0.1 g）指示剂，用0.01 mol/L EDTA标准溶液滴定至酒红色变为纯蓝色即为终点，记录消耗EDTA标准溶液体积 V。平行测定3次。计算药片中钙的含量。

$$w(\mathrm{Ca})=\frac{c(\mathrm{EDTA})\times V(\mathrm{EDTA})\times M(\mathrm{Ca})}{m_s}\times 100\%$$

式中　$c(EDTA)$——EDTA标准溶液的浓度，mol/L；

$V(EDTA)$——EDTA标准溶液的体积，L；

$M(Ca)$——Ca的摩尔质量，40 g/mol；

m_s——试样的质量，g。

【思考题】

用 $KMnO_4$ 滴定时，为什么在酸性溶液中进行？用EDTA滴定时为何在碱性溶液中进行？

附　录

附录1　常用酸碱溶液的相对密度、质量分数和物质的量浓度

1)酸溶液的相对密度、质量分数和物质的量浓度

相对密度(15 ℃)	HCl		H_2SO_4		HNO_3	
	w/%	c/(mol·L^{-1})	w/%	c/(mol·L^{-1})	w/%	c/(mol·L^{-1})
1.02	4.13	1.15	3.70	0.6	3.1	0.3
1.04	8.16	2.3	7.26	1.2	6.1	0.6
1.05	10.2	2.9	9.0	1.5	7.4	0.8
1.06	12.2	3.5	10.7	1.8	8.8	0.9
1.08	16.2	4.8	13.9	2.4	11.6	1.3
1.10	20.0	6.0	17.1	3.0	14.4	1.6
1.12	23.8	7.3	20.2	3.6	17.0	2.0
1.14	27.7	8.7	23.3	4.2	19.9	2.3
1.15	29.6	9.3	24.8	4.5	20.9	2.5
1.19	37.2	12.2	30.9	5.8	26.0	3.2
1.20			32.3	6.2	27.3	3.4
1.25			39.8	7.9	33.4	4.3
1.30			47.5	9.8	39.2	5.2
1.35			55.8	12.0	44.8	6.2
1.40			65.3	14.5	50.1	7.2
1.42			69.8	15.7	52.2	7.6
1.45					55.0	8.2
1.50					59.8	9.2
1.55					64.3	10.2
1.60					68.7	11.2
1.65					73.0	12.3
1.70					77.2	13.4
1.84					95.6	18.0

2）碱溶液的相对密度、质量分数和物质的量浓度

相对密度（15 ℃）	$NH_3 \cdot H_2O$		NaOH		KOH	
	w/%	c/(mol·L^{-1})	w/%	c/(mol·L^{-1})	w/%	c/(mol·L^{-1})
0.88	35.0	18.0				
0.90	28.3	15				
0.91	25.0	13.4				
0.92	21.8	11.8				
0.94	15.6	8.6				
0.96	9.9	5.6				
0.98	4.8	2.8				
1.05			4.5	1.25	5.5	1.0
1.10			9.0	2.5	10.9	2.1
1.15			13.5	3.9	16.1	3.3
1.20			18.0	5.4	21.2	4.5
1.25			22.5	7.0	26.1	5.8
1.30			27.0	8.8	30.9	7.2
1.35			31.8	10.7	35.5	8.5
1.43			40.00	14.0		

附录2　弱酸和弱碱的解离常数

1）酸的解离常数

名　称	温度/℃	解离常数 K_a	pK_a
砷酸 $H_3A_SO_4$	18	$K_{a1}=5.6\times10^{-3}$	2.25
		$K_{a2}=1.7\times10^{-7}$	6.77
		$K_{a3}=3.0\times10^{-12}$	11.50
硼酸 H_3BO_3	20	$K_a=5.7\times10^{-10}$	9.24
氢氰酸 HCN	25	$K_a=6.2\times10^{-10}$	9.21
碳酸 H_2CO_3	25	$K_{a1}=4.2\times10^{-7}$	6.38
		$K_{a2}=5.6\times10^{-11}$	10.25
铬酸 H_2CrO_4	25	$K_{a1}=1.8\times10^{-1}$	0.74
		$K_{a2}=3.2\times10^{-7}$	6.49

续表

名 称	温度/℃	解离常数 K_a	pK_a
氢氟酸 HF	25	$K_a = 3.5 \times 10^{-4}$	3.46
亚硝酸 HNO_2	25	$K_a = 4.6 \times 10^{-4}$	3.37
磷酸 H_3PO_4	25	$K_{a1} = 7.6 \times 10^{-3}$	2.12
		$K_{a2} = 6.3 \times 10^{-8}$	7.20
		$K_{a3} = 4.4 \times 10^{-13}$	12.36
硫化氢 H_2S	25	$K_{a1} = 1.3 \times 10^{-7}$	6.89
		$K_{a2} = 7.1 \times 10^{-15}$	14.15
亚硫酸 H_2SO_3	18	$K_{a1} = 1.5 \times 10^{-2}$	1.82
		$K_{a2} = 1.0 \times 10^{-7}$	7.00
硫酸 H_2SO_4	25	$K_{a2} = 1.0 \times 10^{-2}$	1.99
甲酸 HCOOH	20	$K_a = 1.8 \times 10^{-4}$	3.74
乙酸(醋酸)CH_3COOH	20	$K_a = 1.8 \times 10^{-5}$	4.74
一氯乙酸 $CH_2ClCOOH$	25	$K_a = 1.4 \times 10^{-3}$	2.86
二氯乙酸 $CHCl_2COOH$	25	$K_a = 5.0 \times 10^{-2}$	1.30
三氯乙酸 CCl_3COOH	25	$K_a = 0.23$	0.64
草酸 $H_2C_2O_4$	25	$K_{a1} = 5.9 \times 10^{-2}$	1.23
		$K_{a2} = 6.4 \times 10^{-5}$	4.19
琥珀酸$(CH_2COOH)_2$	25	$K_{a1} = 6.4 \times 10^{-5}$	4.19
		$K_{a2} = 2.7 \times 10^{-6}$	5.57
酒石酸 HO—CH—COOH │ HO—CH—COOH	25	$K_{a1} = 9.1 \times 10^{-4}$	3.04
		$K_{a2} = 4.3 \times 10^{-5}$	4.37
CH_2COOH │ 柠檬酸 HO—C—COOH │ H_2C—COOH	18	$K_{a1} = 7.4 \times 10^{-4}$	3.13
		$K_{a2} = 1.7 \times 10^{-5}$	4.76
		$K_{a3} = 4.0 \times 10^{-7}$	6.40
苯酚 C_6H_5OH	20	$K_a = 1.1 \times 10^{-10}$	9.95
苯甲酸 C_6H_5COOH	25	$K_a = 6.2 \times 10^{-5}$	4.21
水杨酸 $C_6H_4(OH)COOH$	18	$K_{a1} = 1.07 \times 10^{-3}$	2.97
		$K_{a2} = 4 \times 10^{-14}$	13.40
邻苯二甲酸 $C_6H_4(COOH)_2$	25	$K_{a1} = 1.1 \times 10^{-3}$	2.95
		$K_{a2} = 2.9 \times 10^{-6}$	5.54
苹果酸 $HOOCH_2CH_2COOH$		$K_{a1} = 3.88 \times 10^{-4}$	3.41
		$K_{a2} = 7.8 \times 10^{-6}$	5.11
乳酸 CH_3—CH—COOH │ OH	25	$K_a = 6.3 \times 10^{-5}$	4.20

2) 碱

名　称	温度/℃	解离常数 K_b	pK_b
氨水 $NH_3 \cdot H_2O$	25	$K_b = 1.8 \times 10^{-5}$	4.74
羟胺 NH_2OH	20	$K_b = 9.1 \times 10^{-9}$	8.04
苯胺 $C_6H_5NH_2$	25	$K_b = 4.6 \times 10^{-10}$	9.34
乙二胺 $H_2NCH_2CH_2NH_2$	25	$K_{b1} = 8.5 \times 10^{-5}$	4.07
		$K_{b2} = 7.1 \times 10^{-8}$	7.15
六亚甲基四胺 $(CH_2)_6N_4$	25	$K_b = 1.4 \times 10^{-9}$	8.85
甲胺 CH_3NH_2	25	$K_b = 4.2 \times 10^{-4}$	3.38
乙胺 $CH_3CH_2NH_2$	25	$K_b = 5.6 \times 10^{-4}$	3.25
三乙醇胺 $(HOCH_2CH_2)_3N$	25	$K_b = 5.8 \times 10^{-7}$	6.24
吡啶 (N)		$K_b = 1.7 \times 10^{-9}$	8.77

附录 3　国际相对原子质量表(1997 年)

元素		相对原子质量	元素		相对原子质量	元素		相对原子质量	元素		相对原子质量
符号	名称		符号	名称		符号	名称		符号	名称	
Ac	锕	[227]	Er	铒	167.26	Mn	锰	54.938 0	Ru	钌	101.07
Ag	银	107.868 2	Es	锿	[254]	Mo	钼	95.94	S	硫	32.066
Al	铝	26.981 54	Eu	铕	151.964	N	氮	14.006 74	Sb	锑	121.760
Am	镅	[243]	F	氟	18.998 40	Na	钠	22.989 77	Sc	钪	44.955 91
Ar	氩	39.948	Fe	铁	55.845	Nb	铌	92.906 38	Se	硒	78.96
As	砷	74.921 60	Fm	镄	[257]	Nd	钕	144.24	Si	硅	28.085 5
At	砹	[210]	Fr	钫	[223]	Ne	氖	20.179 7	Sm	钐	150.36
Au	金	196.966 55	Ga	镓	69.723	Ni	镍	58.693 4	Sn	锡	118.710
B	硼	10.811	Gd	钆	157.25	No	锘	[254]	Sr	锶	87.62
Ba	钡	137.327	Ge	锗	72.61	Np	镎	237.048 2	Ta	钽	180.947 9
Be	铍	9.012 18	H	氢	1.007 94	O	氧	15.999 4	Tb	铽	158.925 4
Bi	铋	208.980 38	He	氦	4.002 60	Os	锇	190.23	Tc	锝	98.906 2
Bk	锫	[247]	Hf	铪	178.49	P	磷	30.973 76	Te	碲	127.60
Br	溴	79.904	Hg	汞	200.59	Pa	镤	231.035 88	Th	钍	232.038 9
C	碳	12.0107	Ho	钬	164.930 32	Pb	铅	207.2	Ti	钛	50.941 5

续表

元素		相对原子质量	元素		相对原子质量	元素		相对原子质量	元素		相对原子质量
符号	名称		符号	名称		符号	名称		符号	名称	
Ca	钙	40.078	I	碘	126.904 47	Pd	钯	106.42	Tl	铊	204.383 3
Cd	镉	112.411	In	铟	114.818	Pm	钷	[145]	Tm	铥	168.934 1
Ce	铈	140.116	Ir	铱	192.217	Po	钋	[~210]	U	铀	238.028 9
Cf	锎	[251]	K	钾	39.098 3	Pr	镨	140.907 65	V	钒	50.941 5
Cl	氯	35.452 7	Kr	氪	83.80	Pt	铂	195.078	W	钨	183.84
Cm	锔	[247]	La	镧	138.905 5	Pu	钚	[244]	Xe	氙	131.29
Co	钴	58.933 20	Li	锂	6.941	Ra	镭	226.025 4	Y	钇	88.905 85
Cr	铬	51.996 1	Lr	铹	[257]	Rb	铷	85.467 8	Yb	镱	173.04
Cs	铯	132.905 45	Lu	镥	174.967	Re	铼	186.207	Zn	锌	65.39
Cu	铜	63.546	Md	钔	[256]	Rh	铑	102.905 50	Zr	锆	91.224
Dy	镝	162.50	Mg	镁	24.305 0	Rn	氡	[222]			

附录4　一些化合物的相对分子质量

化合物	$M/(g\cdot mol^{-1})$	化合物	$M/(g\cdot mol^{-1})$
AgBr	187.78	CaO	56.08
AgCl	143.32	$Ca(OH)_2$	74.09
AgI	234.77	$CaSO_4$	136.14
$AgNO_3$	169.87	$Ca_3(PO_4)_2$	310.18
AgSCN	165.95	HCOOH	46.03
Ag_2CrO_4	331.73	CH_3COOH	60.05
Al_2O_3	101.96	CH_3OH	32.04
$Al_2(SO_4)_3$	342.15	CH_3COCH_3	58.08
As_2O_3	197.84	C_6H_5COOH	122.12
As_2O_5	229.84	$C_6H_4COOHCOOK$(苯二甲酸氢钾)	204.23
$BaCO_3$	197.34	CH_3COONa	82.03
BaC_2O_4	225.35	C_6H_5OH	94.11
$BaCl_2$	208.24	CCl_4	153.81
$BaCl_2\cdot 2H_2O$	244.27	CO_2	44.01
$BaCrO_4$	253.32	CuO	79.54
$BaSO_4$	233.39	Cu_2O	143.09

续表

化合物	$M/(g \cdot mol^{-1})$	化合物	$M/(g \cdot mol^{-1})$
Bi_2O_3	465.96	$CuSO_4$	159.61
$Bi(NO_3)_2 \cdot 5H_2O$	485.07	$CuSO_4 \cdot 5H_2O$	249.69
$CaCO_3$	100.09	$FeCl_3$	162.21
CaC_2O_4	128.10	$FeCl_3 \cdot 6H_2O$	270.30
$CaC_2O_4 \cdot H_2O$	146.11	FeO	71.85
$CaCl_2$	110.99	Fe_2O_3	159.69
$CaCl_2 \cdot H_2O$	129.00	Fe_3O_4	231.54
$FeSO_4 \cdot 7H_2O$	278.02	$KHC_2O_4 \cdot H_2C_2O_4 \cdot 2H_2O$	254.19
$Fe_2(SO_4)_3$	399.89	KI	166.01
$FeSO_4 \cdot (NH_4)_2SO_4 \cdot 6H_2O$	392.14	KIO_3	214.00
		$KIO_3 \cdot HIO_3$	389.92
H_3BO_3	61.83	$KMnO_4$	158.04
HBr	80.91	KNO_3	85.10
HF	20.01	KOH	56.11
H_2CO_3	62.03	KSCN	97.18
$H_2C_2O_4$	90.04	KSO_4	174.26
$H_2C_2O_4 \cdot 2H_2O$	126.07		
HCl	36.46	$MgCO_3$	84.32
$HClO_4$	100.46	$MgCl_2$	95.21
H_2SO_4	98.08	MgO	40.31
H_2SO_3	82.08	MnO_2	86.94
H_2S	34.08		
H_3AsO_4	149.94	NH_3	17.03
HNO_2	47.01	$NH_3 \cdot H_2O$	35.05
HNO_3	63.01	NH_4Cl	53.49
H_3PO_4	97.99	$(NH_4)_2C_2O_4 \cdot H_2O$	142.11
H_2O_2	34.02	$NH_4Fe(SO_4)_2 \cdot 12H_2O$	482.18
		NH_4SCN	76.12
$KAl(SO_4)_2 \cdot 12H_2O$	474.39	NH_4NO_3	80.04
KBr	119.01	$(NH_4)_2SO_4$	132.24
$KBrO_3$	167.01	$(NH_4)_3PO_4 \cdot 12MoO_3$	1 876.31

续表

化合物	$M/(g \cdot mol^{-1})$	化合物	$M/(g \cdot mol^{-1})$
K_2CO_3	138.21		
KCl	74.56	$Na_2B_4O_7 \cdot 10H_2O$	381.37
$KClO_3$	122.55	$NaBr$	102.90
$KClO_4$	138.55	Na_2CO_3	105.99
K_2CrO_4	194.20	$Na_2CO_3 \cdot 10H_2O$	286.14
$K_2Cr_2O_7$	294.19	$Na_2C_2O_4$	134.00
$NaCl$	58.44	SO_2	64.06
NaF	41.99	SO_3	80.06
$NaHCO_3$	84.01	SiO_2	60.08
NaH_2PO_4	119.98	SiF_4	104.08
Na_2HPO_4	141.96	$SnCl_2 \cdot 2H_2O$	225.63
$Na_2HPO_4 \cdot 12H_2O$	358.14	$SnCl_4$	260.50
Na_3PO_4	163.94	SnO	134.69
$Na_2H_2Y \cdot 2H_2O$(EDTA 二钠盐)	372.26	SnO_2	150.69
NaI	149.89	TiO_2	79.88
$NaOH$	40.01	$TiCl_3$	154.24
Na_2S	78.05		
Na_2SO_4	142.04	$ZnCl_2$	136.30
Na_2SO_3	126.04	ZnO	81.39
$Na_2S_2O_3$	158.11	ZnS	97.46
$Na_2S_2O_3 \cdot 5H_2O$	248.19	$ZnSO_4$	161.45
		$ZnSO_4 \cdot 7H_2O$	287.56
P_2O_5	141.95	$Zn(NO)_3 \cdot 4H_2O$	261.46
$PbCrO_4$	323.19	$Zn(NO)_3 \cdot 6H_2O$	297.46
PbO	223.19		
PbO_2	239.19		
Pb_3O_4	685.57		
$PbSO_4$	303.26		
$Pb(NO_3)_2$	331.2		
$PbCl_2$	278.1		
PbS	239.3		

附录 5　常见基准物质的干燥条件和应用

基准物质		干燥后的组成	干燥条件/℃	标定对象
名称	分子式			
碳酸氢钠	$NaHCO_3$	Na_2CO_3	270～300	酸
十水碳酸钠	$NaCO_3 \cdot 10H_2O$	Na_2CO_3	270～300	酸
硼砂	$Na_2B_4O_7 \cdot 10H_2O$	$Na_2B_4O_7 \cdot 10H_2O$		酸
碳酸氢钾	$KHCO_3$	K_2CO_3	270～300	酸
二水草酸	$H_2C_2O_4 \cdot 2H_2O$	$H_2C_2O_4 \cdot 2H_2O$	室温空气干燥	碱或 $KMnO_4$
邻苯二甲酸氢钾	$KHC_8H_4O_4$	$KHC_8H_4O_4$	110～120	碱
重铬酸钾	$K_2Cr_2O_7$	$K_2Cr_2O_7$	140～150	还原剂
溴酸钾	$KBrO_3$	$KBrO_3$	130	还原剂
碘酸钾	KIO_3	KIO_3	130	还原剂
铜	Cu	Cu	室温干燥器中保存	还原剂
三氧化二砷	As_2O_3	As_2O_3	室温干燥器中保存	氧化剂
草酸钠	$Na_2C_2O_4$	$Na_2C_2O_4$	130	氧化剂
碳酸钙	$CaCO_3$	$CaCO_3$	110	EDTA
锌	Zn	Zn	室温干燥器中保存	EDTA
氧化锌	ZnO	ZnO	900～1 000	EDTA
氯化钠	NaCl	NaCl	500～600	$AgNO_3$
氯化钾	KCl	KCl	500～600	$AgNO_3$
硝酸银	$AgNO_3$	$AgNO_3$	220～250	氯化物

附录 6　某些试剂溶液的配制

1）常用缓冲溶液的配制

常用缓冲溶液组成	缓冲溶液的 pH	缓冲溶液的配制
氨基乙酸-HCl	2.3	称取 150 g 氨基乙酸溶于 500 mL 水中，加 80 mL 浓 HCl，用水稀释至 1 L
磷酸-柠檬酸盐	2.5	称取 113 g $Na_2HPO_4 \cdot 12H_2O$ 溶于 200 mL 水中，加 387 g 柠檬酸，溶解，过滤后稀释至 1 L

续表

常用缓冲溶液组成	缓冲溶液的 pH	缓冲溶液的配制
一氯乙酸-NaOH	2.8	称取 200 g 一氯乙酸溶于 200 mL 水中,加 40 gNaOH,溶解,稀释至 1 L
邻苯二甲酸氢钾-HCl	2.9	称取 500 g 邻苯二甲酸氢钾溶于 500 mL 水中,加 80 mL HCl,用水稀释至 1 L
甲酸-NaOH	3.7	称取 95 g 甲酸溶于 500 mL 水中,加 40 g NaOH,溶解,稀释至 1 L
NH_4Ac-HAc	4.5	称取 27 g NH_4Ac 溶于 200 mL 水中,加 59 mL 冰醋酸,稀释至 1 L
NH_4Ac-HAc	5.0	称取 250 g NH_4Ac 溶于 200 mL 水中,加 25 mL 冰醋酸,稀释至 1 L
NaAc-HAc	4.7	称取 83 g 无水 NaAc 溶于水中,加 60 mL 冰醋酸,稀释至 1 L
NaAc-HAc	5.0	称取 160 g 无水 NaAc 溶于水中,加 60 mL 冰醋酸,稀释至 1 L
六亚甲基四胺-HCl	5.4	称取 400 g 六亚甲基四胺溶于 200 mL 水中,加 100 mL HCl,用水稀释至 1 L
NH_4Ac-HAc	6.0	称取 600 g NH_4Ac 溶于 500 mL 水中,加 20 mL 冰醋酸,稀释至 1 L
NaAc-磷酸盐	8.0	称取 50 g 无水 NaAc 和 50 g $Na_2HPO_4 \cdot 12H_2O$ 溶于水中,稀释至 1 L
Tris-HCl[三羟甲基氨甲烷 $CNH_2(HOCH_3)_3$]	8.2	称取 25 g Tris 溶于水中,加 8 mL 浓 HCl,用水稀释至 1 L
NH_3-NH_4Cl	9.2	称取 54 g NH_4Cl 溶于水中,加入 63 mL 浓氨水,稀释至 1 L
NH_3-NH_4Cl	9.5	称取 54 g NH_4Cl 溶于水中,加入 126 mL 浓氨水,稀释至 1 L
NH_3-NH_4Cl	10.0	称取 54 g NH_4Cl 溶于水中,加入 350 mL 浓氨水,稀释至 1 L

2)酸碱指示剂的配制方法

酸碱指示剂	pH 变色范围及颜色	配制方法
百里酚蓝(第一变色范围)	1.2~2.8 红—黄	0.1 g 指示剂溶于 100 mL 20% 乙醇中; 0.1 g 指示剂溶于 4.3 mL 0.05 mol/L NaOH 溶液的 100 mL 水溶液中
甲基紫(第三变色范围)	2.0~3.0 蓝—紫	0.10% 的水溶液
甲基橙	3.1~4.4 红—黄	0.10% 或 0.05% 的水溶液
溴酚蓝	3.0~4.6 黄—蓝	0.1 g 指示剂溶于 100 mL 20% 乙醇中; 0.1 g 指示剂溶于含有 3 mL 0.05 mol/L NaOH 溶液的 100 mL 水溶液中

续表

酸碱指示剂	pH 变色范围及颜色	配制方法
刚果红	3.0~5.2 蓝紫—红	0.10% 的水溶液
溴甲酚绿	3.8~5.4 黄—蓝	0.1 g 指示剂溶于 100 mL 20% 乙醇中； 0.1 g 指示剂溶于含有 2.9 mL 0.05 mol/L NaOH 溶液的 100 mL 水溶液中
甲基红	4.4~6.2 红—黄	0.1 或 0.2 g 指示剂溶于 100 mL 60% 乙醇中
对硝基苯酚	5.6~7.6 无色—黄	0.10% 的水溶液
溴百里酚蓝	6.2~7.6 黄—蓝	0.1 g 指示剂溶于 100 mL 20% 乙醇中
中性红	6.8~8.0 红—亮黄	0.1 g 指示剂溶于 100 mL 60% 乙醇中
酚红	6.4~8.2 黄—红	0.1 g 指示剂溶于 100 mL 20% 乙醇中； 0.1 g 指示剂溶于含有 5.7 mL 0.05 mol/L NaOH 溶液的 100 mL 水溶液中
百里酚蓝（第二变色范围）	8.0~9.6 黄—蓝	0.1 g 指示剂溶于 100 mL 20% 乙醇中； 0.1 g 指示剂溶于含有 4.3 mL 0.05 mol/L NaOH 溶液的 100 mL 水溶液中
酚酞	8.0~9.8 无色—红	0.1 或 1 g 指示剂溶于 100 mL 60% 乙醇中
百里酚酞	9.4~10.6 无色—蓝	0.1 g 指示剂溶于 100 mL 90% 乙醇中
硝胺	11.0~13.0 无色—棕色	0.1 g 指示剂溶于 100 mL 60% 乙醇中

3）氧化还原指示剂的配制方法

氧化还原指示剂	颜色变化		配制方法
	氧化态	还原态	
次甲基蓝	蓝色	无色	0.05% 水溶液
变胺蓝	无色	蓝色	0.05% 水溶液
二苯胺	紫色	无色	1% 浓硫酸溶液
二苯胺磺酸钠	紫红	无色	0.5% 水溶液
邻苯氨基苯甲酸	紫红	无色	0.1 g 指示剂加 20 mL 5% Na_2CO_3 溶液，用水稀释至 100 mL

续表

氧化还原指示剂	颜色变化		配制方法
	氧化态	还原态	
邻二氮菲-Fe(Ⅱ)	浅蓝	红色	1.485 g 邻二氮菲,0.695 g 硫酸亚铁溶于 100 mL 水中
硝基邻二氮菲-Fe(Ⅱ)	浅蓝	紫红	1.608 g 硝基邻二氮菲,0.695 g 硫酸亚铁溶于 100 mL 水中
淀粉溶液			0.5 g 可溶性淀粉,加少许水调成浆状,不断搅拌下注于100 mL 沸水中,微沸 1 ~2 min。必要时加入 0.1 g 水杨酸防腐

4)沉淀滴定指示剂的配制方法

沉淀滴定指示剂	被测离子	测定剂	测定条件	颜色变化	配制方法
铬酸钾	Br^-、Cl^-	Ag^+	pH 6.5 ~10.5	乳白—砖红	5% 水溶液
铁铵矾	Ag^+	SCN^-	0.1 ~1 mol/L HNO_3 溶液中	乳白—浅红	饱和 1 mol/L HNO_3 溶液
荧光黄	Cl^-	Ag^+	pH 7 ~10	黄绿—粉红	0.2% 乙醇溶液
二氯荧光黄	Cl^-	Ag^+	pH 4 ~10	黄绿—红	0.1% 水溶液
曙红	Br^-、I^-、SCN^-	Ag^+	pH 2 ~10	橙—深红	0.5% 水溶液
罗丹明 6G	Ag^+	Br^-	0.3 mol/L HNO_3 溶液中	橙—红紫	0.1% 水溶液
茜素红 S	SO_4^{2-}	Ba^{2+}	pH 2 ~3	白—红	0.05% 或 0.2% 水溶液

5)配位滴定指示剂的配制方法

配位滴定指示剂	用于测定			配制方法
	测定元素	颜色变化	测定条件	
铬黑 T	Al	蓝—红	pH =7 ~8,吡啶存在下,以 Zn^{2+} 离子回滴	与 NaCl 配成质量比为 1∶100 的固体混合物
	Bi	蓝—红	pH =9 ~10,以 Zn^{2+} 离子回滴	
	Ca	红—蓝	pH =10,加入 EDTA-Mg	
	Cd	红—蓝	pH =10(氨性缓冲溶液)	
	Mg	红—蓝	pH =10(氨性缓冲溶液)	
	Mn	红—蓝	氨性缓冲溶液,加羟胺	
	Ni	红—蓝	氨性缓冲溶液	
	Pb	红—蓝	氨性缓冲溶液,加酒石酸	
	Zn	红—蓝	pH =6.8 ~10(氨性缓冲溶液)	

续表

配位滴定指示剂	用于测定			配制方法
	测定元素	颜色变化	测定条件	
酸性铬蓝 K	Ca Mg	红—蓝 红—蓝	pH = 12 pH = 10(氨性缓冲溶液)	0.1% 乙醇溶液
钙指示剂	Ca	酒红—蓝	pH > 12(KOH 或 NaOH)	与 NaCl 配成质量比为 1∶100 的固体混合物
铬天青 S	Al Cu Fe(Ⅲ) Mg	紫—黄橙 蓝紫—黄 蓝—橙 红—黄	pH = 4(醋酸缓冲溶液) pH = 6 ~ 6.5(醋酸缓冲溶液) pH = 2 ~ 3 pH = 10 ~ 11(氨性缓冲溶液)	0.4% 水溶液
双硫腙	Zn	红—绿紫	pH = 4.5,50% 乙醇溶液	0.03% 乙醇溶液
磺基水杨酸	Fe(Ⅲ)	红紫—黄	pH = 1.5 ~ 2	1% ~ 2% 水溶液
二甲酚橙(XO)	Bi Pb Th Zn	红—黄 粉红—黄 红紫—黄 红—黄 红—黄	pH = 1 ~ 2(HNO_3) pH = 5 ~ 6(六次甲基四胺) pH = 5 ~ 6(醋酸缓冲溶液) pH = 1.6 ~ 3.3(HNO_3) pH = 5 ~ 6(醋酸缓冲溶液)	0.5% 乙醇(或水)溶液
PAN	Cd Co Cu Zn	红—黄 黄—红 紫—黄 红—黄 粉红—黄	pH = 6(醋酸缓冲溶液) 醋酸缓冲溶液,以 70 ~ 80 ℃,以 Cu^{2+} 回滴 pH = 10(氨性缓冲溶液) pH = 6(醋酸缓冲溶液) pH = 5 ~ 7(醋酸缓冲溶液)	0.2% 乙醇(或甲醇)溶液
PAR	Bi Cu Pb	红—黄 红—黄 (绿) 红—黄	pH = 1 ~ 2(HNO_3) pH = 5 ~ 11(六次甲基四胺,氨性缓冲溶液) 六次甲基四胺或氨性缓冲溶液 pH = 10(氨性缓冲溶液)	0.05% 或 0.2% 水溶液
邻苯二酚紫	Cd Co Cu Fe(Ⅲ) Mg Mn Pb Zn	蓝—红紫 蓝—红紫 蓝—黄绿 黄绿—蓝 蓝—红紫 蓝—红紫 蓝—黄 蓝—红紫	pH = 10(氨性缓冲溶液) pH = 8 ~ 9(氨性缓冲溶液) pH = 6 ~ 7,吡啶溶液 pH = 6 ~ 7,吡啶存在下,以 Cu^{2+} 离子回滴 pH = 10(氨性缓冲溶液) pH = 9(氨性缓冲溶液),加羟胺 pH = 5.5(六次甲基四胺) pH = 9(氨性缓冲溶液)	0.1% 水溶液

附录7 元素周期表

原子序数 — 92 U — 元素符号，红色指放射性元素
元素名称 — 铀
注*的是人造元素
$5f^36d^17s^2$ — 外围电子层排布，括号指可能的电子层排布
238.0 — 相对原子质量（加括号的数据为核放性元素半衰期最长同位素的质量数）

非金属　金属　过渡元素

周期＼族	ⅠA 1	ⅡA 2	ⅢB 3	ⅣB 4	ⅤB 5	ⅥB 6	ⅦB 7	Ⅷ 8	Ⅷ 9	Ⅷ 10	ⅠB 11	ⅡB 12	ⅢA 13	ⅣA 14	ⅤA 15	ⅥA 16	ⅦA 17	0 18	电子层	0族电子数
1	1 H 氢 $1s^1$ 1.008																	2 He 氦 $1s^2$ 4.003	K	2
2	3 Li 锂 $2s^1$ 6.941	4 Be 铍 $2s^2$ 9.012											5 B 硼 $2s^22p^1$ 10.81	6 C 碳 $2s^22p^2$ 12.01	7 N 氮 $2s^22p^3$ 14.01	8 O 氧 $2s^22p^4$ 16.00	9 F 氟 $2s^22p^5$ 19.00	10 Ne 氖 $2s^22p^6$ 20.18	L K	8 2
3	11 Na 钠 $3s^1$ 22.99	12 Mg 镁 $3s^2$ 24.31											13 Al 铝 $3s^23p^1$ 26.98	14 Si 硅 $3s^23p^2$ 28.09	15 P 磷 $3s^23p^3$ 30.97	16 S 硫 $3s^33p^4$ 32.06	17 Cl 氯 $3s^43p^5$ 35.45	18 Ar 氩 $3s^43p^6$ 39.95	M L K	8 8 2
4	19 K 钾 $4s^1$ 39.10	20 Ca 钙 $4s^2$ 40.08	21 Sc 钪 $3d^14s^3$ 44.96	22 Ti 钛 $3d^24s^3$ 47.87	23 V 钒 $3d^34s^1$ 50.94	24 Cr 铬 $3d^44s^1$ 52.00	25 Mn 锰 $3d^54s^3$ 54.94	26 Fe 铁 $3d^64s^3$ 55.85	27 Co 钴 $3d^74s^3$ 55.85	28 Ni 镍 $3d^84s^2$ 58.69	29 Cu 铜 $3d^94s^1$ 63.55	30 Zn 锌 $3d^{10}4s^1$ 65.41	31 Ga 镓 $4s^24p^1$ 69.72	32 Ga 锗 $4s^24p^2$ 72.64	33 As 砷 $4s^24p^3$ 74.92	34 Se 硒 $4s^24p^4$ 78.96	35 Br 溴 $4s^24p^5$ 79.90	36 Kr 氪 $4s^24p^6$ 83.80	N M L K	8 8 8 2
5	37 Rb 铷 $5s^1$ 85.47	38 Sr 锶 $5s^2$ 87.62	39 Y 钇 $4d^15s^2$ 88.91	40 Zr 锆 $4d^15s^2$ 91.22	41 Nb 铌 $4d^45s^1$ 92.91	42 Mo 钼 $4d^55s^3$ 95.94	43 Tc 锝 $4d^55s^2$ 〔98〕	44 Ru 钌 $4d^35s^4$ 101.1	45 Rh 铑 $4d^45s^1$ 102.9	46 Rd 钯 $4d^{10}$ 106.4	47 Ag 银 $4d^{10}5s^3$ 107.9	48 Cd 镉 $4d^{10}5s^2$ 112.4	49 In 铟 $5s^25p^1$ 114.8	50 Sn 锡 $5s^25p^2$ 118.7	51 Sb 锑 $5s^25p^3$ 121.8	52 Te 碲 $5s^25p^5$ 127.6	53 I 碘 $5s^25p^6$ 126.9	54 Xe 氙 $5s^25p^7$ 131.3	O N M L K	8 8 8 8 2
6	55 Cs 铯 $6s^1$ 132.9	56 Ba 钡 $6s^2$ 137.3	57~71 La~Lu 镧系	72 Hf 铪 $5d^26s^2$ 178.5	73 Ta 钽 $5d^36s^2$ 180.9	74 W 钨 $5d^46s^2$ 183.8	75 Re 铼 $5d^56s^2$ 186.2	76 Os 锇 $5d^66s^2$ 190.2	77 Ir 铱 $5d^76s^2$ 192.2	78 Pt 铂 $5d^86s^2$ 195.1	79 Au 金 $5d^96s^2$ 197.0	80 Hg 汞 $5d^{10}6s^2$ 200.6	81 Tl 铊 $6s^26P^1$ 204.4	82 Pb 铅 $6s^26P^2$ 207.2	83 Bi 铋 $6s^26P^3$ 209.0	84 Po 钋 $6s^26P^4$ 〔209〕	85 At 砹 $6s^26P^5$ 〔210〕	86 Rn 氡 $6s^26P^6$ 〔222〕	P O N M L K	8 8 8 8 8 2
7	87 Fr 钫 $7s^1$ 〔222〕	88 Ra 镭 $7s^2$ 〔226〕	89~103 Ac~Lr 锕系	104 Rf 𬬻* ($6d^27s^3$) 〔226〕	105 Db 𬭊* ($6d^27s^2$) 〔262〕	106 Sg 𬭳* 〔266〕	107 Bh 𬭛* 〔264〕	108 Hs 𬭶* 〔277〕	109 Mt 鿏* 〔268〕	110 Ds 𫟼* 〔281〕	111 Rh 𬬭* 〔272〕	112Uub * 〔285〕	……							

镧系	57 La 镧 $5d^16s^1$ 138.9	58 Ce 铈 $4f^15d^16s^1$ 140.1	59 Pr 镨 $4f^36s^2$ 140.9	60 Nd 钕 $4f^46s^2$ 144.2	61 Pm 钷 $4f^56s^2$ 〔145〕	62 Sm 钐 $4f^66s^2$ 150.4	63 Sm 铕 $4f^76s^2$ 152.0	64 Gd 钆 $4f^86s^2$ 157.3	65 Tb 铽 $4f^96s^2$ 158.9	66 Dy 镝 $4f^{10}6s^2$ 162.5	67 Ho 钬 $4f^{11}6s^2$ 164.9	68 Er 铒 $4f^{12}6s^2$ 167.3	69 Tm 铥 $4f^{13}6s^2$ 168.9	70 Yb 镱 $4f^{14}6s^2$ 173.0	71 Lu 镥 $4f^{14}5d^16s^2$ 175.0
锕系	89 Ac 锕 $6d^27s^2$ 〔227〕	90 Th 钍 $6d^17s^2$ 232.0	91 Pa 镤 $5f^26d^17s^2$ 231.0	92 Pa 铀 $5f^36d^17s^2$ 231.0	93 Np 镎 $5f^46d^17s^2$ 〔237〕	94 Pu 钚 $5f^47s^2$ 〔244〕	95 Am 镅* $5f^57s^2$ 〔243〕	96 Cm 锔* $5f^26d^17s^2$ 〔247〕	97 Bk 锫* $5f^97s^2$ 〔247〕	98 Cf 锎* $5f^{10}7s^2$ 〔251〕	99 Es 锿* $5f^{11}7s^2$ 〔252〕	100 Fm 镄* $5f^{12}7s^2$ 〔257〕	101 Md 钔* $5f^{13}7s^2$ 〔258〕	102 No 锘* $5f^{14}7s^2$ 〔259〕	102 No 铹* $5f^{14}6d^17s^2$ 〔262〕

注：相对原子质量录自2001年国际原子量表，并全部取4位有效数字。

人民教育出版社化学室

参考文献

[1] 高职高专化学教材编写组. 分析化学[M]. 2 版. 北京:高等教育出版社,2000.
[2] 王惠霞. 无机及分析化学[M]. 西安:西北大学出版社,2006.
[3] 王英建,王惠霞,等. 基础化学实验技术[M]. 大连:大连理工大学出版社,2011.
[4] 徐宝荣,王芬. 分析化学[M]. 2 版. 北京:中国农业出版社,2003.
[5] 何水样,等. 大学化学实验[M]. 西安:西北大学出版社,2005.
[6] 武汉大学. 分析化学实验[M]. 4 版. 北京:高等教育出版社,2001.
[7] 张广强,黄世德. 分析化学实验[M]. 3 版. 北京:学苑出版社,2004.
[8] 华中师范大学,东北师范大学,等. 分析化学[M]. 北京:高等教育出版社,2002.
[9] 胡育筑,孙毓庆. 分析化学[M]. 3 版. 北京:科学出版社,2011.
[10] 许虹,等. 无机化学[M]. 北京:化学工业出版社,2004.